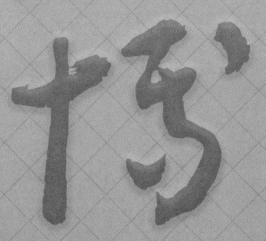

朱富强 △ 著

博弈歹计<small>和</small>困局破解

Vicious Tactic and　Predicament breaking

U0198942

经济管理出版社
ECONOMY & MANAGEMENT PUBLISHING HOUSE

图书在版编目（CIP）数据

博弈歹计和困局破解/朱富强著. —北京：经济管理出版社，2017.10
ISBN 978-7-5096-5467-5

Ⅰ. ①博…　Ⅱ. ①朱…　Ⅲ. ①博弈论—通俗读物　Ⅳ. ①O225-49

中国版本图书馆 CIP 数据核字（2017）第 274254 号

组稿编辑：王光艳
责任编辑：许　兵　吴　蕾
责任印制：黄章平
责任校对：张晓燕

出版发行：经济管理出版社
　　　　　（北京市海淀区北蜂窝 8 号中雅大厦 A 座 11 层　100038）
网　　址：www. E-mp. com. cn
电　　话：(010) 51915602
印　　刷：三河市延风印装有限公司
经　　销：新华书店
开　　本：710mm×1000mm/16
印　　张：21.25
字　　数：358 千字
版　　次：2018 年 4 月第 1 版　　2018 年 4 月第 1 次印刷
书　　号：ISBN 978-7-5096-5467-5
定　　价：68.00 元

本书的写作并非我学术生涯的原初规划，它的孕育和问世应该主要归功于王光艳女士。在讲义《博弈论》一书的出版过程中，王光艳女士就建议我再写一本更容易为社会大众和非经济学专业读者所接受的通俗性博弈论读物，我接受了这一提议，随后开始酝酿如何围绕一个核心主题来系统地阐述和探究博弈机理，并在 2013 年的暑假期间大致完成了《博弈大困局》的初稿。如果说《博弈论》一书的目标读者群是经济学专业的学生，从而使用了较多的数学公式和数学模型，那么《博弈大困局》一书所针对的读者群就是更为广泛的社会大众，因而它尽可能少地使用数学符号而主要使用文字语言来讲述博弈思维、分析日常生活中的策略选择和社会经济现象。

为了系统讲述和探究博弈思维、博弈困局、博弈歹计和脱困方略这整体性的四大内容，《博弈大困局》一书的撰写篇幅不觉间就已经超出了原先的规划。因此，为了读者阅读的方便，《博弈大困局》一书又被分拆为《博弈思维和社会困局》和《博弈歹计和困局破解》两部来出版，它们分别对应了对社会现象的解析和对社会实践的指导两方面。同时，为了便于读者更好地掌握两本书的分析，原先作为附录的"博弈论基础"和"博弈论进展"也被提出来分别作为两本书的第一部分。当然，有较好博弈理论基础的读者完全可以跳开这部分，那些不关注理论的读者跳开这部分也不会明显影响对后面分析部分的理解。此外，为了便于读者深化理解那些深奥、抽象的博弈论原理，本书尽可能采用通俗易懂的语言和生动有趣的故事进行深入浅出的阐释，并通过上百个案例来系统讲解主流博弈理论的思维机理、均衡状态、问题成因以及应对之道，且每一案例都是精心挑选出来的。

书中案例的来源主要有两类：一类是来自我们置身其中的生活案例，这些案例是如此普遍以至于大多数人对之已熟视无睹了，困扰家长的全民奥数、方兴未艾的考研热潮、越来越盛的啃老一族、日渐凸显的剩女现象、日益扩大的性别失调、没有底线的网络炒作、层出不穷的产品召回、普遍的磨洋工行为、严重的 X-低效率、机会主义的政客、中国式过马路、横行的学术骗子、扭曲的 MBA 课程、五十九岁现象、集体腐败现象、钉子户丛林、馒头办风波、一个厨房七盏灯、小悦悦事件、强制性退休、种族的自我隔离、独裁和专制、社会发展的内卷化等。另一类是来自我们熟知的历史故事，这些故事背后实际上都嵌入了博弈论的思想，如"卑梁之衅，血流吴楚""晋阳之围，三家分晋""战国七雄，合纵连横""梁楚之欢""鲁酒围邯郸""鞍之战"以及项羽破釜沉舟、孔明巧设空城计、曹操兵败华容道、攻原得卫、陆贾分金、道旁苦李、子罕辞宝、四知金、羊续悬鱼、贫女借光、文君当垆、新生活运动、所罗门判案、奥德修斯拒塞壬、光荣革命、滑铁卢战役、火烧莫斯科、马奇诺防线保卫战、古巴导弹危机等。

本书以博弈互动为贯穿线，将社会科学各分支的诸多经典理论和发现结合起来，放在一个统一的博弈分析框架下进行阐释和分析。例如，社会学领域的蝴蝶效应、沉默的螺旋、公地悲剧和反公地悲剧、炫耀性消费、破窗效应、逆向选择和道德风险、霍金森病症、连锁店悖论，政治学领域的弃保效应、西瓜效应、钟摆效应、中间选民定理、投票空间理论、互投赞成票、最小获胜联盟、寡头铁律、集体行动困境、民主悖论和统治权悖论，法学领域的"常回家看看"立法、好撒玛利亚人法、强制民主制、集体劳动权，以及当前学术界出现的主流化现象、知识的诅咒、小数法则偏差，等等。通过本书的分析，我们可以更好地理解马尔库塞的《单向度人》、勒庞的《乌合之众》、尼布尔的《道德的人和不道德的社会》以及蒂利的《集体暴力的政治》等。此外，本书还有助于引发读者对一些热门影视和经典小说中的事例加以思考，如《悲惨世界》《荒凉山庄》《潮湿的星期六》《小鸡快跑》《疯狂原始人》《红男绿女》《老友记》《绯闻女孩》《皇帝的新装》《猫和老鼠》《集结号》《天下无贼》《西游记》《镜花缘》等。

　　本书对博弈思维和博弈策略的通俗讲解不仅有助于社会大众直观认识博弈论，而且有助于经济学专业学生深化理解博弈论，还有助于经济学学习者和研究者拓展博弈分析视野，本人在《博弈论》课程讲学中就使用了其中大量的案例和分析。因此，本书不仅适合广大爱好者学习博弈思维，也可以作为《博弈论》课程的补充或辅导教材，甚至也可以作为 MBA 等的教材使用。我希望，通过阅读本书，读者能够更充分地领会到博弈分析和思考的乐趣，更善于运用博弈思维理解社会现象，更敏于在竞争中识破各种诡计，更乐于在生活中感受决策的智慧和艺术，更精于在人生中思考社会发展的方向……由于本书成稿时间较短，在细枝末节处可能存在一些问题，期待读者不吝赐教，今后有机会将会不断完善此书。

朱富强

2018 年 2 月 15 日

博弈论进展

实验博弈论的勃兴

本书致力于探究摆脱博弈困局的基本策略和思路，那么，这些策略和思路能够在多大程度上为经验材料所支持呢？为了便于读者对本书提出的一些困局破解方略有更好的认识，第一部分首先对近年来行为实验所积累的一些发现和效应作一梳理和总结。

实验博弈论是实验经济学的一部分。实验经济学是用实验方法在可控的实验环境下针对某一经济现象，通过控制某些条件、观察决策者行为和分析实验结果，对经济理论进行验证、比较并发展新理论的一门学科。实验方法应用到经济学中，一方面是为了验证已有的理论及其假设前提，另一方面是为了解释现实和提出新的理论。目前，实验经济学正从多方面对传统的经济学理论和方法形成挑战，如对人类偏好以及理性程度的测度等。同时，实验经济学的主要部分就是模拟真实环境中人的互动行为，且随着越来越多的实验悖论出现，实验经济学也为反思主流博弈论提供了重要材料，成为博弈理论发展的重要基础。

一、经济学实验的可行性

传统的经济学观点认为，经济学不像物理等自然科学，由于行为环境的不可控性以及不可重复性，经济理论难以从实验中获得。奥地利学派第二代领袖米塞斯就写道："有些博物学家和物理学家指责经济学不是一门自然科学，并且不能应用实验室的方法和程序等，但是自然科学的所有成功都归功于实验的经验，在这些实验中，变化的个别要素可以通过隔离而予以观察……人类行为诸科学所必须涉及的经验始终是一种复杂现象的经验。就人类行为而言，没有实验室的实验可以被演示。我们从来不会处于仅观察一种要素之变化的境地，而此事件所有其他的条件都保持不变。"人们往往认为经济学的研究和检验与天文学的相似。1970 年的诺贝尔经济学奖得主萨缪尔森（Paul A.Samuelson）在《经济学》中写道："一种发现经济法则的可能方法就是通过被控制的实验，不幸的是，经济学家不容易控制其他重要因素，因此无法进行类似化学或生物学家的实验。他们一般只能像天文学家或气象学家一样借助观察的手段。"1979 年的诺贝尔经济学奖得主舒尔茨（Theodore W.Schultz）也指出，"物理学的科学魅力在于它的许多知识都为受控试验所证实，但天文学家积累的大量知识，不是靠试验而主要是通过分析不同天体的历史差异获得的；尽管经济学家可能希望像物理学那样做试验，但难度相当大，不易把握。但是，我们却可以像天文学家那样，通过分析经济行为，来拓展知识，这就体现出经济史的重要性"[①]。

长期以来，实验被视为自然科学和行为科学的专利，而经济学的理论往往只能通过逻辑演绎或历史观察归纳。其中，演绎方法是从一般公理和前提假设出发推断其他结论，因而也称为逻辑分析法；归纳法则由特定事实向上论证得出一般结论。在很大程度上，正是由于经济学能进行可控实验的范围有限，因此寻找归纳的事实往往要从历史中去挖掘。现代经济学之父马歇尔说："经济学的工作是收集事实，整理和解释事实，并从这些事实中得出结论。"因此，在传统的理解上，归纳方法也就是历史的方法，传统的经济学流派又通常分成分析派和历史派两类。可见，长期以来经济学被普遍视为一种依赖于实际观察的经验科学，或者是建立在演绎、推理方法基础之上的思辨性哲学，而不是在可控实验室中进行检测的实验性科学。

然而，由于两个领域相互融合的发展：一个是用认知心理学分析方法研究人类的判断和决策行为的领域，另一个是通过实验室实验来测试或检验根据经济学理论而作出预测的未知或不确定性领域。目前，经济学的研究越来

---

① 舒尔茨：《报酬递增的源泉》，北京大学出版社 2001 年版，第 31 页。

越重视修正和测试基础经济理论的前提假设，并越来越依赖在实验室里而不是从实地获得的数据。事实上，一门学科能否进行实验关键就在于它的一些重要变量是否适用于实验控制，以及相关的实验技术是否成熟。基于历史分析的古典主义和凯恩斯主义的宏观经济学，一方面，由于没有严格的理论体系而缺少需要验证的经济变量；另一方面，由于巨大的宏观数据无法在实验室里获得，因此，得到发展的是与之相适应的计量经济学，而不是着眼微观的实验经济学。但是，新古典经济学研究人的微观行为，因而可以在一定程度上进行模拟。例如，18 世纪伟大的数学家伯努利（Bernouli）在解决圣彼得堡悖论时，就已经开始了实验经济学的萌芽。

在整个新古典时期，实验经济学由于实验技术等方面的问题而难以有进一步的发展，且在功能主义思想的支配下，以 1973 年的诺贝尔经济学奖得主弗里德曼为首的实证主义者对理论前提假设的检验并不感兴趣，而是主要关注这些假设的后果。例如，他们对企业是否存在追求利润最大化的动机不感兴趣，只要利润最大化者可以生存下来就可以了。然而，随着后凯恩斯主义时期经济学的进一步发展，特别是新古典主义重新复兴，微观分析提高到了一个前所未有的程度。此时，微观经济行为的理论和模型包含了越来越严格的假设、参数和行为的判断，这提供了运用实验的方法模拟一定的环境来验证的基础。同时，随着均衡概念的不断出现，如竞争均衡、纳什均衡等，对这些均衡概念的选择也开拓了经济学实验的空间。

问题是，经济学实验产生的数据与自然市场数据相比是否缺少真实性？实验数据是不是过于简单、特殊呢？实验经济学先驱普洛特（Charles Plott）认为，只要经济学实验中提供真实的激励，使博弈方能够采取真实的行动，实验的数据就和实际发生的市场现象一样地可信。因此，实验的简化不会影响数据的真实性，不应把简单性混同于非真实性。对于实验的简化和特殊性，普洛特认为，在简单和特殊的实验中都经不起检验的模型，根本不可能运用于复杂的经济系统，也根本难以具备一般性，而且，实验存在的简单、特殊的问题可以通过大量重复实验和变化实验环境加以克服。

普洛特认同 1976 年诺贝尔经济学奖得主弗里德曼的"好似"（As If）原理。他认为，博弈中人们的行为模式假说等在内的理论假说在实验中是无法验证的，但同时又强调，这不影响经济学实验的功能，因为根据"好似"原理，经济理论可以把博弈方的行为看作"好似"是那样做的。因此，假设的真实性并不是至关重要的，重要的是理论预期的可靠性；这也就意味着，实验检验的是理论预期的结果，而非理论假说本身。因此，实验可以为新理论的提出提供有启发的数据；或者说，实验中出现的新问题，可能成为经济学家研究的对象，这样又促进理论的形成。当然，普洛特也提出了理论为先还是数据为先的问题，他认为，这两种方式都是可以的：经济学实验既可以作为经济理论的验证方法，也可以作为新理论发现的工具。

2002 年的诺贝尔经济学奖得主史密斯（Vernon L.Smith）认为，一项未经实验检验过的理论只是假设，而大部分经济理论被接受或被拒绝的标准仅仅是权威、习惯的看法，没有经过一个可重复的严格证明或证伪的过程，因此只能被称为"教士的理论"。除现实经济生活中的计量数据外，实验经济学能够把可控制的实验过程作为生成科学数据的重要来源，为检验现有的经济理论提供科学的证据。例如，传统经典理论认为，市场的有效性需要大量拥有信息的参与者。史密斯最初也是想通过实验来证明市场机制是非有效的，但结果出乎意料，他发现，即使拥有很少信息，只要参与者达到一定数量，市场就会很快收敛到一般竞争性均衡。当然，经济实验确实还存在严重障碍：经济学研究的是复杂的人类行为和市场运行机制，其中掺杂着太多的人为因素，而可重复性条件也很难保证。

二、实验经济学的发展

长期以来，古典博弈理论试图完全通过理论以及应用均衡概念来预测行为的习惯，以掩盖策略行为的经验性信息需求。这些习惯承认关于博弈方的偏好、可行决策的经验性知识以及信息等作用，却排除了输入经验性原则的任何作用，这些原则决定了博弈方怎样对给定的博弈进行反应。尽管在非对策的情况下，排除这一输入是相对无害的，但在策略情况下，单靠理性很难甚至不能得出确定的、可靠的预期。结果，大多数经济博弈提出了一个策略行为方面的问题，只有将理论和经验知识结合起来，这一问题才能充分地得到解决。对策略行为原则方面的经验性知识的需求创造了博弈论中实验的特殊角色，因此，实验经济学的出现也与博弈论密切相关。事实上，博弈论一开始就被认为是不完善的，需要借助实际资料决定相关的均衡概念以及在多个均衡中做出选择。

实验经济学真正发端于 20 世纪 40 年代末的哈佛大学，当时爱德华·张伯伦（E.D.Chamberlin）在课堂上通过对实验者（学生）指定价值和成本参数，建立了供给和需求曲线，这是经济学界第一次用人为控制的实验技术去验证一个抽象的经济理论。但是，他的实验数据显示实验中实际成交价格与市场均衡理论的均衡价格存在一定的偏差，自己却并没有意识到这一点，而仅仅是把实验当作帮助学生了解经济学的手段，甚至将实验结论看成是对完全竞争市场下标准新古典模型的歪曲。尽管如此，张伯伦的实验却启发了当时的一位被实验者史密斯。

史密斯在讲授经济学的过程中逐渐领悟到可以用实验方法对经济理论的某些命题加以证实和改进，因此，他改进了张伯伦的实验程序，测定了市场价格在供求双方的作用下是如何发生作用的，并测定了外界条件改变的价格反应机制。从 1956 年开始，史密斯用他的学生作为对象进行了一系列竞争性均衡实验，但与张伯伦的实验中一对一的交易方式不同，他使用了证券市场所采用的双向口头拍卖的集中交易方式，在受控条件下验证了一些经济概念和理论，并检验了市场价格如何在供求双方之间发生相互作用。1962 年，史密斯的第一篇实验经济学论文《竞争市场行为的实验研究》首次阐述了实验经济学的重要性，并明确了实验经济学的研究对象。在该文中他还指出，在有关被实验者的价值和成本是绝对隐私的情况下，运用市场体制的交易规则就可以达到或接近百分之百效率的竞争市场结果。这篇论文被认为是实验经济学诞生的标志，从此史密斯也成为实验经济学的奠基人和权威。

20 世纪 60 年代，斯坦福大学的经济学家西格尔（S.Siegel）根据 1978 年诺贝尔经济学奖得主西蒙 20 世纪 50 年代发展起来的对独立存在理性（Substantive Rationality）和过程理性（Procedural Rationality）的划分，对一些博弈论的实验结果进行了分析，发现不稳定现象来自被实验者在实验中做重复行为产生的厌烦感，特别指出了相关收益和信息条件对结果的影响。他的相关收益方法反映了所谓的价值诱导理论（Induced-value Theory）：实验者可以用奖励媒介诱导被实验者在实验中发挥被指定角色的特性，使其个人先天特性尽可能与实验无关。一般来说，以下三个条件足以诱导被实验者与实验者有关的特性：①单调性，被实验者必须偏好更多的奖励媒介而不会厌腻；②相关性，被实验者所得到的奖励取决于他所理解的制度规则所定义的行为；③支配性，被实验者效用的变化主要来自于奖励媒介而不受其他影响，如果实验程序使被实验者无法知道或估计其他人的收入（即史密斯所谓的隐私），就可以避免相对收入产生的非奖励媒介影响。相关收益的使用是经济学和心理学实验的重要区别之一，一般认为，相关收益的使用可以提高结果的可信性和可重复性。显然，这种价值诱导实验的有效性和可信性也是值得怀疑的，因为实验本身就是要尽可能地反映细节，模拟经济运行的自然过程，但经济学的实验无法完全考虑所有的细节。

20世纪70年代，史密斯的同事普洛特经常用简单的经济学实验向习惯于实验研究的自然科学和工程的同事解释经济学研究的内容。后来，史密斯和普洛特在钓鱼交往中认识到了实验方法不仅可以用于经济学，还可以用于公共选择理论、公共经济学以及政治学等，从而开拓了实验经济学的应用领域。1978年，弗罗里那（M.P.Fiorina）和普洛特的文章《多数规则下的委员会决策：一个实验研究》中指出，博弈理论的均衡可以预测委员会分配公共品的过程；普洛特和列文（M.Levine）的《议程对委员会决策影响的一个模型》探讨了议程对公共选择机制结果的影响。此外，普洛特和史密斯还发表文章对实验经济学中的简单情形进行辩护，认为不应将简单性混同于非真实性。此后，实验经济学在方法论上取得了根本性的突破：首先，当存在多种理论时，通过简单的实验可以比较和评估相互竞争的理论；其次，当仅存在一种理论时，找出此理论可以理解实验数据的条件，并检验理论的效力；最后，当不存在任何理论时，发现某些实际规律。

进入20世纪80年代，随着博弈论的发展，实验经济学引入博弈论作为理论的基础框架，提出了实验参与者策略推理能力问题，把博弈方的博弈行为和实际生活联系起来，并对博弈论本身的行为假定进行了验证。其中，将实验经济学与博弈论联系起来的主要代表人物是2012年的诺贝尔经济学奖得主罗斯。罗斯工作的主要目标是将博弈论变为实证经济学的一部分，也就是处理学习和认知博弈。在传统的博弈论中，行为人是理性人，他在博弈开始的时候就知道了博弈的最终结果。但是，人们的行为显然不是如此，否则人们在棋类游戏开始的时候就知道了这盘棋的每一步和最终结果，那么也就没人会进行棋类游戏了。事实上，人们是在博弈过程中学习的。为了建立人们的学习和认知行为模型，罗斯进行了相关实验。同样，主流博弈论认为空口声明和廉价对话是无意义的，因为它对人的自利行为没有约束力，但是大量的实验却表明，只要适当地引入一些信息交流，博弈结果往往就会有明显的改变。

正是由于这些先驱者的努力，实验经济学取得的影响越来越大，一些结论也逐渐被主流经济学所接纳，并成为影响经济学以及其他社会科学的重要力量。1993年，普林斯顿大学出版了第一本《实验经济学》教科书，使实验经济学成为当代经济学的一个重要分支。与此同时，一些心理学家、社会学家、文化学家以及政治学家也对人类行为展开了诸多的实验研究，并得出许多重要的发现和效应，这些结果对现代主流经济学的行为理论以及主流博弈论的策略思维也提出了挑战。这样，随着实验经济学研究的领域越来越广，获得的发现越来越多，它也就开始为现代主流经济学所接受和认可，乃至美国普林斯顿大学的丹尼尔·卡尼曼和乔治—梅森大学的弗农·史密斯被授予了2002年的诺贝尔经济学奖。当然，进行行为实验的目的并不是为了"证实"或"证伪"流行理论，而且也无法从根本上"证实"或"证伪"流行理论；相反，其根本目的在于发展和改进现有理论，使理论更加符合社会现实。正因如此，行为实验也就需要防止为基于双盲程序的标准博弈实验所束缚而引入更多变异型博弈实验。事实上，有关人类行为效应的众多"发现"都是由行为心理学家和社会学家在变异型博弈实验中发现的，因而本书也主要介绍他们的实验成果。

博弈实验的基本类型

目前，行为实验所针对的主要是博弈理论，如后向归纳、前向归纳、最小最大原则等博弈思维以及博弈的收益结构、策略结构、信息结构、参与者特性、行动次序和次数等对策略或行为选择的影响。为此，实验经济学家设计了一系列的博弈实验模型，这里分两个层次对常用的博弈实验类型作一简要介绍：标准类型和变异类型。其中，标准的博弈实验是在双盲程序下进行的：受试者的决策无论是对其他受试者还是实验者（或数据的观测者）都是绝对保密的，这种实验控制使得受试者符合经济人的要求；正是在绝对的私人性和匿名性的条件下，博弈实验才可以获得接近主流博弈理论的结果。但是，现实生活中的互动和交易却存在着各种信息，从而往往出现与理论有巨大差异的结果。因此，为使实验尽量模仿现实，往往会对博弈中的两类重要信息结构进行改造：①有关决策者自身的信息，如决策是否会被他人观察到、其他博弈方与自己的关系如何等；②决策者收到的有关其他博弈者的信息，如其他博弈方是贫困还是富裕以及他获得的金钱用在何处等。这就产生了变异的博弈实验。

一、标准的博弈实验模型

1. 标准的最后通牒博弈 （Ultimatum Game）

固定数额的"蛋糕"在提议者和回应者之间分配，提议者给出"蛋糕"的分配方案 $X = (X_p, X_r)$，使得 $X_p + X_r = 1$；如果回应者接受这一方案，那么，提议者和回应者分别获得收益 X_p 和 X_r；如果回应者拒绝这一方案，那么两者的收益都为 0。

2. 标准的独裁者博弈 （Dictator Game）

固定数额的"蛋糕"在独裁者和接受者之间分配，独裁者单方面决定"蛋糕"的分配方案 $X = (X_d, X_r)$，使得 $X_d + X_r = 1$，而接受者只有接受而没有拒绝的权利；这样，独裁者获得的收益为 X_d，接受者获得收益为 X_r。

3. 标准的权力—掠取博弈 （Power-to-Take Game）

弱势者拥有初始禀赋 Y_{resp}，但强势者具有掠夺的权力，其博弈过程分两个阶段：第一阶段，作为强势者的博弈方 1 决定向作为弱势者的博弈方 2 抽取一定比率 t，$t \in [0, 1]$，这是第二阶段博弈后从作为回应者的博弈方 2 之收益 Y_{resp} 中转让给强势者的；第二阶段，作为回应者的博弈方 2 有权决定是否对其资产 Y_{resp} 进行破坏，其破坏率设定为 d，$d \in [0, 1]$。这样，作为强势者的博弈方 1 获得的转移收益就等于 $t(1-d)Y_{resp}$，而作为回应者的博弈方 2 的收益为 $(1-t)(1-d)Y_{resp}$。

4. 标准的强盗博弈 （Bandit Game）

弱势者拥有初始禀赋 Y_{resp}，但强势者具有掠夺的权力，其博弈过程如下：作为强势者的博弈方 1 决定从博弈方 2 手中掠取一定比率 t，$t \in [0, 1]$，而作为弱势者的博弈方 2 只能接受。因此，博弈方 1 的收益就是 tY_{resp}，而博弈方 2 的收益为 $(1-t)Y_{resp}$。

5. 标准的公共品投资博弈（Public Good Game）

n 个成员对公共品进行投资，每个成员拥有初始禀赋 E，成员 i 的投资额为 $e_i \leq E$，它从公共品投资中获得的边际回报为 r_i，其中，$0 < r_i < 1 < \sum_n r_i$；这样，成员 i 的最终收益是 $E - e_i + r_i \sum_n e_i$。也可以作一简化：投资回报率为 r，且 r > 1；而投资回报为所有成员平均分享，且 0 < r/n < 1；这样，每个成员从自己投资中获得的最终收益是 $E - (1 - r/n) \times e_i$。

6. 标准的信任博弈（Trust Game）

博弈分为两个阶段：第一阶段，信托人拥有资产 E，可以持有，也可以委托他人投资，假设他投资 V，那么就保留了（E - V）；受托人接受资产 V 代理投资，收益率为 r，因而期末收益为（1 + r）V。第二阶段，受托人扮演独裁者角色，对（1 + r）V 进行分割，如果自己留下 S，那么 [（1 + r）V - S] 就返还给信托人。这样，作为代理者的受托人获得的最终收益为 S，而作为委托者的信托人获得的最终收益为（E - S + rV）。

7. 标准的交换礼物博弈（Gift-exchange Game）

博弈分为两个阶段：第一阶段，第一行动者支付一定工资 w 给第二行动者，第二行动者选择接受或拒绝。如果拒绝，两者都获益为零；如果接受，则进入博弈的第二阶段。第二阶段，第二行动者花费一定的努力 e，创造的价值是 v(e)，付出的成本是 c(e)。这样，第一行动者的收益为 v(e) - w，第二行动者的收益为 w - c(e)。

8. 标准的见义勇为博弈（Ready to Help Others for a Just Cause Game）或拾金不昧博弈（Return Sth. to Its Origin Owner Game）

博弈分为两个阶段：第一阶段，行为者捡到某个物品（譬如只有身份证、驾驶证或者合同书的钱包），其对行为者的价值为 V，对失主的价值是 rV，r >1，行为者决定是否归还原主。第二阶段，失主得到失物之后，决定是否给予相当于失物价值一定比率 t 的酬谢，t < 1。这样，见义勇为者的收益是（tr -

1）×V，而失主的收益是（1－t）×rV。

二、变异的博弈实验模型

1. 两类最后通牒博弈

一类是发生在不同受试者之间的最后通牒博弈实验，另一类是发生在不同受试者与计算机之间的最后通牒博弈实验。在前一类博弈中，受试者选择出价水平时会同时涉及其最大化自身收益的策略选择和内心深处的公平心；而在后一类博弈中，受试者选择出价水平仅仅关乎其最大化自身收益的策略，他会使用其可以使用的技术或知识来最大化自身收益。

2. 两类独裁者博弈

一类是发生在不同受试者之间的独裁者博弈实验，另一类是发生在不同受试者与计算机之间的独裁者博弈实验。在上述最后通牒博弈实验中，由于受试者在与计算机博弈时需要考虑计算机可能的策略，这种策略的存在往往会模糊受试者在出价上的道德性问题；相反，在独裁者博弈中，受试者不再需要考虑计算机可能的反应，从而可以更好地体现人类行为的道德性差异。

3. 两类三人跨代征税博弈

两个跨代主权者（Dominator）D_1、D_2 和一个臣民（Subject）S；这一思维来自奥尔森的土匪理论：坐寇的掠夺性往往要比流寇轻。其博弈过程是：第一阶段，臣民 S 拥有初始禀赋 e（Endowment），第一代主权者 D_1 对之征取 t_1 的税率，$t_1 \in [0, 1]$；第二阶段，臣民 S 用剩余的 $(1-t_1) \times e$ 进行生产增殖，增殖率为 r，r>1；第三阶段，针对臣民 S 的现有财产 $r \times (1-t_1) \times e$，第二代主权者 D_2 对之征取 t_2 的税率，$t_2 \in [0, 1]$。这样，三人的收益分别是：D_1 是 $t_1 \times e$，D_2 是 $t_2 \times r \times (1-t_1) \times e$，S 是 $r \times (1-t_2) \times (1-t_1) \times e$。一类跨代征税博弈是：两个主权者是熟人（朋友、亲戚），可以代表同一家族的代际传统；另一类跨代征税博弈是：两个主权者是生人（匿名），可以表示不同王朝。检测目的：①两类实验中的 t_1 存在何种差异；②t_1 和 t_2 存在何种差异。

4. 两类强盗博弈

一个蒙面的盗贼（Bandit）B 外出行盗而从受害者（Victim）V 身上掠夺一定财产；其中，受害人 V_1 是熟人（朋友或亲人），而受害人 V_2 是生人（匿名）。其博弈过程如下：受害者拥有相同的初始资产（Asset）A，盗贼决定从中分别夺取一定比率 r_1 和 r_2 的财产，r_1、$r_2 \in [0, 1]$；这样，三人的收益分别为：B 是 $(r_1 + r_2) \times A$，V_1 是 $(1 - r_1) \times A$，V_2 是 $(1 - r_2) \times A$。检测目的：r_1 和 r_2 是否存在差异。

5. 两类信任博弈

一个委托人（Principle）P 分别与两个代理人（Agent）A_1 和 A_2 进行一次性投资活动。其中，代理人 A_1 是熟人（朋友或亲人），而代理人 A_2 是生人（匿名），代理人之间是社会隔绝的。其博弈分两个阶段：第一阶段，委托人从其拥有的初始禀赋（Endowment）E 中分别取出一部分 F_1 和 F_2 交于代理人 A_1 和 A_2 进行投资，投资的收益率是 r；第二阶段，代理人 A_1 和 A_2 在获得的收益 rF_1 和 rF_2 中分别拿出一部分 R_1 和 R_2 给委托人。因此，委托人在这两个投资博弈中获得的总收益分别是 $(E - F_1 + R_1)$ 和 $(E - F_2 + R_2)$，两个代理人获得的收益分别是 $(rF_1 - R_1)$ 和 $(rF_2 - R_2)$。检测目的：①F_1 和 F_2 是否存在差异；②R_1 和 R_2 是否存在差异；③两类信任博弈中，各自的最后收益如何。

6. 两类公共品投资博弈

一类实验是成员各自单独报名，并控制在双盲实验条件下；另一类是成员自选择成团报名，从而保证相互之间具有一定的社会联系。其博弈过程如下：共有 4 个成员，每个成员拥有初始禀赋 E，他的投资额为 $T \leq E$，投资回报率为 2，投资回报为所有成员所分享；这样，每个成员因自己投资而获得的最终收益是：$E - T/2$。

7. 三类三人最后通牒博弈实验

一个提议方面对两个回应方，而回应方与提议方的社会距离存在不同，一个是熟人（朋友），另一个是生人（匿名）。第一类是作为回应方的两人之间是割裂的，相互之间不知道提议方给对方的出价；第二类是作为回应方的两人之间是连通的，相互之间都知道提议方给对方的出价，但提议方和作为朋友的回应方之间仅仅知道双方是朋友，但并不知道具体是谁（名字都不公开）；第三类是作为回应方的两人之间是连通的，相互之间都知道提议方给对方的出价，且提议方和作为朋友的回应方之间也都知道具体是谁（名字公开）。这样，我们就可以作一比较研究：①考虑市场分割的情况下，社会距离如何影响提议方和回应方的行为；②考虑市场连通的情况下，社会距离如何影响提议方和回应方的行为；③考虑市场连通的情况下，且（面对面）直接的交易过程中，社会距离如何影响提议方和回应方的行为。

8. 多人两阶段独裁者博弈实验

第一阶段，初始禀赋为 E，独裁者从中留下 D，接受方将这一分配方案提交一个由三人组成的委员会进行仲裁；第二阶段，仲裁委员会根据简单多数原则决定从独裁者手中转移一部分 A 给接受方，$A \in [0, D]$；而且，A 的大小取决于两类原则：一是取决于委员会中三人独立决策的平均数，二是三人委员会共同商量决定。这样，独裁者最终获得的收益是：$D - A$，而接受方获得的收益是：$E - D + A$。我们可以作这样五类实验：①委员会的成员与独裁者和接受者的社会距离相等，都没有任何关系（匿名）；②委员会中有一个成员与独裁者是朋友，其他成员与独裁者和接受者的社会距离相等；③委员会中有两个成员与独裁者是朋友，其他成员与独裁者和接受者的社会距离相等；④委员会中有一个成员与接受者是朋友，其他成员与独裁者和接受者的社会距离相等；⑤委员会中有两个成员与接受者是朋友，其他成员与独裁者和接受者的社会距离相等。

9. 二阶段公共资源使用博弈（Common-pool Resource Game）

初始禀赋 R 由 n 个成员共同使用，第一阶段，成员 i 可以决定使用的数量 R_i，从而公共资源剩余 $R_s = R - \sum_{i=1}^{n} R_i$；第二阶段，剩余的公共资源 R_s 可以以 r 的增长率实现增殖，r 与 R_s / R 之间呈现（1，2）正态分布，并且 $R_s \times r$

在所有成员之间平均分配。这样，成员 i 的最终收益是：$R_i + (R - \sum_{i=1}^{n} R_i) \times r/n$。

我们可以作这样两类实验：其一，所有受试者单独报名，在实验过程中也随机组合；其二，受试者成团报名，并且在实验过程中作为同一组成员。

博弈实验的应用介绍

在了解了博弈实验的基本类型后，这里继续举例对博弈实验的应用作一说明。

一、对比的最后通牒博弈实验

两类三个最后通牒博弈实验：一类是两人最后通牒博弈实验，这是实验T1；另一类是三人最后通牒博弈实验，包含实验T2和实验T3。三人最后通牒博弈实验方案是：一个提议方，两个回应方；提议方提出在他和两个回应方之间进行固定数量金钱的分配方案，两个回应方同时决定是否接受或拒绝该提议。规则如下：如果两个回应方都接受，则每一方都获得提议方案的收益；如果至少有一个回应方拒绝该提议，则提议方的收益为零。而在至少存在一个拒绝的情况下，回应方获得的收益分两种情况实验：实验T2拒绝的回应方的收益为零，而非拒绝的回应方将获得分配方案中规定的收益；实验T3拒绝的回应方在原方案中的收益将为另一个回应方所获得，这样，当只有一个回应方拒绝时，非拒绝的回应方将得到方案给予两个回应方的总收益，而当两个回应方都拒绝时，他们分别获得分配方案给予另一个回应方的收益。显然，在上述两个实验方案中，回应方都有通过拒绝而对提议方进行单方面惩罚的权力，但是，拒绝这一惩罚措施在这两个方案中对另一回应方的收益所产生的影响是不同的：实验T1中没有影响，实验T2中有正面影响。

博弈矩阵如下，在两人最后通牒博弈实验中，提议方提出一项分配方案：$X = (X_P, X_r)$，使得 $X_P + X_r = 1$，其中，X_P、X_r 分别是提议方和回应方的收益。在三人最后通牒博弈实验中，提议方提出一项分配方案：$X = (X_P, X_{r1}, X_{r2})$，使得 $X_P + X_{r1} + X_{r2} = 1$，其中，$X_P$、$X_{r1}$、$X_{r2}$ 分别是提议方、回应方1和回应方 2 的收益。这样，图 1-1 就显示了三人最后通牒博弈实验的收益结构。

		T1	T2		T3	
			回应方2		回应方2	
			接受	拒绝	接受	拒绝
回应方1	接受	(X_P, X_r)	(X_P, X_{r1}, X_{r2})	$(0, X_{r1}, 0)$	(X_P, X_{r1}, X_{r2})	$(0, X_{r1}+X_{r2}, 0)$
	拒绝	$(0, 0)$	$(0, 0, X_{r2})$	$(0, 0, 0)$	$(0, 0, X_{r2}+X_{r1})$	$(0, X_{r2}, X_{r1})$

图 1-1　三人最后通牒博弈实验

之所以做这样一个三人博弈实验，主要在于引入行为者之间的间接互动效应：在两人博弈中，互动主要体现在回应方和提议方之间，回应方是否对提议方进行惩罚主要取决于自身的公平理念，这种互动是直接性的；但在三人或多人博弈中，两个回应方之间也发生了间接的互动，一个回应方的行为还要受其他回应方的影响，因为此时的公平观不仅体现在回应方和提议方之间，也体现在回应方之间。正因如此，在三人博弈中，即使在匿名的条件下，受试者也不仅关注自身的物质福利，而且会关注其他人的物质福利。这个博弈实验可以检测人类社会中的"强互惠"行为。

二、对比的信任博弈实验

信任博弈实验可以检测群体中成员之间的相互信任和积极互惠的程度：①相互之间如果是不信任的或者都是忠实的经济人行为贯彻者，那么，作为代理方的受托人就会尽可能保留更多乃至全部投资盈利，而信托人就会对自己的委托行为感到后悔，从而也就不会将资金交给受托人去投资，这样，道德风险的存在就会使得双方都无法盈利；②相互之间如果有很好的信任关系和互惠动机，就会产生双赢的合作。这个博弈也可用于企业组织成员的行为分析，只要将第一、二行为者分别换成生产者和管理者。实验程序如下：①企业的一般生产者为信托人，从其所有的禀赋 E 中拿出一定比率 a（a < 1）进行

投资，投资增值率为 r(r > 1)；②企业的管理者为受托人，他取得信托人的资产 aE 进行投资后获得收益 aEr，然后拿出一定比率 b < 1 返还给信托人；③这样，信托人的收益就是：E + aE(rb - 1)，受托人的收益是：aEr(1 - b)。

通过这个信任博弈实验，我们就可以清晰地分析不同企业中成员信任关系以及企业文化的发育状况，还可以考察影响这些信任关系的具体因素，因而可以选择同一企业的员工作行为分析。事实上，在具体企业活动中，信托人的投资品可以转换成劳动支出，而受托人返还的盈利则是薪资。这个信任博弈就转换为：如果工人信任管理者，就会增加努力支出，困境时也会与企业共进退，否则相反。显然，不同社会文化下的信任关系程度有很大的不同，从而导致了工人努力程度的差异，这可以从日、美企业的比较中得到明显的反映。例如，在通用汽车 2007 年的经济危机和丰田汽车在 2009 年的召回危机中，企业中的工人就采取了明显不同的行为。

三、对比的独裁者博弈实验

一些博弈论专家还通过改变受助者信息来测试独裁者的行为，Fernando Aguiar 等的做法是：受试者收到一个大信封，包含以下项目：一个小信封，三个 5 欧元的纸币，一个问卷调查，实验说明书；信封大小保证受试者可以在绝对保密下进行操作，金钱和问卷放在中心作了标记的小信封里；受试者将小信封放在一个盒子里然后离开，而自己则保留大信封。在实验的任何阶段，受试者的名字都没有出现，也只有他们自己知道其大信封里的钱，但实验说明书标明他们所捐赠的金钱的不同流向。其实验结果见表 1-1 和表 1-2①。

四、最后通牒博弈实验解说

最后，我们以最后通牒实验为例对实验过程和结果作一解说。在分饼博弈中，两个博弈方同时进行选择，如果两人诉求的和不大于可分配的整块饼，

---

① Aguiar F., Brañas-Garza P. & Miller1 L. M., 2008, Moral Distance in Dictator Games, Judgment and Decision Making, 3 (4): 344-354.

表 1-1　两类道德的独裁者博弈实验

受助者信息 捐赠金额￠	假设性实验			真实实验支付
	没有任何信息	来自第三世界的 贫困者	来自第三世界的贫困者， 且捐赠物用于购买药品	来自第三世界的贫困者， 且捐赠物用于购买药品
15	0%	40.8%	68.3%	74.6%
10	0%	25.5%	18.3%	12.0%
5	28.6%	11.2%	5.1%	10.7%
0	71.4%	22.4%	8.1%	2.7%
实验数目	98	98	98	75

表 1-2　受试者对两类实验中行为的原因

原因	真实实验		假设性实验	
	数目	比率（%）	数目	比率（%）
后果论 Consequentialist	41	59.4	68	79.1
义务论 Deontological	14	20.3	4	4.6
（不捐赠）不信任体制	4	5.8	3	3.5
（不捐赠）合法	3	4.3	3	3.5
随机决定	3	4.3	0	0
不信任实验	2	2.9	0	0
利己主义	2	2.9	8	9.3
总数	69	100.0	86	100.0

　　注：后果论是指关注如果他们没有捐赠可能会发生什么事（或者有了捐赠又会发生什么事），从而基于需求满足原则捐赠是最好的结果。义务论是指关注他们应该怎么做。

那么两人就可以各自获得诉求的份额；如果两人诉求的和大于可分配的整块饼，那么两人将一无所获。由于博弈是连续的，而且会出现连续均衡，任何低于可分配整块饼的诉求都是可行的。在这种情形下，聚点效应就开始显现，其纳什均衡结果就是平分，即（0.5，0.5）。但是，如果博弈方是顺序行动的，先行动者就有了先动优势。那么，先行动者是否会充分利用他的先动优势而最大限度地攫取他人的利益呢？一些博弈论专家用最后通牒博弈实验来对这一问题进行了验证。

　　实验的条件设定：买方和卖方两个人进行"最后通牒"式（即一次性的）的分割 1000 单位货币（最小分割单位设定为 5）的议价活动，买方出价，而卖方决定是否接受。假设买方的出价是 X，如果卖方接受，则卖方可得 X，而买方可得 1000-X；如果卖方拒绝，则买卖双方的收益都为零。在卖方接受的情况下，卖方的期望收益为：$R_1 = \dfrac{1}{201}\sum_{i=1}^{201} X_i$；而如果拒绝，则收益为零。显然，作为一个追求最大化的理性主义者，无论买方提出何种分配方案，卖方的最优策略是"接受"。而买方为了使自己的期望收益最大化，在预期卖方的选择行为下，将尽可能选择最低分配方案 0 或者 5。因此，这种条件的议价平衡点理论上就是（0，1000）或者（5，995）。

实验程序的设计：将受试者 20 人随机地分为两组：A 组为买方，B 组为卖方。实验中，严格确保买卖双方互不知晓谈判对手，并且每对议价者也仅知道自己每轮议价的结果。实验共进行三次，每次有十轮，第一、二次选择的是从未参加过此类实验的工商管理类的本科生，而第三次则选用前两次实验有经验的受试者。每十轮实验结束后，将随机地抽取一轮实验，受试者则按照其在该轮实验中所得的收益，转换成现金支付。

实验结果：就买方出价而言，500 的出价占有最大量的比例，为 43.6%。并且，在第一轮实验中，买方的出价几乎都集中在 500 附近，占 64.3%，而到第十轮时，部分出价向 450 和 475 转移，分别占 28.6% 和 20.9%，但 500 附近的出价仍然占 39.2%。

就卖方接受的状况来说，卖方的拒绝率在 7%~43%，并且具有明显的规律性：开始时和近结束的几轮，拒绝率较低，而中间几轮的拒绝率较高，见表 1–3[①]。

表 1–3　实验卖方拒绝率分布情况

实验轮次	1	2	3	4	5	6	7	8	9	10	总计
拒绝频数	2	2	8	6	12	3	3	5	6	5	52
拒绝率 P_i（%）	7	9	29	21	43	11	11	18	21	18	$P_i = 19$

最后，就买方的收益来说，如果他的出价是 X，而被拒绝率是 P_i，则他的平均收益是：$(1-X)\times(1-P_i)$。其平均收益与出价的关系见图 1–2，它表明，买方出价越接近 500，其得到的收益也越大。当为 500 时，平均收益为 485。

① 注：本实验取自东华大学 99 届硕士毕业生陈绣华的硕士论文。

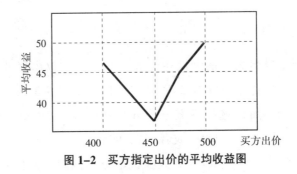

图1-2 买方指定出价的平均收益图

显然，本实验的结果与传统的纳什均衡解释发生了冲突，因为根据纳什的博弈机理，议价平衡点理论上应该是（0，1000）或者（5，995）。事实上，事后的问卷表明，34.2%的买方认为475的报价是合理的，26.9%的买方认为500的报价是合理的，19.2%的买方认为450的报价是合理的；而认为400以下、400、425是合理的买方分别占7.7%、7.7%、3.8%；但是没有买方认为500以上的报价是合理的。另外，就卖方来说，44.4%的卖方认为500是合理的，40.7%的卖方认为475是合理的，而仅14.8%的卖方认为450是合理的。这反映出公平对人类行为具有重要的影响。事实上，大多数最后通牒博弈的实验结果都是：提议方出价的众数和中位数通常位于40%~50%，平均数则出现在30%~40%，而在1%~10%以及51%~100%的出价很少，同时，40%~50%的出价水平很少会被拒绝，而低于20%左右的出价则面临很高的被拒绝率。

不确定下的选择原则

　　20 世纪 50 年代冯·诺伊曼和摩根斯坦从个体的一系列严格的公理化理性偏好假定出发，运用逻辑和数学工具，发展了期望效用函数理论：即风险状态下最终效用水平是由决策主体对各种可能出现的结果的加权估价后获得的，决策者谋求的是加权估价后形成的预期效用最大化。诺贝尔经济学奖 1972 年得主阿罗和诺贝尔经济学奖 1983 年得主德布鲁将其吸收进瓦尔拉斯均衡的框架中，成为处理不确定性决策问题的分析范式，进而构筑起现代微观经济学并由此展开的包括宏观、金融、计量等在内的宏伟而又优美的理论大厦。在这个公理体系之上，经济学家们运用日益先进的数学工具建立了无数精致的经济学模型，分析个体和组织行为及经济金融问题，甚至四面出击，用经济学方法分析方方面面的人类行为。传统的期望效用理论把个体的决策过程看成"黑箱"，经济学家们把决策过程抽象为理性的个体追求主观预期效用的最大化。在不确定性条件下，理性投资者的信念和主观概率是无偏的，他们追求均值/方差的有效性。其实，尽管早在 20 世纪 50 年代，一些学者如 Mosteller 和 Nogee 等就用实验来研究不确定条件下的偏好问题，大多数实验结果支持效用理论，然而，一些非主流的经济学家却发现，期望效用理论存在严重缺陷，现实中特别是金融市场里人类的很多决策行为无法用期望效用函数来解释。

一、人类行为并非是完全理性的

现代主流经济学有关行为的基本假设就是人类似乎是理性的，并且只有理性行为才能获得生存。是不是如此呢？这里看两个经典悖论。

1. 纽科姆（Newcombe）悖论

一个具有深刻洞察力、能预先知道人的心理和行为的"神怪"在 A、B 两个盒子中放入一定数量的金钱，A 中放有 100 元，而 B 中可能放有 100 元，也可能是 0 元。他允许某人既可只拿 B，也可以拿走 A 和 B。但如果"神怪"猜测到该人会取走 A、B 两个盒子，就会在盒子 B 中放 0 元，而预知该人只拿 B 盒，就会在 B 盒中放 100 元。

显然，根据后向推理逻辑，将 A、B 两个盒子都取走是合理的。但是，由于永不犯错误的"神怪"实质上让该人无论如何只是获得 100 元，因而从直觉上看，只取走一个盒子是理性的。因此，拿走两个盒子和拿走一个盒子的最后收益都是一样的，但由于计算是要投入时间和精力的，也就是说，是要花费成本的，因此，经过推理的行动显然是不合算的。这个悖论体现在现实生活中，那些斤斤计较的人往往并不能有更好的收益。

2. 埃尔斯伯格（D.Ellsberg）悖论

有两个盒子，其中，盒 1 中的白球和黑球各占 50%，而盒 2 中白球和黑球的比例未知。现从这其中一个盒中取一个球，问：如取白球，你愿意从哪个盒子取？如果取黑球，又愿意从哪个盒子取球？实验结果表明，无论是取白球还是黑球，绝大多数实验者都偏好于从盒 1 中选取。从盒 1 取白球的合理逻辑应该是从盒 2 取黑球。该悖论体现出人类行为中的逻辑不一致性。

这两个博弈悖论说明，人的行为并非完全通过理性计算的，更常见和可靠的是基于习惯。休谟在《人类理智研究》一书中指出，人的理性不能解决因果的推论问题，唯有非理性的习惯原则才是沟通因果两极的桥梁，因此，"习惯是人生的伟大指南"。针对囚徒困境实际发生很少的现象，博弈论专家 A. Rapoport 和 A.M.Chummah 在《囚徒困境》一书中写道："一般玩家还不至于考虑那么周全，那么讲究策略，他们还不至于精打细算分析出相互欺骗是唯一明智的防卫策略。"赫什莱佛（Jack Hirshleifer）和赖利（Johng Riley）则强调，不能把人脑视为电脑，用已提出过的问题来欺骗人的脑袋是可能的，就像可利用光学幻觉的安排来欺骗眼睛一样。

二、行为并非基于期望效用原则

现代经济学的理性选择分析的主要依据是诺伊曼和摩根斯坦在 1944 年推出的期望效用理论，它认为，人们往往根据风险决策的期望值大小来进行选择。那么，人类在日常生活的行为选择果真是基于期望效用原则吗？这里继续看两个经典悖论。

1. 圣彼得堡（St Peterburg）悖论

18 世纪瑞士数学家伯努利（Bernoulli）分析了一个著名的圣彼得堡悖论：一个机会的数学价值与人们通常给它的较低价值不一致。如一个赌徒只要买入场券就可以参加一个抛掷硬币游戏：在第一次抛掷中，如果铸币正面朝上获得 1 元，二次如此获得 2 元，三次如此获得 4 元，n 次如此，就获得 2^{n-1} 元。而他的期望的数学价值是无限大的，因为 $2^0(1/2) + 2^1(1/2)^2 + 2^2(1/2)^3 + \cdots + 2^{n-1}(1/2)^n = n/2$。显然，这个圣彼得堡悖论显示出，人们对待彩票的价值测度与其期望价值是不一致的。

为此，伯努利引入效用 U（R）这个主观因素来作价值的决定因素，分析效用和钱数量之间的关系。在他看来，10 元对于已经拥有 100 元的人的效用相当于 20 元对于已经拥有 200 元的人的效用。当然，在这个抛掷硬币游戏中，出价的多少往往依赖于人们进行估价的特殊条件，只有把每个人的特殊情况特别是他的财富考虑在内才能解决圣彼得堡悖论。伯努利提出把 x 数量的钱的效用表示为：$u(x) = \log x$，如果以 2 为底数的话就有 $U(R) = u(2^0)(1/2) + u(2^1)(1/2)^2 + u(2^2)(1/2)^3 + \cdots + u(2^{n-1})(1/2)^n$。

伯努利的分析表明，财富变化引起的心理反应与已积累的财富值成反比，也就是说，财富的边际价值递减。显然，正是由于财富的边际价值是递减的，因而人们往往更愿意选择收益较小的确定事件而非具有相同或稍高预期值的风险收益。这就是风险厌恶理论，它也就成了现代经济学的一般假设，表现为，博弈中风险占优的策略组合往往是纳什均衡的结果，即使是帕累托优化的得益占优策略组合也常常会被人们放弃。

2. 阿莱斯（M.Allais）悖论

1988 年的诺贝尔经济学奖得主阿莱斯（M.Allais）提出了与期望效用理论相反的观点，这被称为阿莱斯悖论。他要求受试者在两组彩票中分别进行选择。方案一：A. 确定地接受 100 万美元；B. 以 0.10 的概率接受 500 万美元，以 0.89 的概率接受 100 万美元，以 0.01 的概率接受零。方案二：A. 以 0.11 的概率接受 100 万美元，以 0.89 的概率接受零；B. 以 0.10 的概率接受 500 万美元，以 0.90 的概率接受零。实验结果表明，在方案一中绝大多数人偏好 A，而在方案二中绝大多数人偏好 B。事实上，在方案一中，如果 A > B，则 $v(100) > 0.10v(500) + 0.89v(100) + 0.01v(0)$，通过简单的代数运算就有：$0.11v(100) + 0.89v(0) > 0.10v(500) + 0.90v(0)$。这意味着，在方案二中实际上应该是 A > B。显然，这与在方案二中选择 B 矛盾，出现了悖论，它至少违背了期望效用的独立性、传递性以及替代性公理化假设，违反了 Luce 和 Krantz 在 1971 年提出的独立性公理，因为方案一与方案二相比的唯一区别在于增加了以 0.89 的概率接受 100 万美元这一选项，结果就导致了选择偏好的改变。

阿莱斯悖论最早是阿莱斯在 1952 年在巴黎举行的一次风险经济学盛会上向出席会议的萨缪尔森、阿罗、弗里德曼以及萨维奇等提出的，目的是证明当今的决策理论体系有着很大缺陷。前面几人是诺贝尔经济学奖得主，萨维奇则师从数学大师和计算机理论的开山鼻祖诺伊曼，并且是弗里德曼的关门弟子，是统计学界的带头人，是许多风险决策理论模型的开拓者。但是，萨维奇同样落入了阿莱斯设下的陷阱，犯的错与普通人没什么两样，既选了方案一中的 A 又选了方案二中的 B。阿莱斯原打算在大会结束后向外界公布这一爆炸性新闻：世界顶尖的决策理论家所存在的偏好与他们自己对理性的见解完全背道而驰。但是，那些对决策理论不很热衷的经济学家大都忽视阿莱斯提出的问题，仅仅将之归结为非常规问题，依旧使用期望效用理论来解决这一问题，而哲学家、心理学家以及一些决策理论专家却对阿莱斯悖论引发的挑战非常重视。

事实上，在阿莱斯之后，有一些心理学家和决策理论专家进行了大量的相似实验，结果都与此类似。例如，针对有人认为阿莱斯设计的实验中所提供的巨额资金是人们行为违背独立性的根本原因，卡尼曼和特维斯基降低金额而设计了另外一个实验，同样得出了行为的不一致性。方案一：A. 以 0.33 的概率得到 2500 美元，以 0.66 的概率得到 2400 美元，以 0.01 的概率接受零；B. 确定性地得到 2400 美元。方案二：A. 以 0.33 的概率得到 2500 美元，以 0.67 的概率得到零；B. 以 0.34 的概率得到 2400 美元，以 0.66 的概率得到零。实验结果表明，在方案一中 82% 偏好 B，在方案二中 83% 偏好 A。

阿莱斯悖论揭示出，人类偏好并非主流经济学所假设的那样是线性的，人类行为逻辑与数理逻辑之间存在不一致，这一点也为其他学者的大量替代设计所证实。阿莱斯对该悖论的解释：在方案一中由于把 0.01 的概率接受零摆在了突出位置，而导致 B 选项不受偏好。而在方案二中 A、B 间接受零的 0.01 的概率差异则不再显著。因此，阿莱斯认为，行动 x 的效用没有必要理性地遵从由简单的期望效用公式 $U(x) = Ev(c_{xs})$ 给出的结果效用，而是还要考虑结果的方差，即人们更偏好于平稳。这样，更为一般化的公式就可表示为：$U(x) = F\{E[v(c_{xs})], \sigma^2[v(c_{xs})]\}$。这反映了人们对风险的规避，事实上，社会中存在的彩票买卖就反映了人们对同一彩票的评价并不一样。

三、特维斯基与卡尼曼的对比实验

埃尔斯伯格悖论和阿莱斯悖论都表明，实际上的个体行为与理论上的理性预设之间存在明显的不一致性。为了更好地理解这种不一致性，我们还可以看一下特维斯基与卡尼曼所做的两个对比实验。

1. 实验一

首先是在方案一、方案二中进行选择。方案一：A. 确定地获得 240 美元；B. 以 25% 的概率获得 1000 美元，以 25% 的概率获得 0 美元。方案二：C. 确定地损失 750 美元；D. 以 75% 的概率损失 1000 美元，以 25% 的概率损失 0 美元。实验结果：A 和 B、C 和 D 选项获得选择概率分别是 84% 和 16%、

13%和87%。

其次是在方案三中选择：E. 以 25%的概率获得 240 美元，以 75%的概率损失 760 美元；F. 以 25%的概率获得 250 美元，以 75%的概率损失 750 美元。实验结果：E 和 F 选项获得选择概率分别是 0%和 100%。

方案一反映了受试者在收益领域内的风险厌恶，而方案二反映了受试者在损失领域内的风险偏好。实际上，有 75%选择了组合 A 和 D，而仅有 3%选择了组合 B 和 C。但是，方案三中 E 选项实际上是组合 A 和 D 的重新表述，而 F 选项则是组合 B 和 C 的重新表述。因此，受试者在两种不同的表述中选择并不一致。

2. 实验二

方案一：A. 确定地获得 30 美元；B. 以 80%的概率获得 45 美元。方案二：考虑一个两阶段博弈，第一阶段以 75%的概率结束博弈而一无所获，以 25%的概率进入第二阶段，而进入第二阶段后面临如下选择：A. 确定地获得 30 美元；B. 以 80%的概率获得 45 美元。方案三：A. 以 25%的概率获得 30 美元；B. 以 20%的概率获得 45 美元。实验结果：在方案一、方案二、方案三中 A 和 B 选项获得选择概率分别是（78%，22%）、（74%，26%）和（42%，58%）。

方案二和方案三是一致的，而与方案一并不一致，但实验结果却与方案一相一致，而与方案三不一致。在方案一中，确定性效应使得人们选择 A，而两阶段形式造成的确定性幻觉也使得人们在方案二中选择 A，卡尼曼与特维斯基称为伪确定性效应（Pseudocertainty Effect）。

可见，理性选择分析所依据的期望效用理论具有重大缺陷：期望效用理论很大程度上只是依据一种形式逻辑，而没有考虑到心理效应。为此，近来一些学者从四个方面对现代经济学的期望效用理论进行修正和发展。①扩展性效用模型，它要求放松期望效用函数的线性特征，或对独立性、无差异性公理进行重新表述，如 Machina 于 1982 年将基于概率三角形的预期效用函数线性特征的无差异曲线扩展成为体现局部线性近似的扇形展开；②非传递性效用模型，其特征是放弃传递性公理，如 Loomes 和 Sudgen 于 1982 年提出后悔模型，通过引入后悔函数将效用奠定在个体对过去"不选择"结果的心理体验上；③非可加性效用模型，它主要针对埃尔斯伯格悖论，认为概率在其测量上是不可加的；④卡尼曼与特维斯基在 1979 年提出的前景理论，它认为个体进行决策实际上是对"前景"的选择，这种选择所遵循的是特殊的心理过程和规律，而非预期效用理论所假设的各种偏好公理。

不确定下的风险态度

卡尼曼与特维斯基1979年在《计量经济学》期刊上发表的开创性论文《预期理论：风险下的决策分析》将认知心理学成果和实验方法引入经济学分析，不仅使大家真正意识到心理认知偏差的存在和重要性，而且为认知心理学在经济分析中的应用树立了典范。卡尼曼通过对比实验发现，大多数个体并不总是理性的和风险规避的，人们的决策也不总是依据期望效用理论。此后，行为经济学家和实验经济学家提出了许多著名的"悖论"，像"阿莱斯悖论""损失厌恶""偏好逆转""股权风险溢价难题""羊群效应"等，这些实验结果对期望效用理论和效用理论构成了强有力的挑战，进而对现代主流经济学的理论和思维提出了质疑。

一、风险厌恶是否普遍定律：反射效应

伯努利从圣彼得堡悖论中发现了风险厌恶理论。卡尼曼与特维斯基做了这样的实验：A. 以80%的概率损失4000美元；B. 确定性地损失3000美元。实验结果：92%的人选择了前者。显然，这又反映出人们普遍存在着风险偏好的情况。那么，如何理解这种悖论呢？这就涉及卡尼曼和特维斯基提出的反射效应（Reflection Effect）：面对亏损状态时，多数人会极不甘心，宁愿承受更大的风险来赌一把。事实上，人们对于获得和损失的偏好是不对称的，面对获得（或盈利）时有风险规避倾向，而面对可能损失时有风险追求的倾向。

卡尼曼举例说：杰克和吉尔每人都获得 500 万美元的财富，而从前杰克有 100 万美元，吉尔有 900 万美元，那么，他们如今一样高兴吗？他们的财富效用相同吗？这就涉及影响效用的财富性质：效用不仅与财富的存量有关，而且与财富的流量更相关。例如，你今年的年终奖是 8 万元，这个奖金对你的效用究竟如何，就要看它相对于以往尤其是去年的变化：是增加了还是减少了。如果去年的年终奖是 10 万元，那么你就有强烈的损失感，负效用将特别明显；相反，如果去年的年终奖是 5 万元，那么你就会产生正效用。当然，后面的损失厌恶表明你增加 3 万元所获得的正效用并不一定大于损失 2 万元带来的负效用。

因此，财富变动方向对效用的影响是不同的，关于这一点可以再看两个例子。

例 1　有这样两种情境，在 A 情境中：甲拥有 X 公司的股份，他本打算将其股本转移至 Y 公司，但后来却没有实行，事实上，如果他这样做的话就可以多赚 2 万元；在 B 情境中，乙拥有 Y 公司的股份，本打算继续持有，但后来却转移到了 X 公司，事实上，如果他没有转移的话同样可以多赚 2 万元。那么，两人谁的遗憾更大呢？一般来说，人们往往会选择乙。为什么呢？因为在 B 情境中，乙将因转移股份而少赚的 2 万元视为损失，而在 A 情境中，甲将没有转移股份而少赚的 2 万元视为得益，两者对当事人的效用影响是不同的。

例 2　面临这样两种选择：在宾馆 A，房价 100 元/天，但如果以现金的方式付款可以得到 10 元的折扣；在宾馆 B，房价 90 元/天，但如果以信用卡方式付款则要多付 10 元/天。显然，住客到两个宾馆住宿的经济成本是一样的，但大多数人认为：宾馆 A 要比宾馆 B 更吸引人，为什么呢？究其原因，宾馆 A 与某种"收益"（有折扣）联系在一起的，而宾馆 B 则是与某种"损失"（要加价）联系在一起的。为此，一个人面对风险进行选择时也会依据某个参照值（Reference Point），围绕参照值的变化引起人们的效用变化。

反射效应表明，处于损失预期时，大多数人变得甘冒风险。这种风险偏好倾向在一定程度上可以解释有时人们为何会参与赌局，而且还可以解释，在赌博中赢钱时注码往往会越下越细，而输钱时则越赌越大，这就是所谓赢缩输谷的策略。当然，反射效应与较大的损失可能性相联系，如果损失的可能性不大时，那么反射效应就会衰落。例如，将上例改为：A. 以 8% 的概率损失 4000 美元；B. 以 10% 的概率损失 3000 美元。那么，很多人就会选择 B。

与损失域中体现的反射效应不同，在得益域中体现的主要是确定性效应（Certainty Effect）：在正的收益域中，比起不确定的更大收益，人们更偏好确定性收益，从而呈现出风险厌恶现象。例如，有两个选项：A. 以 50% 的概率得到 100 美元；B. 确定性得到 46 美元。那么，你将如何选择呢？卡尼曼说，他自己会选 B，并相信其他人也会选 B。不过，确定性效应也与较大的收益可能性相联系，如果将上例改成：A. 以 5% 的概率得到 100 美元；B. 以 10% 的概率得到 46 美元。那么，你将如何选择呢？显然，很多人又会选择 A。

显然，反射效应和确定性效应所揭示的风险选择是不同的：正的收益性范围中表现为风险厌恶，在负的损失范围内则表现为风险追求。确定性效应在投资上的表现就是，投资者有强烈的获利清算倾向，因为害怕失去已有的收益而倾向于将正在赚钱的股票卖出。反射效应则相反，人们往往愿意继续持有已经亏损的股票，期望未来可以获得正的收益。也就是说，"赔则拖，赢必走"。正因如此，股市就存在这样一种"卖出效应"：投资者卖出获利的股票的意向远远大于卖出亏损股票的意向。统计数据也证实，投资者持有亏损股票的时间远长于持有获利股票。

二、人的风险程度有何差异：损失厌恶

不同的得失情景下人们对待风险的态度为何如此不同呢？这就涉及卡尼曼提出的损失厌恶（Loss'Aversion）问题：面对同样数量的收益和损失时，损失往往令人们更加难以忍受。例如，在抛硬币赌局中，如果存在 50% 的概率损失 10 元，你觉得至少要得到多少钱才会参与呢？如果你的答案是 10 元，那么就说明你对风险根本不在乎；如果你的答案不到 10 元，那么就说明你在寻求风险；如果你的答案超过 10 元，那么就说明你具有损失厌恶倾向。进一步地，如果存在 50% 的概率损失 500 元，盈利要多少你才能抵销这一损失？如果存在 50% 的概率损失 2000 元，你又会怎样？

在现实生活中，损失厌恶是普遍存在的。

诺贝尔经济学奖 2017 年得主行为经济学大家萨勒（Thaler）做了这样的

实验：A.假设你得了一种死亡率为 0.01% 的病，你愿意花多少钱来买一种可以把死亡率降到 0 的药；B.假设医药公司让你服用一种死亡率为 0.01% 的新药，你要求医药公司的补偿是多少。实验结果表明：在 A 中，绝大多数人只愿意出几百元来买药；在 B 中，即使医药公司愿意出几万元，他们也不愿意参加。究其原因，在 A 情形中，病已经得了，治好病是一种获得，因而人们对此并不敏感；而在 B 情形中，增加死亡率却是一个难以接受的损失，从而要求超高的补偿。

再如，在节日前夕或者面临突然需求旺盛的情况下，商场取消了原先的折扣，有 42% 的人认为这是公平的；但是，如果商场增加一个额外的费用，71% 的人认为它是不公平的。究其原因就在于，在前者情境中，人们将取消原先的折扣视为得益的减少，而在后者情境中，人们将增加额外费用视为损失的增加。

我们往往将抵消损失所需要盈利倍数称为损失厌恶系数：损失厌恶系数越大，就与期望效用原则越脱节。显然，在不同情境下，人们的损失厌恶系数往往存在差异。卡尼曼认为，风险损失系数将随着风险增大而提高，而且，当这种损害具有潜在的破坏性，乃至威胁到了你的生活方式，那么损失厌恶系数将非常高。这潜含了两点含义：①随着赌注的提高，人们所要求的最低期望收益也在不断提高；②由于同一损失额对财富禀赋越大的人的生活所构成的威胁越小，因而财富禀赋越大的人的损失厌恶系数往往越小。因此，不同财富禀赋者面对风险的态度往往是有差异的：因为财富的边际效用较大，因而厌恶风险更明显地体现在低收入者的选择中。

我们可用损失厌恶系数来反映不同财富禀赋者的风险态度差异：穷人的风险损失系数较大。当然，如果赌局不是一次性的，而是很多次的，譬如，可以重复进行 100 次，那么，人们为接受存在 50% 概率损失 100 元所要求的得益就会降低。事实上，尽管在分别考虑的窄框架下，每次赌局的结局都是一样的，但是，如果在基于综合考虑的宽框架下，随着赌局重复进行次数的增多，输的概率就逐渐降低，而赢的收益则不断增加。在一般的行为实验中，普遍结果往往都是风险厌恶的，这有两个原因：①受试者往往都是较穷的学生或工薪阶层，他们承担不起高风险的代价；②赌局进行的次数是非常有限的，从而难以形成相对确定的大数概率。相反，如果试验选取的受试者更为富裕的话，或者实验是重复多次进行的话，那么，实验结果很可能会是另外一种情形。

关于对不同财富禀赋者的风险态度差异的理解，还可以进一步看卡尼曼提出的例子。甲当前拥有的财富是 100 万美元，乙当前拥有的财富是 400 万美元。两人面临这样的选择：A. 分别以 50%概率拥有 100 万美元和 400 万美元；B. 确定性地拥有 200 万美元。那么，甲和乙究竟如何选择呢？卡尼曼认为，甲会更愿意选择确定选项 B，而乙则偏好于碰运气而选择 A。究其原因，对低收入者而言，确定性增加 200 万美元使得甲的财富增加了 2 倍，而使得乙的财富仅仅增加了 1/2，因而确定性地获得 200 万美元所带来的效用对甲来说比乙更大；相反，以 50%概率拥有 100 万美元和 400 万美元的风险选择项所潜含的损失，只占乙的 1/4，却是甲的 1 倍，因而乙更愿意去碰运气。

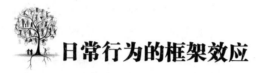

日常行为的框架效应

除了上述所列举的几个经典悖论外，我们观察日常生活，也会发现更多的选择或行为悖论。举例如下：

（1）某教授修剪自己的草地，尽管邻居的小孩愿意为 8 美元的酬金替他修剪草地，但该教授却不愿为 20 美元的酬金替他的邻居修剪同样面积的草地。

（2）在企业利润停止增加的情况下，只有 20% 的人认为取消红利是不公平的，但是，有 62% 的人认为减少 5% 的工资是不公平的。

（3）问题一：你愿意支付多少钱将你的死亡风险降低 0.001？问题二：你愿意接受多少钱冒 0.001 的死亡风险？结果：问题二答案中的货币额远远超过问题一。

（4）人们通常不愿意以 x 美元出售其财富中的一项物品，但该物品丢失或被偷，他们也不会以少于 x 美元的成本购买该物品的替代物。

（5）问题一：最高的那颗红杉树是高于还是低于 1200 英尺？你认为那些最高的红杉树有多高？问题二：最高的那颗红杉树是高于还是低于 180 英尺？你认为那些最高的红杉树有多高？实验结果，对问题一的回答是 844 英尺，对问题二的回答是 282 英尺，两者差距有 562 英尺。

（6）某超市秋刀鱼降价 30% 促销，有几天货架上写着"每人限购 10 条"，有几天货架上写着"不限购"。结果，消费者在限购时平均购买 6 条，是不限购时购买量的 2 倍。

（7）肺癌治疗有手术治疗和放射治疗两种，其中手术治疗可保证有五年的存活时间，但在短期内手术治疗比放射治疗的风险更大，受试者受到手术短期结果的描述是：A. 第一个月的存活率为90%；B. 在第一个月里有10%的死亡率。实验结果：在第一个框架下，84%的受试者选择手术治疗；在第二个框架下，50%的受试者选择放射治疗。

（8）小型企业能够生存五年以上的概率是35%，但调查表明，有81%的小型企业创办人认为他的胜算达到70%甚至更高，有33%的人甚至认为他们失败的概率为零。

这些行为悖论大致上体现了卡尼曼和特维斯基所归纳的几种趋势：①对于中或高概率的收益，人们担忧风险；②六合彩吸引人的是大量的概率收益；③保险吸引人的是大量的概率损失；④对有把握的事物赋予高的权重；⑤当不受损失的概率增加时，人们惦念着有损失的风险。因此，这里再作进一步的归纳介绍。

一、不同情境的决策差异

伯努利（Bernouli）对圣彼得堡悖论的解释表明，财富给人们带来的效用与其已经拥有的财富量有关，并由此得出风险厌恶理论；损失厌恶理论则说明，即使相对于现有财富的风险系数很小，强烈的损失厌恶也会使得人们努力规避极小风险。确定性效应和反射效应则表明，财富的变动方向将直接影响人们的行为模式：面临收益时，人们会小心翼翼选择风险规避；面临损失时，人们甘愿冒风险倾向风险偏好。这些都体现了卡尼曼等提出的框架效应（Framing Effect）：行为者在不同情境下的行为往往遵循不同的行为模式。

首先，看一个两组方案的选择实验。方案一，在拥有200美元的条件下进行选择：A. 额外再增加50美元；B. 以25%的机会赢得200美元。方案二，在拥有400美元的条件下进行选择：C. 放弃150美元；D. 以75%的机会失去200美元。实验结果是：在方案一中，84%的受试者选择了获得确定性收入的方案A；而在方案二中，87%的受试者选择了以75%：25%概率损失的方案D。实际上，受试者在A和C，B和D中面对的最终财富状态都是一致的，但他们在两个实验中的心理过程却是不同的。在方案一中，受试者面对着"获得"的机会，确定性获得50美元的效用较大，这里风险厌恶起主要作用；

相反，在方案二中，受试者则面对着"失去"的机会，确定性损失 150 美元要比以 75% 的可能失去 200 美元带来的痛苦要更强烈，更令人反感，从而更愿意冒险一试。

其次，看特维斯基和卡尼曼的实验。方案一，假设你比现在多 300 美元，你面临着两个选择：A. 确定地得到 100 美元收益；B. 以 50% 的概率获得 200 美元和 50% 的概率获得 0 美元。方案二，假设你比现在多 500 美元，你面临着两个选择：A. 确定地损失 100 美元；B. 以 50% 的概率损失 200 美元和 50% 的概率损失 0 美元。结果：在方案一中，72% 的人选择 A；在方案二中，64% 的人选择 B。显然，面对着相同的选择项，仅仅由于收益的流向不同，就产生了明显不同的选择结果。其中，当面临的收益是增加时，受试者更偏好于确定性选项；而当面临的收益是减少时，受试者更偏好于风险选项。

这两个实验反映出，不同情境下人们对待风险的态度是不同的，尤其是以肯定或否定的方式做出一种选择对后来的选择具有戏剧性的影响。在获得的框架下，他们更愿意选择确定的事；在损失的框架下，他们更愿意选择赌一把。

二、决策与偏好的不一致

针对阿莱斯悖论，卡尼曼等并没有步大多数决策理论家的后尘，他们不是试图改变理性选择的规则以使阿莱斯悖论可以为人们所接受，而是提出用"确定性效应"来解释"小概率"的影响以及阿莱斯悖论。例如，根据阿莱斯悖论，卡尼曼设计了这样两个简化题目。方案一：A. 61% 的概率赢得 52 万美元；B. 63% 的概率赢得 50 万美元。方案二：C. 98% 的概率赢得 52 万美元；D. 100% 的概率赢得 50 万美元。那么，面对这两个方案，你又如何选择呢？显然，按照期望效用理论，你的选择是 A 和 C，从而犯了阿莱斯悖论中的错误。实际结果是，大多数人的选择是 A 和 D，这就是"确定性效应"，它表明，人们往往过于重视那些微小的损失概率。显然，这些选择与期望效用理论并不相符，所以，卡尼曼说，"面对风险，我们不是理性的经济人。"

"确定性效应"，是指较大可能性事件中人们往往担忧风险、害怕失败，即那些几乎可以确定的事件所受到的重视程度往往会小于其理应受到的重视程度。与"确定性效应"相对应的是"可能性效应"（Possibility Effect）。"可能性效应"是指较小可能性事件中人们往往期望有更多所得而勇于冒险，即人们往往高估那些出现可能性极低的结果的发生概率。事实上，卡尼曼等对决策权重作了长期的研究，得出了如表1-4所示的评估信息。

表1-4 发生概率与决策权重关系

概率（%）	0	1	2	5	10	20	50	80	90	95	98	99	100
决策权重	0	5.5	8.1	13.2	18.6	26.1	42.1	60.1	71.2	79.3	87.1	91.2	100

表1-4还显示出，确定性效应比可能性效应更为显著。可以运用损失厌恶加以解释：在确定性状态下失去一定收益的焦虑情绪往往比在不可能状态下获得相同收益的期望心理更明显。相应地，在面临"获得"还是"失去"的不同情形时，"确定性效应"和"可能性效应"对行为选择的影响方式是不同的。这样，将决策参照点和发生概率结合起来就可以形成了如表1-5所示的四重模式决策理论。

表1-5 决策的四重模式

	所得	损失
较大可能性事件 确定性效应	95%的概率赢得1万元 害怕失败 风险规避 接受自己不喜欢的解决方式	95%的概率损失1万元 希望能避免损失 冒险 拒绝自己喜欢的解决方式
较小可能性事件 可能性效应	5%的概率赢得1万元 希望能有更多的所得 冒险 拒绝自己喜欢的解决方式	5%的概率损失1万元 害怕有更大的损失 风险规避 接受自己不喜欢的解决方式

三、买和卖中的禀赋效应

现代主流经济学认为，市场竞争和效用最大化使得卖价和买价趋于相同，但现实生活中却存在大量的反例。例如，某教授有收藏葡萄酒的爱好，他经常从拍卖会上买葡萄酒，但无论质量如何，他的出价从来不会超过300元一瓶；同时，他又不愿卖掉自己收藏的葡萄酒，即使对方出价800元一瓶也不行。事实上，如果价格在300元到800元之间，他就既不买也不卖。萨勒将这种现象称为禀赋效应（Endowment Effect）。

萨勒做了两个实验进行验证。方案一：他准备了几十个印有校名和校徽的学校超市零售价为 5 元的马克杯，教授在拿到教室之前已把标价签撕掉，并问学生愿意花多少钱买这个杯子（给出了 0.5 元到 9.5 元之间的选择）。方案二：他一进教室就送给每个人这样一个杯子，但过了一会儿说因学校组织活动而需收回一些杯子，他让学生写出自己愿意以什么价格卖出这个杯子（给出了 0.5 元到 9.5 元之间的选择）。实验结果显示，在方案一中，学生平均愿意用 3 元钱的价格去买一个带校徽的杯子；而在方案二中，学生的出价陡然增加到 7 元钱。

禀赋效应表明，人们对其拥有的东西往往比他们未拥有的同样东西会赋予更高的价值，也就是说，支付意愿和接受补偿意愿在个人对事物价值的评价上是不同的。显然，禀赋效应带来的巨大价格差与标准经济理论是矛盾的，却可以用厌恶损失理论进行很好的解释。事实上，A 教授在决定买还是卖时取决于参照点，即 A 教授是否拥有这瓶酒：如果拥有这瓶酒，那么他卖时就需要考虑放弃这瓶酒的痛苦；如果不拥有这瓶酒，那么他买时就要考虑得到这瓶酒的乐趣。根据损失厌恶理论，两者的价值并不相等。

大量的现象都表明，人们对同一商品的意愿支付价格（W）和意愿接受价格（WTA）之间往往存在巨大差异，而且，大量的实验也表明，WTA 平均值经常比 W 平均值大好几倍。例如，根据北美猎鸭者提供的数字：他们每人最多愿付 247 美元维护湿地，但最少要 1044 美元才同意转让。Knetsch 和 Sinden 作了类似实验：给一半受试者发彩票，另一半发 3 美元，为持彩票的受试者提供以 3 美元出售彩票的机会，并允许持货币的受试者用 3 美元购买彩票。结果：82% 的持彩票受试者保留彩票，而 38% 的持货币受试者愿意买彩票。

正是由于人的心理偏好是环境依赖的，别人送 A 一瓶价值 1000 元的茅台，A 会喝掉它而不是卖掉它，但 A 无论如何也不会买一瓶 1000 元的茅台；同样，即使我幸运地花 10 元钱获得了一场比赛门票，但我也不愿意以 100 元的价格卖掉它，尽管这张门票丢失了，我甚至不愿花 20 元钱来买它。目前社会中广泛存在的钉子户事件也表明，如果让他们掏钱来购买目前的这种居住环境，无论如何也达不到要他们搬迁时所索取的这种高价。

此外，在当前房价水平下，社会大众普遍不愿意买房，那些只有一套住房且暂时闲置的人又往往不愿意以目前的价格出售房产。这也意味着，当住房配置在不同人手中并不必然导致交易的进行，初始产权配置在投机者手中时会导致闲置，而当初始产权配置在自住者手中时则会导致使用。为此，当代著名法理学家德沃金（Ronald Dworkin）写道："得到财富最大化的最终配置将会有所不同，即使在相同的初始配置条件下，它也得依赖于直接交易得以产生的某个秩序。"显然，这对现代经济学的交换理论提出了挑战，因为现代经济学强调，只要买主对物品的评价高于卖主，交易就可以进行，但现实生活中，一个人的评价却不是固定的，而是随着他的位置而变化。

四、选择与评价的不一致

行为心理学家 Lichtenstein 和 Slovic 做了一个实验，他们要求受试者在期望价值大致相似的两个赌局之间进行选择。①P（即 Probability）赌局：以大概率赢得少量的钱（如以 35/36 的概率赢得 4 美元）；②S（即$）赌局：以小概率赢得大量的钱（如以 11/36 的概率赢得 16 美元）。受试者被要求对每个赌局作出评价，评价方式是：假定受试者拥有赌局权，那么，他们指出出让每个赌局时愿意接受的最低金额；或者，受试者没有选择赌局权，那么，他们指出购买每个赌局时愿意支付的最高金额。结果是：选择时偏好 P 赌局的受试者大部分在评价时会给 S 赌局赋予更高的价值。

Lichtenstein 和 Slovic 将选择与定价中表现出的偏好不一致现象称为偏好逆转效应（Preference Reversal Effect），其基本含义是：偏好物品 A 而不是 B 的受试者，他们中的大部分人对物品 A 的意愿支付价格（WTP）或意愿接受价格（WTA）都小于物品 B。在上述实验中，如果在两者之间做出选择，大部分受试者选择 P；如果给两者标出最低卖价，大部分受试者选择 S。再如，以 80%的机会赢 5 美元和以 11%的机会赢 40 美元的赌局，你更倾向于哪个呢？绝大多数人都会选择前者。但哪个赌局的价值更高呢？绝大多数人会选择后者。偏好逆转效应表明，人类偏好具有不可传递性。

关于偏好逆转效应，阿莱斯 1953 年提供的悖论也可证明。方案一：A. 以 p 的机会得到\$X，以 1 − p 的机会得到\$0；B. 以 q 的机会得到\$Y，以 1 − q 的机会得到\$0。方案二：C. 以 rp 的机会得到\$X，以 1 - rp 的机会得到\$0；D. 以 rq 的机会得到\$Y，以 1 - rq 的机会得到\$0。其中 p > q，0 < X < Y，0 < r < 1，因此，A 和 C 也称机会赌局，即可能赢的机会较大；B 和 D 也称金钱赌局，即可能赢的金额较大。实验结果：人们更倾向于选择 A 和 D。也就是说，当给定风险水平较小时，人们往往偏好机会赌局；当给定风险水平较大时，人们往往偏好金钱赌局。实际上，只要令 p = 1，这个悖论就可以用"确定性效应"加以解释。

前景理论的基本要点

　　基于上述种种实验结果和行为悖论，卡尼曼与特维斯基提出了前景理论加以解释。前景理论认为，个体在前景决策中对相同的决策问题往往会形成不同的构架，从而产生偏好与选择方面各种不一致的现象。例如，在面临"得"还是"失"的不同情境时就产生不同的风险态度，在不同程度的发生概率所引起的重视程度就相差很大，人类行动也会深受初始信息的影响，受描述的不同措辞的影响。前景理论假设风险决策过程分为编辑和评价两个过程：在编辑阶段，行为者凭借"框架"（Frame）、参照点（Reference Point）等采集和处理信息；在评价阶段，则依赖价值函数（Value Function）和主观概率的权重函数（Weighting Function）对信息予以判断。同时，结合早期的情境理论（Situational Theory），卡尼曼等又进一步发展出累积性情境理论，它强调，人类的选择决定是一系列前后联系的情境累积性决定的而非孤立的情境决定，从而也引起了对待风险的不同态度。在累积性情境理论中，卡尼曼与特维斯基考虑了选择中出现以下五种主要现象，这些现象都与标准经济模型相悖：①框架效应（Framing Effects）；②非线性偏好（Nonlinear Preferences）；③路径依赖（Source Dependence）；④风险偏好（Risk Seeking）；⑤损失厌恶（Loss'Aversion）。

一、框架效应

决策者在决定时往往受自身经历和认知的影响，往往偏好于特定的状态，从而出现所谓的框架效应：同一问题由于表达不一样而导致不一样的决策判断。框架效应往往与参照依赖（Reference Dependence）联系在一起，它强调，所谓的损失和获得都是相对于一定参照点而言的。例如，你今年业绩奖励是10万元，那么你是否高兴呢？这就取决于你的目标：如果你的奋斗目标是8万元，你也许会感到愉快，如果目标是15万元，你就会感到失落。因此，当决策者不清楚恰当的参照点时，其选择往往表现出严重的不一致性。

为理解框架效应对选择的影响，这里举特维斯基和卡尼曼使用的一个例子加以说明。有两个方案，方案一：某赌注有10%的概率赢得95元，有90%的概率损失5元，你会接受这个赌注吗？方案二：某彩票有10%的概率赢得100元，90%的概率什么也没有，你愿意花5元来购买这张彩票吗？更多人对方案二给予了正面的答复。显然，尽管这两个方案的期望效用都是一样的，但由于所面临的情景不同，从而就会产生不同的结果。

至于框架效应引起的行为不一致性，我们可看特维斯基和卡尼曼做的一个传染病实验：假设有一场罕见的传染病，预计有600人死去，现有两组医疗方案可供选择。问题1：采用方案A，200人将得救；采用方案B，1/3的概率是600人都得救，2/3的概率是600人都不能得救。那么，如何选择？问题2：采用方案C，400人将死亡；采用方案D，1/3的概率是无人死亡，2/3的概率是都死亡。那么，如何选择？实验的结果是：在问题1中，绝大多数人（72%）偏好方案A；而在问题2中，则有78%的人偏好方案D。显然，问题1和问题2是完全相同的，区别仅在于对前景描述——即问题的构架不同：问题1以"得救人数"来表示，而问题2以"死亡人数"来表示，参照系的不同导致了不一致的选择。

此外，由于人们往往以不同的方式看待等价的结果，而这又取决于结果或决策环境被描述的方式，从而可能导致偏好逆转效应。至于偏好逆转效应，上节所举的Lichtenstein和Slovic实验就证明了这一点。

二、锚定效应

框架效应的一个重要表现就是，人们的决策往往会不自觉地给予最初获得的信息过多的重视，这就是所谓的锚定效应（Anchoring Effect）。锚定效应，是指当人们需要对某个事件做定量估测时，会将某些特定数值作为起始值，起始值像锚一样制约着估测值。究其原因，人们在做决定时，大脑会对得到的第一个信息给予特别的重视，"先入为主"第一印象或数据就像固定船的锚一样，把我们的思维固定在了某一处。

例如，卡尼曼和特维斯基就通过实验来证明锚定效应的存在：要求受试者对非洲国家在联合国所占席位的百分比进行估计，其中分母为 100，从而实际上要求受试者对分子进行估值。实验程序：首先，受试者被要求旋转摆放在其前面的罗盘随机地选择一个在 0 到 100 之间的数字；接着，受试者被暗示他所选择的数字比实际值是大还是小；然后，要求受试者对随机选择的数字向下或向上调整来估计分子值。实验结果表明，当不同的小组随机确定的数字不同时，这些随机确定的数字对后面的估计有显著的影响。例如，两个分别随机选定 10 和 65 作为开始点的小组，他们对分子值的平均估计分别为 25 和 45。也就是说，尽管实验者对随机确定的数字有所调整，但他们还是将分子值的估计锚定在这一数字的一定范围内。

锚定效应在众多领域判断与决策问题的研究中得到验证，例如，一项关于法庭惩罚性标准评估的研究发现，随着提供的惩罚金和补偿金额度上限锚值的增长，被试评估的金额数量及变化幅度均在增长，显著高于未提供任何数量参照的控制组。同样，锚定效应也广泛出现在金融和经济现象中，不仅股票等有价证券的当前价格很大程度上取决于过去价格的影响，而且资源、黄金、古董、奢侈品乃至不同品牌的商品价格和不同行业的劳动工资都受过去给定的锚定值的影响。事实上，在同一品牌系列产品中，厂商往往会制造一款"极品"并标出高价，尽管这个极品往往并不能卖出，但它却可以将其产品的价格"锚定"在高位，从而改变了相关产品的参照值。例如，英国的 Luvaglio 公司推出的钻石笔记本电脑标价 100 万美元，德国史蒂福公司推出的全球限量 125 只的黄金绒毛泰迪熊标价约合 8.6 万美元。

三、非线性决策

框架效应还表明，人们的效用是非线性的，不同情形下对风险的态度也是不同的，表现在决策中，决策权重与概率之间也呈非线性关系：低概率往往被高估，而中概率和高概率则往往会被低估，且后者的效应不如前者明显，从而不能简单地根据期望效用来评价风险决策。因此，决策权重与主观概率之间的函数关系就可用图 1–3 表示。

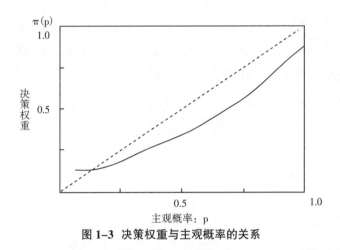

图 1–3 决策权重与主观概率的关系

卡尼曼和特维斯基提供了一个实验，要求人们分别在以下两种情形中进行选择：方案一：A. 可以确定性地获得 3000 元；B. 以 0.8 的概率获得 4000 元和以 0.2 的概率获得 0 元。方案二：C. 以 0.2 的概率获得 4000 元和以 0.8 的概率获得 0 元；D. 以 0.25 的概率获得 3000 元和以 0.75 的概率获得 0 元。实验结果表明，有 65% 的实验对象选择了 C，80% 的人选择 A。卡尼曼和特维斯基对这个结果的解释是，当处于概率较低的时候，一定程度的概率的增加（从 C 的 20% 上升到 D 的 25%）不会较大地改变人们对这些低概率事件所赋予的选择权重，此时起决定作用的就是报酬的多寡。反过来，在概率较高时，人们对概率的变化十分敏感，偏好选择中的概率权重变得十分重要。事实上，在如下四种情形中得到 100 万元的概率都上升了 5%：A. 从零提升到 5%；B. 从 5% 提升到 10%；C. 从 60% 提升到 65%；D. 从 95% 提升到 100%。

那么，这个消息给你的感觉都是一样的吗？

确定会发生的事件和以概率 $1-\varepsilon$ 发生的事件具有相当大的差异，不管 ε 有多小。例如，知道一个人艾滋病检测不呈阳性和知道一个人有可能以极小的概率 ε 检测呈阳性完全是两回事，这也是萨缪尔森所称的"小正数不为零"的问题。因此，在这里，从零提升到 5% 和从 95% 提升到 100% 要比从 5% 提升到 10% 和从 60% 提升到 65% 更具诱惑力。究其原因，从零提升到 5% 意味着情况的实质性改变：从无到有；而从 5% 提升到 10% 只是一种数量上的提升，而在心理价值上并没有翻倍。因此，从零提升到 5% 的巨大转变表明了"可能性效应"，而从 95% 提升到 100% 则是另一种实质性改变，产生了"确定性效应"。正是由于"可能性效应"和"确定性效应"的作用，那些不可能出现的事件或小概率事件往往受到过分重视，从而导致了非线性决策：①人们往往愿意花超出预期价值的钱来换取赢得大奖的渺茫机会，从而出现了彩票热衷现象；②人们往往愿意花费更大的费用或努力降低不利事件发生的微小概率，从而导致风险和保险契约等往往具有很大的诱惑力。

四、损失厌恶

框架效应还表明，人们往往根据相应于某个参照点的收益和损失而不是根据最终状态来评价前景，个人给状态赋予的价值取决于该状态与现状之间的关系。因此，价值主要定义在财富的变化而非财富水平上，且人们通常对自身财富水平的减少比增加更加敏感，这就是认知心理学中的"损失厌恶"理论。价值和财富变化之间的关系如图 1-4 所示。

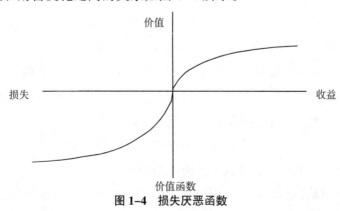

图1-4 损失厌恶函数

在抛硬币赌局中，如果是正面就赢得 150 元，如果是反面就输掉 100 元。那么，有多少人愿意参加这个赌注呢？显然，这时参与者必须平衡得到 150 元的满足感和失去 100 元的失落感。对大多数人来说，对失去 100 元的恐惧比得到 150 元的愿望更强烈，从而不愿参与这个赌局。那么，要平衡 100 元的可能损失，一般人需要得到最少收益是多少呢？卡尼曼通过大量的经验做出了估计，在适度规模的损失和收益之间，"损失厌恶系数"通常在 1.5~2.5。也就是说，放弃某样东西损失的效用是获得它增加的效用的 2 倍。因此，对很多人来说，这个问题的答案约 200 元。事实上，股票回报率之所以远高于债券回报率，在很大程度上不能简单地用投资者风险厌恶来解释，而是应该更好地用损失厌恶来解释，因为一年之内股票为负的时候远比债券要多。

在行为金融理论中，典型的投资者应被称为"行为投资者"——而非"理性投资者"：理性投资者的效用依赖于财富或消费的绝对水平；行为投资者的"效用"则反映在预期理论的价值函数中，是一条中间有一个拐点的 s 形曲线（横轴的正半轴表示盈利，负半轴表示损失）——在盈利范围内通常是凹的，在损失范围内通常是凸的，且曲线的斜度在损失范围内比在盈利范围内要陡。卡尼曼在 1990~1991 年进一步阐述这一思想，并用损失函数与盈利函数在原点的斜率之比来度量"损失厌恶"的程度，给出了经验的估计值 2.0。显然，损失厌恶意味着在一个公平赌博的情景中，一个人如果赢了 X 单位金钱所获得的效用会小于他可能输而下降的效用，因而赌博对双方都是不利的交易。由此我们也就可以理解为何绝大多数国家的法律都禁止赌博。

五、现状偏见

情境依存的功能宽泛地表现为现状偏见：人们常常偏好现状甚于其他的备选方案，而一旦某个备选方案成为现状时，人们又会偏好它甚于其他备选方案。这典型表现为：人们往往不改变契约条款中的默认选择项，选民往往更认同现有领导者，等等。

例如，如果雇主把加入 401K 储蓄计划（美国的一项退休储蓄计划）作为默认的状态，那么，几乎所有的雇员都会加入；相反，如果不把加入作为默认的状态，那么，绝大多数雇员都不会加入。再如，如果州汽车保险委员会宣布某种政策为默认选项，而保险公司让投保的个人依其偏好作不同于默认项的选择，那么不管条款是什么，投保人都倾向于不改变默认选择。芝加哥大学的 B.Madrian 对一家公司退休金计划的调查发现，在采用自动加入计划之前，只有49%的员工选择加入退休金计划，而在自动加入之后，只有14%的员工选择退出。事实上，在现实生活中，除非在改变工作时又有一堆表格要填，很少人会在中途改变退休金计划或者保险计划。这也是与经济人假设相悖的，因为每个人的情况不一样，根据自己的特定全新选择退休金或保险计划可能会省下一大笔钱。

同时，现状偏好也表现为选民往往更认同现有领导者。例如，小布什在与戈尔竞选总统时曾经非常不被看好，在任时的很多政策也深受质疑，但一旦他当选总统后人们就开始认同他作为总统的禀性，乃至可以大比分击败2004年的挑战者克里。这种情形在当前社会各界（学术界、娱乐界、商业界、官场界）都非常明显，一个默默无闻的学人、艺人、商人或政客一旦上位，就开始有很多人宣扬他的事迹、能力和胆略，而一旦开始被调查，他的事迹马上又被作另一番审查。例如，很多官员在台上往往能言善道，似乎举手投足间都展示了魅力和胆识，一言一语都体现了学识或幽默，但一旦被双规后，他的所有行为和言语都被发现是空洞无物的，其雷厉风行的政策竟然是亢奋状态下的拍脑袋行为。

事实上，正是由于人们往往偏好于现状，因而尽管生活状态往往会起伏跌宕，但其幸福程度却没有相应的变化。例如，现代社会的人们往往愿意花很多钱、很多时间去买福利彩票，希望中头奖，他们中奖的时候确实很快乐，但一两个星期后这种快乐就会跌下来。事实上，那些中了头奖的人和那些没有中奖的人，平均快乐水平没有什么差异。同样，经历损失的个人最终也会将新的前景视为合理状态，从而其幸福感也不会下降很多，那些因意外而残疾的人最终往往也会获得心境的平和。

六、体验效用

情境依存的功能还表现为体验效用（Experienced Utility）：效用主要体现为真实的体验而非抽象的数字。卡尼曼等认为，期望效用是控制决策效用的合理性原则，但它与快乐体验没有关系。为此，他们借鉴边沁的效用观念：快乐与痛苦的享用体验统治我们的生活，告诉我们应当做什么以及决定我们实际上做什么，并由此提出以"体验效用"一词取代传统经济学中的"效用"以及"期望效用"一词，并断言体验效用可以被测度。

1998 年卡尼曼与其同事做了一项研究，两位研究者要求身处美国加州和中西部的 2000 名本科生为自己的生活满意度打分。结果这两个地区学生的评分几乎没有差异，虽然两组受测者都认为在加州会更幸福。两个地区的学生之所以都认为在加州会更幸福，主要原因是他们对天气的态度是不同的：加州人很享受当地的气候，而中西部人却厌恶当地的气候。但实验结果却表明，学生们正确地假定加州人会比中西部人对于自己所处的气候环境更为满意，但没有认识到天气并不能影响人们对自己生活的总体评价。基于这一现象，卡尼曼指出，人们往往并不知道他们究竟有多么幸福，因为幸福是相对的。

2007 年 100 所中国大学的 5000 名大四学生给出的一张大学满意度排行榜显示，名列前 20 名的分别是：中央美院、香港大学、清华大学、上海交通大学、西安交通大学、东北大学、大连外国语学院、中国音乐学院、陕西师范大学、北京大学、北京交通大学、哈尔滨工程大学、浙江大学、重庆大学、南京航空航天大学、东北师范大学、大连理工大学、厦门大学、河北大学、华中科技大学。显然，原先在各项指标中公认为名校的那些大学在榜中并不具备优势，而公众认知中相对冷僻的大学排名则相对靠前。其中，反差特别大的一些投报热点名校如北京大学、复旦大学、中国科技大学、吉林大学、南京大学、南开大学、中国人民大学、中山大学、上海财经大学、武汉大学等的排名分别是 3、24、26、27、30、31、50、51、66、78。同样，根据华盛顿皮尤民众与新闻研究中心于 2011 年 1 月 5~9 日所做的民调，约有 47% 的受访美国民众表示中国经济实力独领风骚，而选择美国的比例则有 31%；而在 2008 年 2 月的访调中，有 41% 的美国人认为美国经济实力最强，30% 认为是中国。但实际上，美国的 GDP 是中国的近 3 倍，人均 GDP 更是让中国相形见绌。究其原因就在于一些直接的感受：过去 30 年来中国经济扩张幅度逾 89 倍，而美国至今还陷在经济危机之中。

理性经济人假说的挑战

　　现代主流经济学使用的理性经济人概念具有两大基本特征：①追求个人利益的最大化；②体现为行为逻辑的内在一致性。问题是，这种理性假设合理吗？事实上，正是由于坚持理性经济人的双重内涵，现代主流经济学迄今都不能很好地解释现实生活中普遍存在的合作现象，也一直无法为合作博弈提供坚实的理论基础，无法揭示合作博弈的内在机理。宾默尔甚至认为，博弈理论还是一团乱麻。事实上，博弈论大家宾默尔不仅认为"仅以自己狭隘地认为的自利而行动的人将经常会作出愚蠢的举动"，而且也不同意"用'理性人'来替代'经济人'"。相反，在他看来，"那些确实理解什么才是真正地符合其最大利益的人，没有理由去像一个傻子一样行动。……人类的多样性将不是人为地将其注意力限制在很容易衡量或度量的个人生活的方面。他的关心与他自己的自利一道，同样是考虑得很周全的"。为此，我们也应该对现代经济学的理性经济人假设重新进行反思。

一、对行为逻辑一致性的挑战

　　以经济人假设为基石的现代主流经济学认为，人类是理性的动物，这种理性在逻辑计算的基础上具有行为的内在一致性，而且，这种计算理性是人们选择行动的基础，诺贝尔经济学奖 1992 年得主贝克尔（Garys Becker）甚至认为，理性的人只有在阅读的价值超过其妻子失眠所损失的价值才会躺在床上阅读。不过，人们并非是成本—收益的简单反应器，能够始终遵循现代主流经济学的理性逻辑以追求收益最大化的情形是罕见的，这种计算理性只是那些主流经济学家的臆想。Gottfries 和 Hylton 就做了这样一个实验：麻省理工学院的学生按照进度表制订用餐计划，当销售量达到一定程度后，每餐的价格就会降低很多。这些学生被询问是否愿意转到其他食堂用两个星期的餐，替代价格高于用餐计划的边际成本而低于平均成本。实验结果：68%的学生选择转换到其他食堂，并认为这样做是为了"省钱"。但试想，他们的行为果真省钱吗？符合现代经济学基于边际收益等于边际成本的选择原则吗？显然，具有高度智力水平的麻省理工学院的大学生都不能有效辨识边际成本和平均成本，一般社会大众更难遵循边际原则行为。

事实上，不仅日常生活的经验告诉我们，人们的真实行为机理确实不是纯粹利益反应性的，而且，近年来大量的行为实验文献也反映出，现实决策者在面对不确定情形时往往不会理性地行动或无论如何也不会一致地遵行期望效用法则。一般地，人类理性具有两个特征：①人类理性是有限度的；②人类理性不等于数理的逻辑。人类行为并非是基于数理的逻辑。就前者而言，即使考虑人类行为是工具理性的，也无法时刻基于计算理性的基础之上。赫什莱佛（Jack Hirshleifer）和赖利（Johng Riley）指出，不能把人脑视为电脑，用已提出过的问题来欺骗人的脑袋是可能的，就像可利用光学幻觉的安排来欺骗眼睛一样。关于后者，我们可以从人们对会计成本和机会成本的认识差异中获得明显的经验证据，目前一些学生对学费等教育成本的调涨就非常敏感，但对极有益于其人生发展的那些学术讲座却无动于衷，也就是说，对进入大学后继续承担的机会成本往往不关心。

在日常生活中，人们行为更常见和可靠的依据是习惯，主要借助于经验和启发而非理性计算和推理进行决策。为此，卡尼曼和特维斯基就提出了区分人类判断大小、频率和概率的三种具体启发——可获得性启发（Availability Heuristics）、表征性启发（Representative Heuristics）和锚定性启发（Anchoring Heuristics），并以此来分析人们的预测和判断。

1. 锚定性启发

它是指当人们需要对某个事件做评估时，往往对大脑所接受最初信息给予特别重视并将它作为评估的参照值，显然，如果这些"锚"定的方向有误，导致估测也会产生偏差。我们可以看几个实验。

实验一：给你一张纸，把这张纸对折了 100 次的时候，你估计所达到的厚度有多少？许多人估计会有一个冰箱那么厚或者两层楼那么厚。然而，通过计算机的模拟，这个厚度远远超过地球到月球之间的距离。为何有这种差异呢？这就涉及抛锚调节启发的作用，人们的思维被锚定在纸是很薄的东西这个事实上了，因而觉得即使折上 100 次也厚不到哪里去。

实验二：请在 5 秒钟内估计 1 到 8 相乘的大致结果，其中，A 列式为 $1 \times 2 \times 3 \times 4 \times 5 \times 6 \times 7 \times 8$；B 列式为 $8 \times 7 \times 6 \times 5 \times 4 \times 3 \times 2 \times 1$。结果，A 列式的中位估计值为 512，B 列式的中位估计值为 2250。为何两个列式中的中位估计值存在如此差异呢？就在于人们对答案的估计往往"锚定"在刚开始计算的几步上。当然，两者的估计值都小于实际计算出来的答案 40320，这反映出人类行为并不能像理性经济人所宣扬的那样理性。

2. 表征性启发

它是指人们凭经验已经掌握了一些事物的代表性特征，当人们判断某一事物是否出现时往往只要看这一事物的代表性特征是否出现。因此，它往往会忽略先验概率的影响，而犯小数法则偏差的错误。我们可以看卡尼曼和特维斯基所做的两个实验。

实验一：A. 在一本小说的四页（大约 2000 字）中，你预期将会发现多少具有"----ing"形式的词（以 ing 形式结尾的 7 字母的单词）？选择下列一个值代表你的最好估计：0、1~2、3~4、5~7、8~10、11~15、16 及以上。B. 在一本小说的四页（大约 2000 字）中，你预期将会发现多少具有"-----n-"形式的词（以 7 字母组成且第 6 个是 n 的单词）？选择下列一个值代表你的最好估计：0、1~2、3~4、5~7、8~10、11~15、16 及以上。实验结果是：在 A 中的均值为 13.4，而 B 中的均值为 4.7。

实验二：考察有规则的六面骰子，4 面绿色（Green），2 面红色（Red），骰子滚动 20 次，要求你从以下 3 个答案中选出一个顺序，如果与骰子连续滚动时出现的结果相符就可以获得 25 美元：A. RGRRR，B. GRGRRRR，C. GRRRRR。实验结果是：63% 的受试者选择 B，仅有 35% 选择 A，其余选择

C。显然，这两个实验结果都违背概率的联合原理：联合概率 p（AUB）不可能超过其组成部分的单个概率 p(A) 和 p(B)。在实验一中，具有"-----n-"形式的词只是具有"----ing"形式的词的组成部分，因而出现的概率应该更高；在实验一中，A 是在 B 中删掉一个 G，从而出现的可能性更大。为什么会出现这种悖论呢？关键在于：在实验二中，以 ing 结尾的词很多，从而容易让人产生联想；而在实验二中，B 中有 2 个 G 而显得更具表征性。

3. 可得性启发

它是指人们在判断中容易受到记忆效应的影响，通常会赋予一些容易得到的、容易记忆的信息以很高的权重，也就是说，人们倾向于根据客体或事件在知觉或记忆中的可得性程度来评估其相对概率，因而容易知觉到的或回想起的客体或事物被估计的概率往往更高。认知心理学指出，与不太熟悉的信息相比，熟悉的信息更容易给人们留下深刻的印象，从而被认为是更真实、更相关，同时，人们对引起强烈情感体验的事件记忆深刻，在判断中给予更高的权重。

卡尼曼和特维斯基在实验中发现，如果被试私下里听人提起生活中熟悉的某个人曾经被犯罪分子抢劫，尽管他们可以接触到更全面、更具体的统计数据，但仍会高估该城市的暴力犯罪率。我们再来看一个实验：字母 K 常出现在英文单词的第一个位置还是第三个位置？实验结果，绝大多数选择第一个位置。但实际上，第三个字母是 K 的单词数是以 K 字母开头的单词数的 3 倍。同样，在字母 R 出现在单词第一个位置还是第三个位置的概率估计中，绝大多数被试者也是认为出现在第一个位置的概率更高。之所以出现这种错误的判断，就在于人们往往更容易回忆起以某个特定字母开头的单词而不容易回忆出有特定的第三个字母的单词，这就是可得性启发的作用。

可见，这些实验都表明，现实生活中的个体行为往往并不能遵循数理逻辑上的完备性（Complete，可以排序）、传递性（Transitive，不出现悖论）以及单调性（Mononity，更喜欢数量大的组合）等原则，相反，它往往受一些"焦点"意识的影响，而这种"焦点"体现为过去经验、社会习惯以及流行风潮等。鲍尔斯认为，"个体有意识地追求他们的目标，但是其行为的事实受到诸多限制，即这些行为受制于过去的经验，而不是像瓦尔拉斯范式和绝大多数古典博弈论所假定的那样，参与人能够按照一个认知上所要求的前向预期的最优计算程序行动。"因此，我们说，现代主流经济学或主流博弈论所宣称的那种具有内在一致性的计算理性简单地混淆了人的理性思维逻辑和数理逻辑，从而撇开了认知的主体性因素。从某种意义上讲，建立在确定的、可靠的、明确的知识基础上的计算理性仅仅是狭义的理性范畴，按照这种狭义理性的理解，只有那种被认为具有绝对必然性的而且不会被质疑的东西才属于理性认识的范围。

二、对私利最大化原则的挑战

既然日常生活乃至市场交易中人类经济和非经济的行为并不体现为具有内在一致性的计算理性，当然也就否定了人类行为是单纯地追求利益最大化的观点。究其原因，经济学中的内在一致性本身就是以自身利益（效用）最大化为基础的，离开这一点也就根本谈不上行为的一致性了。在很大程度上，人们的行为并非是时刻基于最优化计算和选择，而主要是受过去经验、个人信念、他人行为以及社会偏好等因素的影响。鲍尔斯写道："人们的行为反应部分来源于对类似场合中他人行为的模仿，即模仿者按照某种标准判定被模仿者在某种意义上成功了，模仿者观察到这些，就会模仿所谓的成功行为。"[1]关于这一点，我们可以看一些周边的现实事例，也可以看一些行为经济学的实验结果。

我们每到一个新地方时往往会购买一些当地的土特产，尽管这种土特产并不好吃，甚至也并不比在自己住所附近购买更便宜。同样，人们往往愿意排很长的队来购买某些小有名气的生煎、小笼包、烤鸭或猪血糕，尽管就在它旁边的类似食品的口味并不差到哪里，甚至还便宜很多。萨勒就指出，人们往往为了节约 5 美元而更可能花 20 分钟去购买一台收音机而不是一台 500 美元的电视机。而且，即使在现代经济学所关注的市场行为中，也并不是所有市场行为都是出于利益最大化的考虑，甚至利益最大化也并非是其主要的考虑。例如，大厂商 C 面临两个市场供应者：其中 A 与 C 之间存在一定的私

---

① 鲍尔斯：《微观经济学：行为、制度和演化》，江艇等译，中国人民大学出版社 2006 年版，第 8 页。

人关系，而 B 则是完全市场随机者。在这种情况下，即使 A 标定的价格比 B 稍高，C 也很有可能会选择购买 A 的产品。究其原因，人们从市场交易中获取的效用并非仅仅体现在纯粹物品上，也包含了一定的情感效用，而且，人们追求的并非是短期一次性收益，而是长期收益。事实上，日本大公司往往乐于以更高的价格购买其长期供应商的产品，这显然不同于现代主流经济学的论断：厂商往往乐于看到供应商之间的竞争，从而选择更便宜的供货品，现代主流经济学的论断主要是崇尚个人主义的美国以及其他欧洲国家的典型做法。

就行为实验而言。例如，卡尼曼曾对出租车司机提出这样一个问题：你是在生意好的日子工作时间长还是在生意不好的日子工作时间长？几乎所有司机的回答都是，当然在生意不好的日子工作时间长。究其原因，生意不好时只有工作更多的时间才能赚到和生意好时同样的钱。但这与追求收益最大化的理性经济人假设相冲突：生意好时花费同样的时间可以赚到更多的钱，理性经济人当然愿意增加劳动时间。相应地，在现实世界中，发展中国家的工人为何同样会支付比发达国家更多的劳动，就在于他们的单位工资很低。我们还可以看特维斯基与卡尼曼做的另一个实验：假设你打算花 125 美元（或 15 美元）购买一件夹克，花 15 美元（或 125 美元）购买一个计算器。销售人员告诉你，你想购买的计算器在其他分店正在降价，价格为 10 美元（或 120 美元），车程是 20 分钟，你愿意开车到其他分店购买吗？实验表明，当计算器的价格为 125 美元时，仅有 29% 的受试者愿意开车到其他分店购买；而当计算器的价格为 15 美元时，有 68% 的受试者愿意开车到其他分店购买。显然，同样是节省 5 美元，面对不同的价格情境消费者的选择是不同的。在很大程度上，人们追求的是相对效用而不是绝对效用的最大化：当计算器的价格从 15 美元降价到 10 美元时，价格下降了 33.3%；而当计算器的价格从 125 美元降价到 120 美元时，价格仅仅下降了 4%。因此，在前一种情境下，消费者开车到打折分店购买获得的效用就明显较大。

这些经验事实和实验结果都说明，人类在采取行动时并非有意识地以满足现代主流经济学所宣扬的效用最大化为目标；相反，往往是由其他特定的动机、习惯所激发。例如，A 女士在未办理信用卡之前使用现金消费时，往往将超过 100 美元的衣服视为过于昂贵而不买，但当她使用信用卡之后，这种心疼的感觉就减轻了，开始慢慢消费起 100 美元的衣服。这也是为什么信用卡制推行之后社会消费倾向得到明显提升的主要原因。为此，西蒙提出了有限理性这一假设，该假设强调，人们有时是健忘的、冲动的、混乱的、有感情的和目光短浅的，不能总是真正地追求其最优目标，甚至即使有更好的选择，也不会随时地变动决策，而是获得满意的结果即可。进一步地，就涉及人与人之间关系的社会互动行为而言，由于不同个体的利益目标之间往往存在冲突，因而如果单纯地追求自身的利益，就必然会产生集体行动的困境，甚至因囚徒困境而损害自身利益。与此同时，那些与纳什均衡博弈理论不一致的悖论现象则说明，人们的行为往往会偏离自身的狭隘目标，经常会关注到其他人的利益和目标，也即，个人行为不仅仅以自己的目标为基础，其他人的目标也是行为的基础。正因为意识到共同目标的重要性，我们可以看到，在日常生活中互动的人们之间出现更多的是相互合作而不是相互竞争。试想：如果雇主、管理者以及生产者都一心追求自身的利益和目标，又如何能够保证企业、市场高效率地运行呢？为此，森就指出，对自身利益的追逐只是人类许许多多动机中最为重要的动机，其他如人性、公正、慈善和公共精神等品质也相当重要，因此，如果把追求私利以外的人类动机都排除在外，我们将无法理解人的理性，理性的人类对别人的事情不管不顾是没有道理的。

可见，理性经济人假定，个人仅仅由狭隘的自我关注所驱动，并会使用一些可利用的资源或信息来最大化自身收益。但是，基于这种理论所作出的预测与我们通常所观察到的行为以及已经大量积累的行为实验结果却大相径庭。比如，典型的"经济人"不会参加诸如总统选举的投票，在饭店用餐之后也不给服务小费，但是，成百上千万人定期投票，大多数人在饭店用餐后给服务小费。同时，经济人假设认为人的行为选择是基于完全理性的，但实际上，社会中的人往往是没有经过选择就开始做了。例如，在战场上，号角一旦吹响，士兵就会冲入沙场与敌人厮杀，虽然他并不知道他需要什么或者正在干什么。所以，卡尼曼指出，"人们显然匆匆忙忙地给出一个答案，而不是根据记忆找到一个准备好的答案"。显然，行为实验的发现对传统经济学理论和主流博弈论构成了巨大冲击，史密斯在得知获奖消息后就说："当年我费了很长时间才明白，教科书是错的，而学生们是对的。"①

　　总之，现代主流经济学以理性的经济人假设为基石，它所依据的理性概念具有内在一致性和效用最大化的双重特征，但实际上，人们的行为很难保持内在一致性，基于理性计算的行为往往也不一定可以实现效益最大化。迄今为止的行为实验大多揭示出了这样几点：①人类日常生活中的社会行为往往不是基于理性计算的；②即使理性再高的人也无法在日常生活中的每时每刻都能作出理性的决定，更无法保持这种逻辑一致性；③过分的理性计算反而会使自己的行为变得不可预测或者陷入停顿，如郑也夫指出的，"要求人们事事理性，本身就是不理性"。试想，如果我们总是盘算着与自己交易的人获得多大利益、是否趁出租车司机不注意而一走了之，那么，我们的生活多么累！这显然是与人们追求全面自由以及快乐幸福这一目的相悖的。而且，如果事事计算而依据效用最大化行动的话，就会不可避免地陷入可怜的布里丹之驴的理性困境：面临着一些永远无法选择因而也无法采取行动的局面。为此，森指出，"明确赋值虽然有着理性主义的优势，但作为一个原则也不是没有问题。如果一个人在全部私生活中都坚持这一点，生活将会变得无法忍受的复杂。日复一日的决策使时间远远不够用，而对决策的辩护将成为难以忍受的迂腐"。因此，现代主流经济学的经济人假设所包含的两个基本含义都存在问题。究其原因，从根本上说，这两个含义都是先验的假定，而不是对实在的描述，更不符合历史和逻辑的一致性要求。

----

　　① 见百度网站词条"弗农·史密斯"。

主流经济学理论的挑战

上述行为实验中发现的选择悖论以及前景理论分别对理性选择说和期望效用论提出了挑战和批判，实际上也就瓦解了现代主流经济学的理论基础。事实上，这些悖论表明，现实世界中的人类行为往往是由心理意识所促动，这种心理意识又受各种社会的、文化的、制度的、情感的以及特定情境的等因素影响。相应地，卡尼曼的前景理论强调，人类行为选择所遵循的是特殊的心理过程和规律，而非预期效用理论所假设的各种偏好公理。然而，现代主流经济学却是建立在高度抽象的先验思维之上，它将人还原为具有高度理性的原子个体，它能够基于电脑般的计算能力来预测任何因素变动对社会经济带来的影响，并以此采取行动，但这种假设完全脱离了现实，成为一种乌托邦。事实上，正是基于这种理性假设，现代主流经济学的原理或结论都存在严重的缺陷，标准的经济学理论与人们的日常生活行为存在明显冲突。这里以价格替代理论、沉淀成本理论、独立性偏好理论以及边际效用价格论为例加以说明。

一、价格替代理论

现代主流经济学认为，相同价格的物品具有替代性，因为它们给消费者相同的效用。但是，在现实生活中，我们却常常可以看到与此相悖的现象。特维斯基与卡尼曼就做了这样的对比试验：实验一，假设你决定去看戏，戏票的价格是每张 10 美元，当进入戏院时发现丢了 10 美元，此时你仍然愿意支付 10 美元来购买该演出门票吗？实验二，假设你决定去看戏，戏票的价格是每张 10 美元，当进入戏院时发现票丢了而找不回来，此时你仍然愿意支付 10 美元来购买该演出门票吗？实验结果：在实验一中有 88% 的人选择愿意购票，而在实验二中只有 46% 的人选择愿意购票。显然，不管丢的是戏票还是 10 美元，其价格都是一样的，但产生的行为后果却很不同，因而价格替代理论对此缺乏足够信服的解释。

为此，萨勒提出了心理账户理论 (Mental Accounting Theory)：在作经济决策时，潜在的账户系统常常遵循一种与现代经济学的运算规律相矛盾的潜在心理运算规则，其心理记账方式与经济学与数学的运算方式都不相同，因此经常以非预期的方式影响着决策，使个体的决策违背最简单的经济法则。之所以出现上述差异，就在于人们将戏票和金钱归类于不同的消费支出账户，而不同类别的消费支出账户具有非替代性，因而丢失了金钱不会影响戏曲所在账户的预算和支出，大部分人仍旧选择去看戏；但是，丢了戏票和后来需要再买的票都被归入同一个账户，因而看上去就好像要花 20 美元听一场戏了。再如，一个人因为工作优秀而被多发了 1000 元奖金，那么他通常会请同事吃饭而花费掉，但如果他因优秀而增加了 1000 元的工资，那么他就很少会这种奢侈。究其原因，也在于他将奖金归入了"意外横财"和"食品"账户，而将工资归入了"正常收入"账户，两者不具有替代性。显然，"心理账户"理论对现代经济学的价格替代理论理论提出了挑战。

二、沉淀成本理论

现代主流经济学认为，理性人应该忽略沉淀成本，因为过去的事已经过去了，唯一有价值的是未来努力的收益。但是，大量的事实和实验却表明，人们往往无法成功地忽略沉淀成本。萨勒做了一个比较实验：你有几张 60 公里之外城市举办的篮球赛票，比赛当天出现了大暴风雪天气，那么，在下述哪种情况下你更可能去观看比赛？A. 每张票花费了你 20 美元，B. 票是免费获得的。再如，Arkes 和 Blumer 做了一个自然环境下的沉淀成本实验：随机被安排实验组和控制组的顾客去观看 10 场演出，实验组能从 15 美元的正常票价中获得 2 美元或 7 美元的折扣，而控制组没有折扣。实验表明，在头五场演出中，支付了全票的观众比获得票价折扣的观众明显看了更多场次，而在季后五场中沉淀成本的影响不很明显。

现实生活中也会出现这类现象。例如，某 A 通过付费租了一个室内网球场，租期到了而天气很好，尽管 A 在这种天气下更愿意在室外打网球，但他最终还是选择在室内。那么，这种现象又如何解释呢？究其原因，人类的效用并不是抽象、恒定的，这里，A 更享受通过在室内打网球而使其付出的沉淀成本得到更充分体现所带来的效用。再如，你买了一张话剧票，但看话剧的过程中感觉很乏味，那么你会：A.忍受着看完；B.退场去做别的事情。显然，话剧票的钱已经作为沉没成本而收不回了，而继续看下去实际上有进一步的损失，但很少有人退场。同样，当一对恋人中的一方提出要分手时，另一方往往会哭哭啼啼甚至要死要活的，旁边的亲朋好友都会劝他（她），既然对方已经对他（她）无情无义了，何必还要努力和她（他）在一起呢？关键在于，失恋者已经投入了巨大的沉淀成本，他（她）是不甘心沉淀成本没有任何收益的，而旁人因没有为此付出沉淀成本而没有这种感受。

三、独立性偏好理论

现代主流经济学认为，物品的偏好次序具有独立性和传递性，因而理性消费者在选择时往往不受其他无关因索的影响。但是，大量的经验事实和实验证据却表明，引入一个无关物品后，人们的偏好往往会出现重大变化。例如，《经济学人》杂志的网站曾经刊登过这样一则订阅广告：电子版每年 59 美元，印刷版每年 125 美元，电子版加印刷版每年 125 美元，这个广告实际上是《经济学人》杂志的一个操纵伎俩，目的是想让人们直接选择电子版加印刷版。事实上，麻省理工斯隆管理学院的丹·艾瑞里（D. Ariely）让 100 位学生做了这样两个实验。实验一：在上述三各选项中进行选择；实验二：去掉每年 125 美元的印刷版这一选项，而在每年 59 美元的电子版和每年 125 美元的电子版加印刷版之间二选一。实验的结果如下：在实验一中，单订电子版为 16 人，单订印刷版为 0 人，订印刷版加电子版 125 元套餐为 84 人；而在实验二中，选择选择单订电子版的人数从 16 人上升为 68 人，而选择 125 美元套餐的人数从 84 人下降到 32 人。

仅仅加入一个无关变量，就使人们的选择发生了明显改变。这实际上就反映了"交替对比"对行为选择的影响：各种选择之间的利弊相比往往会使某些选择显得更有吸引力，而使得另一些选择的吸引力降低。特维斯基做过类似这样的实验。有两种微波炉供被试者选购：A. 三星微波炉，售价 110 美元，7 折出售；B. 松下 A 型微波炉，售价 180 美元，7 折出售。结果，有 57% 的人选择了三星，另有 43% 的人选择了松下 A 型。现在又加入了一组 C 供 3 选 1，C 组是松下 B 型微波炉，售价 200 美元，但要 9 折出售。结果，约有 60% 的人选择松下 A 型，27% 的人选择了三星，另外 13% 的人选择了松下 B 型。

四、边际效用价格论

现代主流经济学认为，人们往往按照边际效用支付的价格，而边际效用具有递减趋势乃至为负，因而理性人对超额需求量愿意支付的价格为零。但是，在现实生活中，人们往往关注的是商品的平均价格而不是商品的边际效用价格。事实上，市场上很多商品供给量的边际成本很小，如雪糕、茶、咖啡、饮料等大小份之间的成本相差不大，而定价却相差很大，因而商家往往希望顾客能够选择更大份的，从而往往采用使大份平均价更低的策略来进行促销。例如，假设某咖啡馆推出一款咖啡：大杯（620 毫升）19 元，中杯（500 毫升）14 元，小杯（380 毫升）12 元。显然，除非是对咖啡特别上瘾的人士，小杯咖啡一般可以满足消费者的需求。因此，根据边际效用递减理论，理性人应选择"小杯"。但是，大多数人却忘记了自己的真实需求而选择了"中杯"，因为"中杯"的平均单价更低，这就是"中杯效应"。

特维斯基通过实验证明：如果 A 优于 B，大家通常会选择 A；但是，如果 B 碰巧优于 C，而且其优点 A 是没有的，那么许多人就会选择 B。究其原因，与 C 相比，B 的吸引力显著加强了。例如，某超市卖有四种不同规格的消毒液：A. 180 毫升售 18 元；B. 330 毫升售 32 元；C. 330 毫升售 32 元，并附赠一瓶 120 毫升的非卖品；D. 450 毫升售 42 元。显然，C 具有较强的吸引力而成为首选，因为它与 D 的净含量一样却便宜了 10 元钱，与 B 的价格一致却多出了 120 毫升。再看这样两组实验。实验一：在两种美能达相机之间选择，一是售价 1700 元的 A 型，二是售价 2300 元的 B 型。实验结果，选择两种机型的人各占一半。实验二：在三种机型之间做选择，除上面两种机型外，加上另一种售价 4600 元的 C 型。实验结果，很多人改选了价格适中的 B 型，比选择最便宜机 A 型的人多出了一倍。这也是"中杯效应"，反映了人们偏好中庸而厌恶极端的心理。

上文四个方面的分析表明，基于成本—收益的理性分析并不符合人们的日常生活实际。事实上，真实世界的人类行为并不是基于某种不变的规则或模式，而是由心理意识所促动；同时，这种心理意识受各种社会的、文化的、制度的、情感的以及特定情境的等因素影响，尤其可以从行为的文化和社会背景中去寻找。因此，前景理论更贴近现实，从而有助于更好地解释和理解现实，也利于更好地制定社会政策。例如，每逢公布平均工资数据的时候，总有很多人都感觉自己拿到手的工资没这么多，感叹"拖了平均工资的后腿"。但试问：如果绝大多数人都拖了平均工资的后腿，这平均工资水平又如何能够形成呢？固然，这可能与极端悬殊的收入分配有关，大多数收入都集中在少数人手中，同时，也与人们的直接感受有关，物价上涨、富裕者的奢侈生活都使他们感到自己的生活不如意，从而自然地将自己归入"拖后腿"的行列。再如，对司机的调查现实，绝大多数司机都认为自己的驾驶水平比平均水平高。但试问：这可能吗？究其原因，或者司机往往把自己所认为的品质给予较高的评价，或者主要是与那些最差劲的司机进行比较，因为这些差劲司机经常造成交通事故，而这些事件给了他们最为深刻的感受。事实上，正是由于与人们的幸福感直接相连的是即期性的体验效用，而不是经济增长、国民收入水平等客观性指标，在当前社会，房价、交通、安全就成了影响人们幸福感的主要因素，甚至成为社会焦虑和不安定的重要因素，因此，要提高人们的福祉和幸福感，就更应该关注那些与体验效用更直接相关的民生议题。

第二部分

博弈歹计

博弈策略的选择

　　《博弈思维和社会困局》一书从社会、政治、经济、制度、文化和教育业领域全面介绍了博弈困局的产生和形态，而困局之所以产生，根本上是博弈各方策略选择的结果。那么，在博弈中博弈方如何进行策略选择呢？策略选择是学习和掌握博弈思维的重要目的。纳什曾提出了一个关于博弈论的最简单表述：如果四个男生全都去追一个漂亮女生，那她一定会摆足架子，谁也不搭理；这时男生再去追别的女孩儿，别人也不会接受，因为没有人愿意当次品。但是，如果他们四个先追其他女生，那个漂亮女孩儿就会被孤立，这时再追她就简单多了。这里的核心就是策略的选择。进一步的问题是，哪些因素会影响博弈方的策略选择？不同策略选择对收益分割又产生何种影响呢？显然，这些都与博弈结构的所有要素有关，这包括博弈参与者特性、策略选项、信息结构、行动顺序、支付结构等。例如，出租车司机往往拥有更大的停车位，因为人们害怕他们不在乎撞车追尾。如果博弈双方都是数学家，那么他们就会使用数学方法解决问题，而不是依靠语言沟通。本篇基于上述诸要素对博弈策略作一系统的梳理和分析，在此之前，首先对主流经济学的博弈思维作一简要介绍。

　　现代博弈论的发展可归功于诺伊曼和摩根斯坦 1944 年合著的《博弈论与经济行为》一书，诺伊曼和摩根斯坦认为，在所有的两人零和博弈中，如果允许使用混合策略，那么，所有博弈方都使用最小最大化策略是一个理性的决策规则解，并且这个最小最大解在所有两个博弈方的零和博弈中都存在。

尽管诺伊曼和摩根斯坦并未能成功地将他们的研究纲领扩展到两人博弈、零和博弈之外,但他们的分析方式却成为后来人们遵循的原则:把一个经济问题描述为一个博弈,找出它的博弈论解,然后再对这一解作出经济学意义的说明。正是诺伊曼和摩根斯坦等人的工作为现代博弈理论的兴起和发展开辟了道路,后来发展出的占优策略在此基础上进一步得出了严格定义的理性决策规则,它通过剔除劣策略而得到博弈解。到了 20 世纪 50 年代,塔克、纳什等人相继提出了囚徒困境和纳什均衡等概念,从而逐步建立了以"纳什均衡"为核心的博弈理论的一般分析框架。

不过,非合作的纳什均衡也存在这样几个问题:①纳什均衡的非唯一性;②不考虑博弈方的策略选择如何影响对手的策略;③允许不可信威胁的存在。因此,20 世纪 60 年代,围绕着"纳什均衡"的精致化,1994 年的诺贝尔经济学奖得主泽尔腾和海萨尼等人展开了进一步的研究。泽尔腾首先将纳什均衡概念引入动态分析,提出了"子博弈精炼纳什均衡"概念,其中心是剔除了不可信威胁策略的存在,使精炼纳什均衡缩小了纳什均衡的个数。海萨尼把不完全信息引入博弈论的研究,提出了一种使用标准博弈论技术来模型化不完全信息情形的方法,并定义了贝叶斯博弈的纳什均衡解,即贝叶斯纳什均衡。20 世纪 70 年代后,一些学者将子博弈完美性的想法扩展到不完全信息博弈的求解中去,并将完全信息动态博弈的精炼纳什均衡和不完全信息静态博弈的贝叶斯纳什均衡结合起来提出了精炼贝叶斯均衡。

主流博弈论及其策略思维具有这样两大特点。

首先,在研究对象上,主流博弈论主要研究零和博弈情境,如军事战争、商业竞争、体育比赛等领域。事实上,现代博弈理论勃兴于"二战"时期对战略、战术问题的关注,"二战"结束之后又开始了东、西方两大阵营之间的严峻对抗,博弈论的研究对象也与这种社会背景相适应。例如,1994 年的诺贝尔经济学奖得主约翰·纳什早期几篇为现代博弈理论奠定基础的论文基本上都是美国军事单位立项或资助的课题,如《非合作博弈》《n 人博弈的均衡点》《一个简单的三人扑克牌博弈》《两人合作博弈》分别得到原子能委员会、海军研究局以及兰德公司的资助,纳什本人也是原子能委员会的成员。正因如此,现代主流博弈论关注博弈方之间的对抗性甚于协作性,并将社会互动中的冲突看成是合理的,冲突双方都是充满理性、意识和智谋的行为主体。相应地,它将冲突视为博弈各方都"志在必得"的竞赛，每一方都努力寻找赢得竞赛的"正确"行为准则。迪克西特（A.K.Dixit）和奈尔伯夫（B.J.Nalebuff）就将博弈思维视为"关于了解对手打算如何战胜你，然后战而胜之的艺术。"那么，冲突的策略如何选择以及不策略均衡的结果究竟如何呢？这就涉及博弈双方所占据的博弈地位、所拥有的博弈信息以及相应的博弈结构等因素。

其次，在策略思维上，主流博弈理论承袭了新古典经济学的理性经济人概念和工具理性分析思维。工具理性的重要特点就是，将行为主体以外的人和物都视为实现自身利益最大化的手段，从而缺乏互动主体之间的交流和关注。相应地，由两个工具理性相结合而产生的联合理性本质上依旧是分立的、机械的，两个分立的理性行为之间主要是对抗和冲突关系而不是协作和融合关系。为此，博弈方基于这种机械的联合理性所采取的以个体效用最大化为目的的行为，最终导致的结果往往是非合作的，无法实现帕累托最优状态。同时，工具理性的偏盛还会促进人类合作的瓦解：①工具理性使得行动只受追求功利的动机所驱使，行动者纯粹从效果最大化的角度考虑，而漠视人的情感和精神价值；②工具理性的膨胀使得物质和金钱成为人们追求的直接目的，从而导致手段成为目的并进而成为人性的枷锁。正是由于集中于对抗性关系的研究，主流博弈思维也具有强烈的对抗性，致力于探索在提防被对方损害的同时尽最大可能地损害对方的策略。所以，新古典经济学创立者之一的埃几沃斯（F. Edgeworth）在提出"经济学的首要原则是每一个行动者都是受自利所驱使"的同时，曾警告说，这个"首要原则"严格来说仅仅适用于"契约和战争"这些情形之中。

事实上，无论是纳什均衡还是子博弈精炼纳什均衡、贝叶斯纳什均衡和精炼贝叶斯均衡，根本上都是把博弈方视为相互孤立而冷淡的原子体，他遵循一种既定不变的行为原则：从自己的个体理性出发，并基于避免风险的最大最小化原则进行策略和行动选择，最终达到一种具有内敛性的纳什均衡。一般来说，这种行为或策略都是自我支持的，否则就不会采用此策略，同时，这种自我支持的行为理性与其他博弈方的可理性化策略选择又是相符的，从而体现了联合理性的特质。不过，尽管主流博弈思维体现了联合理性，但是，它根本上还是承袭了新古典经济学的理性经济人思维，把理性视为个体主义和先验主义的，博弈方只关注自身利益，所使用的最小最大策略也是基于防止遭受他人损害的目的，因而这种策略思维主要适用于对抗性的互动情境。

　　同时，正是由于承袭了具有强烈先验性和单向性的工具理性，基于最大最小策略的行为互动就不能有效导向互动者之间的合作，反而催生了相互之间不断升级的策略性行为，从而加剧了社会的紧张和对抗关系。也正是由于专注于竞争行为而不是合作行为的研究，主流博弈论无法解释普遍的合作现象，从而呈现出一种很不精确的漫画式画景，因为人类的互动实践显然比理论推演的结果更优。当然，早期研究博弈论的学者大多热衷于逻辑关系，而对理论的现实性和应用价值相对不是很看重。但随后的博弈论者却声称，他们能够证明制度如何纯粹出自个人的自利行为，并以此来指导社会现实，反而误导了社会实践。事实上，正是在这种博弈思维的指导下，博弈互动者就逐渐退化为相互冷淡且最大化个人利益的经济人，并且，为了实现自身利益最大化，他们时刻提防他人的损害并采取一切可行的机会主义策略，从而导致现代社会中的囚徒困境不断加剧。

零和博弈，势大者胜

1. 缘起：韦尔奇的奢侈生活

韦尔奇在 1981 年接手通用电气公司（GE）以后采取铁腕手段裁减员工和压缩规模，同时，韦尔奇自己的薪水却在不断增长：退休时个人资产已经达到 5 亿美元，退休之后还能拿到巨额的款项，包括每年 1000 万美元的退休金，外加 2200 万股通用电气的普通股票。由于改革的"成功"，退休后的韦尔奇一直享受这种"改革红利"——在很多花费上继续花着通用电气的公款：通用电气为他报销四处住宅里的电器、汽车、卫星电视费用以及各种体育赛事等娱乐活动的昂贵门票费用；还享受着位于曼哈顿隶属通用电气的豪华公寓的使用权，一套豪华办公室的使用权和相关秘书服务；韦尔奇乘坐通用电气商务飞机的费用平均每月高达 30 万美元，甚至连日常食品、酒水、订阅报纸、杂志等费用也不用自己掏腰包。同样，2000 年上半年英国著名的巴克莱银行由于经验不善而被迫关闭了 172 家分行，但其总裁马修·巴雷特仍将获得3000 万英镑的奖金。2003 年，英国《卫报》的文章就写道："标准普尔指数中公司市值从三年前的最高水平缩水了近 30%。几乎同一时期，董事会收入的增长超过了 84%。"

为什么会出现这种巨大的待遇差异呢？实际上，运用博弈论就可以很好地解释。

2. 收入分配的博弈分析

一般来说，社会经济现象本身很大程度上就是由参与者的力量结构决定的，博弈各方的力量结构将影响不同的博弈结局。其中，权力结构的一个直接的决定因素就是经济地位：即使在同等规则之下，经济地位的不同往往导致交易结果的不同。泽尔腾指出，强势博弈方不会得到比弱势博弈方更少的支付，弱势伙伴得到比强势伙伴更高的支付份额是不合理的。正是从社会权力结构出发，我们可以对现实市场中的交易和分配结果作一考察，而不是像新古典经济学那样简单地将市场经济中的收入分配合理化。

加尔布雷思指出，"经济体系由消费者（或公民）所控制，并不意味着权力得到了平衡的分配。一个久已公认的看法是，一个在选举中投票十次的公民，其权力要比在其他所有有着同等条件但只投票一次的另一个公民大十倍。同样，在绝大多数情况下，一个控制着十张选票的人所拥有的权力，要比只拥有他自己那一张选票的人的权力大十倍。同样，假如一个人每年的花费是七万美元，而另一个人每年的开支只有七千美元，那么，对于生产者应该生产什么样的产品这一问题，前者所拥有的权力要比后者大十倍。"这也意味着，就劳资关系而言，单个雇主的权力是单个工人的数倍、数十倍乃至千百倍。正因如此，在直接而双向劳资谈判中所实现的收入分配均衡必然是不公正的，会产生大大有利于雇主的利益分配。

博弈方的经济地位可以由初始禀赋和行动成本上的差异来体现，这里分别借一些行为实验和消耗战博弈来分析经济地位对博弈结果和利益分割的影响。

3. 初始禀赋对收益分割的影响

在追加型投注的赌博中，由于翻盘方和不翻盘方承担的风险不同（赔率不同），其中，要求终止追加而翻盘者往往会承担更高的赔付，而继续追加赌资的跟随者所承担的赔付要小。显然，这种赌博方式往往更有利于那些更有财力的赌客，因为他不仅拥有不断追求赌资的选择能力，而且更能承担翻盘的赔付风险。在很大程度上，博弈者的初始收入禀赋构成了谈判中的实力，从而对博弈结果产生很大影响。事实上，一个仅有 100 元的穷人是不会与一个有 10000 元的富人在相同规则下进行一个胜负概率为 50%且收益各为正负 100 元的赌博的。同样，对一个即刻获得 1000 元和一年后获得 10000 元的选择而言，穷困的"杨白劳"往往只能选择即刻的收益 1000 元，而富裕的"黄世仁"则有充分的自由去选择明年期望的收益 10000 元。正因如此，在相同的下注资金下，穷人往往很少去赌赛马或其他博彩，因为这些赌资占了他收入的很大一部分，那些富豪则往往热衷于这类活动，并从此获益颇菲，因为这些赌资相对他的收入而言是微不足道的。

行为者的初始收入禀赋越多，就越敢于选择风险性和期望收益同比例增加的策略，从而在博弈过程中展示更强的博弈势力。这已经为一些行为实验所证实。例如，卡尼曼（Daniel Kahneman）和特维斯基（Amos Tversky）就做了这样的实验：方案一，在拥有 1000 以色列磅的条件下进行选择：A.额外再确定性地增加 500 以色列磅；B. 以 50%：50%的机会得到 1000 或 0 以色列磅；方案二，在拥有 2000 以色列磅的条件下进行选择：A.额外再确定性地增加 500 以色列磅；B. 以 50%：50%的机会得到 1000 或 0 以色列磅。实验结果如下：在方案一中，84%的受试者选择了获得确定性收入的方案 A；方案二中，69%的受试者选择了获得以 50%：50%概率博弈的方案 B。

初始收入禀赋之所以能够影响博弈方的策略选择，就在于收入水平越高，就越有利于分散风险。在很大程度上，博弈方的收入水平——即实力——的高低，直接体现了他可以参与相同博弈的次数，而博弈策略的取舍往往也与博弈的次数有关。显然，风险摊平和风险汇合理论表明，多次博弈可以降低博弈的风险；因为在满足大数定律的条件下，最终出现的结果将按概率分布，实际上足够大次数的博弈结果往往是期望确定的。如果只进行一次性博弈，那么，承担风险能力小的博弈方必然处于劣势。究其原因，他无法承受微小的不利结果所造成的损失，所谓"一次失足铸成千古恨"。

基于这一思维，我们就可以理解发达国家或大企业为什么更勇于进行技术更新和改造，因为雄厚的经济实力提高了它们承担风险的能力；相反，大多数发展中国家往往很少有承担得起这样高风险的行为，因为它们在没有等到创新出现之前就已经无力为继了。同样，也可以理解硅谷为什么能够兴盛，重要原因就在于，那里存在雄厚的投资基金，这些投资基金具有更高的风险承担能力；事实上，只要其中一小部分成功，它们就可以得到丰厚的回报，从而收回全部投资。现实生活中，高报酬（期望收益）往往与高风险呈正相关性：一个人的初始收入越低，越难以承受具有高收益的高风险，无法获得几乎确定性的高期望收益。这也是流行马太效应的内在机制，我们在日常生活中也直观感受到：一个人越有钱，他的钱也就来得越容易。

可见，正是由于初始禀赋的不同，造成了博弈方的势力差异，并导致了最后博弈结局的不同。就劳资谈判而言，我们只要审查一些谈判成败对劳资双方的不同影响就可以了。一般而言，谈判失败对资方的损失非常小，因为雄厚的资产使他可以分担风险，或者说，他并不是与单一的劳动者在谈判，从而就具有相当强的风险分散和承担能力。相反，谈判失败对劳方的损失非常大，他必须一人承担所有失业的后果，从而具有非常弱的风险分散和承担能力。正因如此，资方往往能够从长期利益出发，选择总期望效用最大的方案。相反，劳方首先必须考虑眼前的需要，从而只能选择风险小收益更小的方案。事实上，在劳资谈判中，由于信息的明显不对称，从而就不能公平化双人谈判局势，结果只能由谈判前的双方的期望水平和对谈判结局的预期来决定。

4. 行动成本对收益分割的影响

消耗战（War of Attrition）是耗费型的博弈结构，每增加一次博弈都将耗费时间、精力、金钱等成本，这种博弈中的耗费实质上也就是博弈方的行动成本。显然，金钱、时间和精力等对不同博弈方来说往往具有不同的意义，从而反映了博弈方的行动成本是不同的。例如，当两个人通过排队购买紧缺商品（球票、纪念币、紧缺物资或其他免费商品）时，就需要考虑两人的机会成本，这种机会成本主要体现为时间工资收入。时间工资收入越高，通过排队获取同一价值物品的成本也越高，从而就越不会去争夺这种商品。正因如此，在火车站售票口通宵排队买票的是大量的农民工，体育馆或演唱会门口通过排队买票的往往都是没有收入来源的学生。

为了说明行动成本的差异对博弈结局和收益分配的不同影响，这里对消耗战博弈作一分析。有两个博弈方为获得在任一时期 $t = 0, 1, 2, \cdots$，价值为 $V > 1$ 的奖品而展开争夺，博弈方每期的争夺成本是不同的。其中，这里设定等待某长度时间为一个回合，并假设，两个博弈方 A 和 B 每一回合博弈的成本分别为 a 和 b，并有 $a > b$，而 δ 表示每一回合的折扣因子。

因此，随着博弈回合的延长，两人的博弈成本分别为：

$C_A^T = a(1 + \delta + \delta^2 + \cdots + \delta^{T-1}) = a(1-\delta^T)/(1-\delta)$；

$C_B^T = b(1 + \delta + \delta^2 + \cdots + \delta^{T-1}) = b(1-\delta^T)/(1-\delta)$

相应地，它们进行争夺的收益为：

$R_I^T = -i(1 + \delta + \delta^2 + \cdots + \delta^{T-1}) + \delta^T V = -C_I^T + \delta^T V$

设想时间间隔充分短，那么，上述离散型就成为连续时间型的消耗战，其博弈成本就可用图 2-1 来描述。

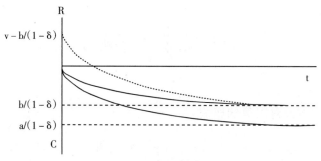

图 2-1 消耗战博弈

我们假设，排队寻求的物资是稀缺的，只有一个人可以得到。显然，由于博弈方 A 参与博弈的消耗成本较大，因而可以合理地预测，他将是失败者。根据这个分析，最终获得物资的博弈方 B 的盈利曲线就可用图 2-1 中的虚线表示。在这种博弈中，实际上结果在一开始就已经决定了：即成本低的一方"绝不停止"，而成本高的一方"总是停止"。这样，可使得输者损失最小而赢者盈利最大。

消耗战博弈体现了一类典型的博弈类型：博弈双方的竞争结果将是强者胜，如下属争相讨好上级、商人争相贿赂官员、主持人争相讨好赞助商以及女星争相讨好导演，往往都是实力强者成为最后的赢家。在某种意义上，消耗战博弈也类似于完全信息静态博弈中的斗鸡博弈，其中实力弱的一方应该选择退出，如果双方持续相争，那么最后弱者的损失将会更大。例如，两个寡头公司面临着需求下降的市场，只有一家退出，公司才有盈利，在对称的博弈中，两家公司可能都坚持不退出，但它们的损失将超过最后作为幸存者的收益。再如，由管制而产生的"寻租"过程中，相互的竞争将产生租金耗散，而实力弱的一方最终将会"赔了夫人又折兵"。

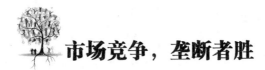

市场竞争，垄断者胜

1. 缘起：格力对国美的屈服

国美和格力在 2004 年曾有一场较量。2004 年 3 月 9 日，国美北京总部向全国各地分公司发了一份"关于清理格力空调库存的紧急通知"，通知表示，格力代理商模式、价格等不能满足国美的市场经营需求，要求各地分公司将格力空调的库存及业务清理完毕；3 月 10 日成都国美六家卖场率先开始陆续撤出格力空调，2004 年 3 月 14 日国美和格力正式结束了合作关系。其原因是，国美要求格力给国美的销售返点偏高，据说是其他经销商的两倍到三倍，并且要求在空调安装费上扣除 40% 作为国美的利润。开始，双方都表现出强硬的态度，但一年之后，格力接受了国美的不平等的要求，两者再度合作。

那么，在这场博弈中，格力为何会屈服国美的压力呢？关键就在于，国美在销售市场上具有较强的垄断性，而格力在当前的买方市场中则处于弱势。

2. 市场竞争中的垄断力

就国美和格力而言，它们的博弈存在这样一些背景：①在 2004 年年度产能扩张的大势下，厂家上年度遗留下大约上千万产能需要消化；②2004 年度中国空调业出口增速达到 40% 以上，但 2005 年这种出口优势将一去不复返；③原材料的大幅度涨价和能效制度的推行将使空调企业成本压力增大。显然，正是这些不利因素令空调企业如履薄冰，扩大市场份额必然成为格力生存的唯一出路。显然，国美和格力之间的竞争实际上就形成一个斗鸡博弈，而且是一个不对称的斗鸡博弈，因而两者的竞争关系可用如图 2-2 所示的博弈矩阵表示，其唯一的纳什均衡就是（国美强势，格力屈服）。

国美		格力	
		强势	屈服
	强势	5, –5	10, 5
	屈服	5, 10	8, 8

图 2-2　国美—格力利润分成博弈

其实，尽管市场交易不是一个零和博弈，但同样存在利益的分配，这个利益也就是交换"剩余"。例如，我在购买房屋时知道自己意愿的最高出价，但并不知道买房者的底价，而最后成交价格越低，我获得的"剩余"或利益就越大。同样，我在找工作时也明白自己能够接受的最低工资，但不知道雇主愿意支付的最高工资，而工资水平越高，我能够获得的收益就越大。显然，价格或工资的确定过程也就是讨价还价过程，最终的价格水平或工资水平就取决于交易双方的谈判能力。为此，谢林认为，博弈论关注的就是谈判的效用分配问题，即在什么条件下，谈判对主体一方更有利？例如，企业在雇用工人时，具体的工资究竟应该是多少呢？消费者在商场购物时，具体的价格是多少呢？

在完全谈判中，谈判主体双方很大程度都会受到自己对彼此行为预期判断的影响，当一方预期对方将不会让步而做出最后一次充分的让步时，一场谈判就宣告结束。那么，一方为何会做出让步呢？就在于他认为对方不会让步，而对方之所以不会让步，就在于对方会认为他会让步。博弈双方之所以会在让步上形成共识，就在于双方的经济势力对比，经济势力强的一方具有维护自身利益和意志的更强权力。事实上，在自愿交易中，一方之所以会判断对方不会再做出让步而自行让步，或者所做出的让步比对方更大，根本上就在于自身的经济地位不如对方。在市场竞争中，经济势力越强，在谈判中能够迫使对方让步的可能性也就越大。这也表明，那些经济势力强的市场主体具有一定的垄断性，而且，相对经济势力越强，市场主体的垄断性越大，它也就越有能力按照自己的计划进行产品设计、生产和消费，不仅拥有制定价格的能力，而且拥有诱导消费者购买的能力。

加尔布雷思在《经济学与公共目标》一书中指出，美国社会中实际上包含了两种经济体系：①由技术结构阶层掌握的"计划"体系，即由 2000 家左右的大公司组成；②仍受市场机制支配的小工商业所体现的"市场体系"，由数百万个小企业、小商贩、农场主和个体经营者组成。同时，由于两种体系的权力是不平衡的，从而形成二元经济结构：前者计划生产和计划销售，采取的是控制价格，而后者无权控制价格和支配市场。显然，在这种体系中，小工商业受大工业的剥削和压迫，造成收入的不均等，从而使得两种体系的不平衡加剧，这表现为大企业对小企业的剥削以及发达国家对第三世界国家的剥削。而且，计划体系和市场体系厂商所表现出的力量差异不仅体现在相互之间的关系以及对待消费者的关系上，也明显地体现在对政府政策的影响上。例如，在 2007 年爆发的金融危机中，美国政府就投入数以万亿计的美元去帮助房地美、房利美以及通用、克莱斯勒企业等。

因此，市场经济中的权力就典型地体现在垄断力量上：一个企业的垄断性越高，在市场交易中获得的收益就越大。这里以不完全市场为例加以分析说明。

3. 买方垄断下的定价

假设，产品市场是完全竞争，要素市场上的买方只有一个。这时，从收益方面看，厂商使用生产要素的边际收益产品等于边际产品价值，即 $MRP = MR \times MP = P \times MP = VMP$。从成本方面看，由于厂商是要素的买方垄断者，它使用生产要素将影响其价格。

如果要素市场上要素的供给曲线为：$px = p(x)$，$p'(x) > 0$；这也就是垄断厂商面临的要素供给曲线。因此，厂商使用生产要素的成本为：$TC(x) = p(x)x$；边际要素成本即为：$MFC_x = \dfrac{dTC(x)}{dx} = p'(x) \times x + p(x)$

可见，$MFC_x > p_x(x)$，即边际要素成本在要素供给曲线之上。

因此，买方垄断厂商的利润最大化的要素需求决定原则为：$P \times MP = VMP = MFC_x = p'(x) \times x + p(x)$，如图 2-3 所示。

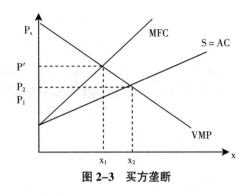

图 2-3　买方垄断

在这种情况下，厂商在要素的供给曲线上支付价格。在图 2-3 中，（x_1，p_1）就是买方垄断情形下的均衡数量和价格，而完全竞争市场下的均衡数量和价格为（x_2，p_2）。显然，与完全竞争情形相比，买方垄断下使用的要素量和支付的要素价格都较低，而且，买方支付的价格小于要素带来的边际收益产品，伟大的女性经济学家琼·罗宾逊将 P_1P' 称为由买方垄断带来的剥削。

4. 卖方垄断下的定价

假定，产品市场完全竞争，要素市场的供给方只有一个，而需求方是竞争的。因此，要素的卖方垄断者面临一条既定的要素需求曲线。

在图 2-4 中，D 是要素垄断者面临的需求曲线，由厂商使用要素的边际产品价值曲线所决定，但是，由于是垄断者，要素供给者的边际收益是一条更下的曲线 MRP。同时，S 是卖方垄断者的要素供给曲线。因此，要素垄断者追求利润最大化的要素最优供给点在：要素需求的边际收益曲线和要素供给曲线相交之处，并以此供给量在需求曲线上索取对应要素的价格。

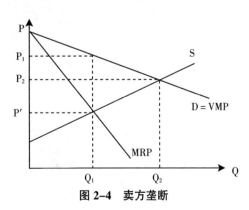

图 2-4　卖方垄断

在图 2-4 中，卖方垄断情形下的均衡点为 （x_1，p_1），而完全竞争市场下的均衡点为 （x_2，p_2）。显然，与完全竞争市场相比，卖方垄断下使用的要素量较低，而支付的要素价格较高。而且，卖方获得的价格大于其成本投入，P_1P' 就被称为由卖方垄断带来的剥削，它是在产品垄断或垄断竞争情形下由销售过程导出的剥削。

融入多数，结盟牟利

1. 缘起：有关下岗的笑话

有这样一个笑话：由于机构精简，一个五人的办公室中要裁减两人，于是他们开会进行讨论决定精简对象，但碍于情面，开会时大家都不好意思提名裁减的人，于是都不停地喝水，最后有两个人终于憋不住而去了洗手间，在他们回来以后，没有上洗手间的三人向他们宣布，经三人一致同意上洗手间的两人下岗。这个故事的另一个版本是，其中有三人憋不住而去了洗手间，回来后他们向没有上洗手间的两人宣布，经他们三人一致同意另两人下岗。不管故事的版本如何，它都说明了少数所处的不利地位，加入多数则是实际生活中的有效策略选择。

这个故事也可以用不对称的斗鸡博弈加以说明。现在，我们合理地将博弈方设定为力量不相等的两方，这实际上也就表示了多数与少数的区别。例如，人数不等的两个群体抢夺一个外在资源，譬如说西部地区两个村庄抢夺共用的水井或河流。根据如图 2-5 所示的博弈矩阵，强硬是多数派的占优策略，而少数派只能采取合作策略。

多数派		少数派	
		合作	强硬
	合作	6，4	0，6
	强硬	10，0	2，-5

图 2-5　少数与多数的斗鸡博弈

2. 发展中国家为何加入不公平的国际秩序

由此，我们也可以对 20 世纪 90 年代以降掀起的全球化浪潮作一分析。全球化浪潮是西方社会在商品输出、资本输出以及后福特积累体制的推动下兴起的，它首先是有利于领先的发达国家以及那些占据优势地位的跨国公司。但是，后来发展中国家也积极寻求加入。根本原因就在于，每个发展中国家都不愿成为游离于其外的少数派，少数派将失去资源共享的机会。

譬如，在入世博弈中，如果发展中国家都不加入当前西方国家制定的经济秩序而联合起来制定有利于自己的规则体系，那么就可以得到更多的益处。但是，如果一部分国家加入经济体系，它们就可以享受发达国家集中产业转让的好处，这是因为，在排除了其他发展中国家后，这些国家在与西方国家的谈判中所处地位将得到改善。相反，那些没有加入的国家将受到更大的损失，因为发达国家有了一部分发展中国家的市场和资源后，就可以忽视与其他发展中国家的经济合作。正因如此，在信息不对称情况下，有限理性和机会主义所导致的纳什均衡就是所有发展中国家积极加入到全球化进程当中。其策略型博弈矩阵用图 2-6 表示，争相加入就是唯一的纳什均衡策略。

大多数发展中国家		某个别发展中国家	
		加入	不加入
	加入	-10, -10	-8, -20
	不加入	-15, 10	0, 0

图 2-6　"入世"博弈

3. 现代政党之间如何结盟

当然，在一些简单多数规则决定以及赢者通吃的场合，为了获得收益的最大化，那些在位者往往还会尽可能地排斥其他博弈方的加入，而形成最小的博弈联盟。显然，当两个以上的政党占据国会而没有一个政党独占多数席位时，议会体制下的政府就必须由几个政党联合组成，此时政党在议会的影响和得票比例之间的关系就不是单调的，一些小党派往往可以通过联合大党派而获益。事实上，在没有一个政党在投票中赢得多数时，排名第一和第三的政党一般将组成联盟。也就是说，政党联合通常不是在两个得票数最多的政党之间进行，这说明体现最大多数人利益的两个政党就必然有一个丧失对政策的影响。

正是基于美国政治史上"大联盟"迅速分化成为最小获胜联盟的史实，赖克（William H.Riker）在《政治联盟的理论》一书中提出"最小获胜联盟假说"：所有的一党制和多党制都会分化为几乎同等规模的两个政党或两个多党联盟。这里的最小获胜联盟，是指这种党派的联盟缺少任何一方都无法在竞选中获胜，这种联盟是由最少成员构成的；究其原因，党派联盟规模越大，每个成员获得的利益份额就越少，而维持联盟的成本则越高。同时，鉴于不同党派之间的利益取向往往存在很大差异，赖克和艾克斯罗德又进一步提出了"最小关联获胜联盟假说"：对于没有一个党派独占大多数席位时，最小关联联盟将取胜。也就是说，只有在议案上相邻的各个政党之间才会结合起来，组成在数量上足够大的联盟，以确保议会中的大多数席位。

表 2-1 按从上到下的意识形态进行排列谱系。最小获胜联盟允许共产党、社会主义党和自由党这些不相关联的联盟形成政府，这类政府也曾出现过，但是，往往存在很短的时间就被基督教社会党和社会主义党构成的最小关联联盟取代。

表 2-1　1946 年 2 月比利时议会的席位分布

党派	席位百分比
共产党	11
社会主义党	34
基督教社会党	45
自由党	8

事实上，如果政党的目标仅仅是赢得选举的话，那么大联盟就不会解体，因为联盟越大就越安全。但是，如果涉及再分配，那些失势的一方会想方设法吸引大联盟的成员。而且，由于能够分配的总利益不变（内阁职位一定），获胜联盟的所有党派都想占据尽可能多的职位，因此，获胜联盟中某一党派总是想让那些尽可能小的某些党派进入内阁，这就是最小获胜联盟理论。最小获胜联盟的基本思想有两点：一是确保多数派的地位，二是在足够少的成员之间瓜分给定租金。当然，最小关联获胜联盟在现实世界中也会失效：①西方社会的政策在各种制度的制约下往往具有连续性，执政者并不能随意更换

政策；②政党本身也为一小部分的"精英"所把持，从而并不会完全执行其选民的利益诉求。在某种意义上，这些"精英"操纵政党进行选举的目标，往往不再局限于社会再分配，而仅仅是通过赢得选举而掌握权力。

权力指数与红利分配

1. 缘起：与议席不成比例的党团权力

某国议会一共有 100 个议席，议员分属四个党派：红党 43 席，蓝党 33 席，绿党 16 席，白党 8 席；议会对一般议题的任何提案都实行一人一票且简单多数通过规则。由于没有党团拥有一半以上的议席，因而需要形成联盟才可以让联盟的议案通过或者阻止某议案通过。那么，每一个党团在议会中的权力究竟有多大呢？答案是，红、蓝、绿、白四党操纵一项提案能否通过的"权力"之比分别是 6：2：2：2，这显然与议员党团成员数目（43：33：16：8）不成正比。

如何理解呢？这就涉及夏普利—舒比克权力指数。

2. 夏普利—舒比克权力指数

夏普利—舒比克权力指数是 2012 年的诺贝尔经济学奖得主夏普利（Lloyd S. Shapley）和舒比克在 1954 年的《评价委员会中权力分布的一个方法》一文中所提出的计算权力大小的一种指数，是在夏普利值概念的基础上提出的以"边际贡献"为基础来衡量多人结盟对策中各博弈方的实力指标。一般来说，投票者的权力体现在他能通过自己加入一个要失败的联盟而挽救它，或者它能背弃一个联盟而使它失败。因此，权力指数就是反映投票人作为使提案得以通过的关键投票者而体现力量或权力。显然，一个投票人在很多场合下都是作为关键投票者出现，他的权力就很大；一个投票人在很少的场合下作为关键投票者出现，他的权力就较小。

那么，根据夏普利—舒比克权力指数原则，我们就可以计算出四个党派在议会的"权力指数"，即在不同情况他加入或者退出一个投票联盟足以改变投票结果的情况是多少。①就红党而言，它是获胜联盟（红蓝绿）、（红蓝白）、（红绿白）、（红蓝）、（红绿）、（红白）的关键加入者，因而红党的权力指数就是6；②就蓝党而言，它是获胜联盟（蓝绿白）、（蓝红）的关键加入者，因而蓝党的权力指数就是2；③就绿党而言，它是获胜联盟（绿蓝白）、（绿红）的关键加入者，因而绿党的权力指数就是2；④就白党而言，它是获胜联盟（白蓝绿）、（白红）的关键加入者，因而白党的权力指数就是2。人们也常常定义所有成员的权力指数总数为1。这样，红、蓝、绿、白四党的权力指数就表示为：1/2、1/6、1/6、1/6。尽管蓝党的议员数目是33，是白党议员数目的4倍多，但两者所拥有的实际权力指数却是一样的。

这种与直觉不相符的事例很多。例如，1958年的欧共体总共有六国：法国、德国、意大利、荷兰、比利时和卢森堡。这些国家对相关的经济问题进行决策的票数为：法国、德国和意大利各为4张，荷兰、比利时各为2张，卢森堡为1张；同时，实行2/3多数的投票规则，即一个议案获得17张中的12张或以上就可通过。根据夏普利—舒比克权力指数计算欧共体各国权力的结果：德国、法国、意大利、比利时、荷兰和卢森堡的权力指数分别是14/60、14/60、14/60、9/60、9/60和0。也就是说，尽管卢森堡的财政部长每次都在投票，但他在任何情况下对议案均不会产生任何影响，因为它的权力指数为0。

夏普利与舒比克还分析了联合国安理会的权力分布。1965年前联合国安理会有5个常任理事国和6个非常任理事国，其中，常任理事国有否决权，非常任理事国无否决权。同时，联合国安理会规定，一个提案通过的条件是：有7张赞成票且5个常任理事国无否决票。夏普里与舒比克用他们的方法计算出，5个常任理事国的权力指数之和为98.7%，6个非常任理事国的权力指数之和只有1.3%。即使1965年增补了4个非常任理事国，也只是将权力比变成了98.1%∶1.9%。同样，据夏普利与舒比克的分析，美国总统与参议院及众议院的权力指数之比为2∶5∶5，而总统与一个参议员、一个众议员的权力比为350∶9∶2。也就是说，美国总统的权力几乎是一位参议员的权力指数的 40 倍，是众议员的 175 倍。

3. 夏普利—舒比克权力指数的经济分析

夏普利—舒比克权力指数不仅适用于政治投票中，也可适用于经济分析。夏普利与舒比克在《评价委员会中权力分布的一个方法》中指出，一个有股份 40% 的股东，其权力为各拥有 0.1% 的 400 个股东的每个股东权力的 1000 倍，尽管股份比为 400：1。这里再举两例具体说明。

例 1　现有 A、B、C 三人分割 100 万元的财产，其中，A 的投票数为 5，B 为 3，C 为 2，并且，财产的分配要获得简单多数票通过。显然，如果根据票数多少进行投票，那么，A、B、C 将分别获得 50 万元、30 万元和 20 万元。不过，此时 C 可以向 A 提出新的分配方案：A 得 60 万元，C 得 40 万元，而 B 一无所有，这个方案也可以获得通过，相应地，B 也可以向 A 建议另一种方案：A 得 70 万元，B 得 30 万元，而 C 一无所有，这个方案也可以获得通过……如此循环。那么，如何进行分配呢？显然，一个具体分配份额并不一定等同于每个人的投票权数。为此，夏普利值就是为了解决合理的份额：在各种可能的联盟次序下，博弈方对联盟的边际贡献之和除以各种可能的联盟组合。

就这个试验而言，每个方案要获得通过，至少需要两个人的联盟。边际贡献就在于这个顺序中谁是这个联盟的关键加入者，如果是关键加入者，它的边际贡献就是 100 万元。显然，这个试验的各种联盟和关键加入者如图 2-7 所示。

次序	ABC	ACB	BAC	BCA	CAB	CBA
关键加入者	B	C	A	A	A	A

图 2-7　各种联盟的关键加入者

因此，夏普利值分别是：$\Phi_A = 4/6$，$\Phi_B = 1/6$，$\Phi_C = 1/6$。根据夏普利值，财产就可以分为 66.7 万元、16.7 万元、16.7 万元。显然，虽然 B 和 C 的投票数不同，但获得财产的份额是相同的。

例 2　一个股份公司有 5 个股东：A、B、C、D、E，公司的重大决策遵循"一股一票"原则，并且要获得简单多数通过。假设在公司成立之时每个股东都持有相同的 20% 的股票，后来随着公司的经营，股份结构发生了变化。其中，A 想多持有公司的股份，而其他 4 个股东都想减持，但是又不想让 A 完全控制企业。因此，其他 4 个股东决定每人都减持 3 个百分点，这样，A 的股份就增加到 32%，而其余四个股东的份额都下降为 17%。在这种情况下，A 决定再要求 B、C、D、E 各减持 1 个百分点，此时，A 的股份增加到 36%，而其余 4 个股东的份额则下降为 16%。由于此时 A 拥有的股份没有超过 50%，从而不能完全控制公司，因而其余 4 个股东也就同意了。那么，其余四个股东的决策明智吗？

实际上，虽然 A 仅仅增加了 4 个百分点的投票权，但它的投票力或者夏普利权力指数却发生了很大变化。根据前面的分析，我们可以把不同股权分配情况下的夏普利权力指数列表，如图 2-8 所示。

股东	股份 (%)	权力指数	权力指数比 (%)
A	20	6	20
B	20	6	20
C	20	6	20
D	20	6	20
E	20	6	20

股东	股份 (%)	权力指数	权力指数比 (%)
A	32	6	20
B	17	6	20
C	17	6	20
D	17	6	20
E	17	6	20

股东	股份 (%)	权力指数	权力指数比 (%)
A	36	14	63.6
B	16	2	9.1
C	16	2	9.1
D	16	2	9.1
E	16	2	9.1

图 2-8 不同股份结构的夏普利权力指数

4. 以夏普利—舒比克权力指数分析剥削

夏普利—舒比克权力指数反映出，在团队合作生产中，尽管有些参与者为合作收益做出了更大的贡献，但他往往也因此获得更大比例的权力，并且借助于权力又获得更大比例的分配收益，从而就会产生剥削现象。其原因在于，商业竞争中基于力量的收益分配往往实行"赢者全胜"或"赢者通吃"的原则。夏普利—舒比克权力指数就体现了这一点：尽管夏普利值反映了每个博弈方在联盟形成中的边际作用，从而体现了市场中的边际分配原则，但是，只要达到或超过阈值的结盟，关键投票人所赢得的收益就不是简单的"直观"实力相加，而是 100% 的全胜。这种现象不仅体现在经济领域，也体现在社会政治领域。例如，美国的总统选举在各州就是实行"赢者通吃"原则，一个州的多数选民选某候选人，那么这个州的选举团里面的每一个人都必须选该候选人，从而导致全国选民比较多的候选人最终未必能够胜出。

关于现实生活中基于夏普利—舒比克权力指数原则进行收益分配而产生的剥削现象，这里进一步将夏普利—舒比克权力指数分析推广到价值创造及其分配上。假设，单位资本和单位劳动对价值创造的贡献都是1，也即，如果两者形成联盟将形成2单位的价值。显然，如果公平地根据贡献分配的话，各自将获得收益1。但是，现实生活中的分配并不是根据实际贡献进行的，而是关乎各自的谈判实力。显然，如果资本要素是生产的瓶颈，那么它对合作剩余的分配就存在更大的权力。我们首先假设，有资本一个单位C，劳动两个单位L_1和L_2，并且，只有资本和劳动合作才能创造价值，而资本和资本之间以及劳动和劳动之间的联合没有任何意义。那么，它们形成的合作关系可表示为图2-9。

联盟	CL_1	CL_2	CL_1L_2	CL_2L_1	L_1C	L_2C	L_1L_2C	L_2L_1C
最后加入者	L_1	L_2	L_2	L_1	C	C	C	C

图2-9 单个资本和两个劳动的合作联盟及其关键加入者

因此，在上述资本和劳动合作的联盟中，资本的夏普利值为$\Phi_C = 1/2$，而劳动的夏普利值为$\Phi_{L1} = 1/4$，$\Phi_{L2} = 1/4$。这意味着，资本将获得更大的对合作剩余进行分割的权力。

进一步讲，如果资本更为稀缺，那么，将导致资本对分配拥有更大的权力指数。假设，现有资本一个单位C，劳动三个单位L_1、L_2和L_3；那么，它们形成的合作关系可表示为图2-10。

联盟	CL_1	CL_2	CL_3	CL_1L_2	CL_2L_1	CL_1L_3	CL_3L_1	CL_2L_3	CL_3L_2	$CL_1L_2L_3$	$CL_1L_3L_2$	$CL_2L_3L_1$
最后加入者	L_1	L_2	L_3	L_2	L_1	L_3	L_1	L_3	L_1	L_3	L_2	L_1
联盟	L_1L_2C	L_2L_1C	L_1L_3C	L_3L_1C	L_2L_3C	L_3L_1C	$L_1L_2L_3C$	$L_1L_3L_2C$	$L_2L_3L_1C$	L_1C	L_2C	L_3C
最后加入者	C	C	C	C	C	C	C	C	C	C	C	C

图2-10 单个资本和三个劳动的合作联盟及其关键加入者

结果，在上述资本和劳动合作的联盟中，资本的夏普利值为$\Phi_C = 1/2$，而劳动的夏普利值为$\Phi_{L1} = 1/6$，$\Phi_{L2} = 1/6$，$\Phi_{L3} = 1/6$。

上面我们分析的是单个资本面对多个劳动的情况，实际上，即使存在多个资本和多个劳动之间的交易，只要资本的数量小于劳动，那么资本都将取得更大的分配收益。

傲慢的主流和多数派

1. 缘起：制度主义"架桥"的不同遭遇

现代制度主义有两大流派：凡勃伦（Thorstein B Veblen）开创的旧制度主义和科斯（Ronald H.Coase）领衔的新制度主义，新、旧制度经济学在方法和理论方面都存在问题，如卢瑟福（Malcolm Rutherford）以五个两分法——形式主义与反形式主义、个人主义与整体主义、理性与规则遵循、演进与设计、效率与改革——概括了新旧制度经济学的差异。当然，尽管新旧制度经济学之间存在着方法论意义上的对立，但两者的差异并不是人们想象的那样尖锐：两者都从不同的角度探讨了制度与制度变迁，两者都遇到了类似的困难。为此，卢瑟福等人就试图对两者进行沟通和调和，从而综合成一个更完善的分析框架。但是，这种"架桥"运动在两个阵营却遇到了截然不同的态度：一方面，老制度经济学阵营的反应较为积极主动，人们很容易从中听到与新制度经济学对话和融合的声音，如塞缪尔斯（W.J.Samuels）、霍奇逊（Geoffrey M.Hodgson）、斯坦菲尔德（R.Stanfield）等；另一方面，新制度经济学家则反应冷淡，除了 1993 年诺贝尔经济学奖得主诺思（Douglass C.North）因为完善自己的制度变迁理论而不自觉地做出回应外，只有瑞切特（Rudolf Richter）给予了正面的理论回应，绝大多数的新制度经济学家如 2009 年诺贝尔经济学奖得主威廉姆森（Oliver Williamson）、1991 年诺贝尔经济学奖得主科斯等更持向旧制度经济学宣战的态度，把两者上升为"反理论"与"非理论"之争。

这种现象反映了什么问题呢？为什么会出现这种对立的现象呢？实际上，这种多数对少数的歧视和冷漠现象体现了一种"傲慢的主流"现象，这种现象的根源在于两者所占有的资源是不均等的，多数试图维持它所占有的资源而不愿让更多的少数进来分享。因此，基于多数和少数的互动，我们就可以对周围大量存在的歧视现象进行分析和解释。

2. "傲慢的主流"现象及成因

按照现代经济学的理论，追求个人利益最大化可以有效解决歧视问题，而存在的歧视肯定符合社会的总体利益，因而不存在真正的歧视。1982 年的诺贝尔经济学奖得主斯蒂格勒（George Stigler）就强调，商人更感兴趣的并不是顾客的身份，而是其所得到的金钱的色彩。因此，妇女和黑人之所以失业率高，根本上在于其自身的教育和能力问题。但是，1992 年的诺贝尔经济学奖得主贝克尔（Garys Becker）却证明，歧视的出现恰恰是原子式个人主义竞争机制的结果。贝克尔指出，团体 A 对团体 B 实行有效歧视的必要条件是：B 是经济上的少数；充分条件是：B 是数量上的少数；相应地，充分必要的条件则是：和 B 数量上的多数相比，它更是经济上的少数。因此，在竞争的社会中，经济歧视看来就与经济上的少数有关，政治上的歧视就与政治上的少数有关。例如，美国的黑人人数只占总人数的大约 10%，而且其拥有资本数量更低，因此，通过竞争的经济机制的运转，歧视的偏好必然产生对黑人的有效歧视，尽管歧视对黑人和白人都会造成损失，但对黑人要大得多。而如果少数一方对多数一方进行报复性歧视的话，那么不但与己不利，而且还会使自己的境况更加恶化，因为歧视对少数一方造成的损害远远超过对多数一方造成的损害，特别是，多数一方通常控制了更大部分的资源，少数一方主动的歧视只能使得自己与这些资源更为遥远，而多数一方通过歧视则可以占有更大的资源比例。

正是由于多数人通过简单多数规则可以掌握更大比例的资源，为了维护其不对称的收益，这些多数人就会极力排斥其他少数人，从而产生了"傲慢的主流"现象。例如，在欧美国家，白人无论在经济上还是政治上都占多数，从而常常会出现"傲慢的白人"现象，他们宁可封闭起来不与周围其他种族的人交流。同样，我们学术圈中也出现了"傲慢的主流"现象：那些所谓的主流经济学者往往自视甚高，对非主流的挑战表现出不屑一顾的样子。究其原因，主流经济学者无论是在人数上还是势力上都占据了绝对优势，因而他们就可以对少数非主流学者采取歧视政策，并由此占有更大量的资源比例。相反，如果少数的非主流学者对之提出挑战，或者说采取反歧视政策，反而会对自己造成更大的损害，这种损害远远超过对多数的主流学者造成的损害，从而使自己的境况更加恶化。因此，主流经济学者往往不屑非主流的挑战，而那些非主流则总是委曲求全，尽量使自己的研究方式和研究内容向主流靠拢。也就是说，"市场化"博弈的结果就是：多数总乐意采取歧视策略并刻意地打压少数，而少数派往往只能采取委曲求全的合作战略，即存在（排斥，顺从）均衡。

这种现象可以用如图 2-11 所示的博弈矩阵表示：该博弈的均衡结果就是（漠视，争鸣）。即只有非主流不断地向主流挑战，而主流却一直高高在上。

主流派		非主流派	
		争鸣	不争
	争鸣	10, 10	1, 5
	漠视	15, 5	3, 0

图 2-11 "傲慢的主流"现象

3. 中国学术对西方的模仿

在当前中国经济学界也存在这种"傲慢的主流"现象：目前马克思主义经济学就试图向西方主流经济学发起挑战或对话，但现代主流经济学很少理会；一些学者则试图沟通两者关系，却往往遭到两大阵营的共同抵制。很大程度上，马克思经济学在中国经济学界的迅速边缘化与各院校的政策密切相关：大肆推崇所谓的海归学者；这些海归的学术轨迹也就成为那些打算从事学术的青年学子的模仿榜样，因为马克思经济学学得再好，今后在中国学术界也是处于边缘化的地位。正因为西方主流经济学逐渐拥有了控制和排斥其他学派的无限权力，以致它已经不明白：一个正确的观点应该是通过辩论而不是通过把其他人的观点斥为"非主流"而得到的。事实上，笔者每每与一些真正从事马克思主义经济学研究的学者谈到马克思经济学尤其马克思主义经济学中的一些缺陷时，常常可以获得一些正面的回应。但是，与那些主流经济学的信徒们剖析现代主流经济学的内在缺陷时，他们基本上都持直接的否认态度，不但由此把笔者打入过时的马克思"主义"者，并且由此以"立场"来否定笔者的分析。为什么会出现这样截然不同的态度呢？关键就在于，马克思经济学与现代西方主流经济学在当前中国学术界的生存环境和现实地位是不同的，占据了各种资源的主流经济学不愿与他人分享其已占有的利益，从而对其他竞争者会持极力排斥和打压的态度。

同样，正是源于这种"傲慢的主流"现象，中国经济学人往往片面模仿现代西方主流经济学范式，女性经济学人极力模仿体现男性心理的现代主流经济学思维，从而导致经济学的偏至式发展。这在很大程度上又体现了斗鸡博弈的特点：首先，为了获得合作收益，中国经济学与西方经济学、女性经济学与男性经济学之间必须保持规范和术语上的一致性；其次，西方经济学或男性经济学是学术标准的创设者，从而获得更大的收益。性别博弈的纳什均衡就具有这样两大特点：①双方必须合作才能实现更大利益；②任何一方先行动就可以取得更大收益。事实上，现代主流经济学是西方男性率先展开行动而建立的基于西方男性文化心理的理论体系，并由此创设了有利于西方男性的学术评价体系。

如图 2-12 所示的博弈矩阵中，在西方学术所设定的现行规则下，中国经济学人和女性经济学人为了最大化自身收益就只能遵循西方男性创设的现代主流经济学，而在此均衡下，中国人和女性获得的收益则要低于西方人和男性。

西方学术		中国学术	
		基于基督教文化心理的规则	基于儒家文化心理的规则
	基于基督教文化心理的规则	4, 2	1, 1
	基于儒家文化心理的规则	0, 0	2, 4

图 2-12　规则制定博弈

显然，在这种学术制度下，女性经济学人所显示出来的贡献要远低于男性，中国经济学人所显示出来的贡献要远低于西方人，从而造成现代经济学队伍中的性别失衡。尤其是，由于学术规则本身就是片面的，在它的激励下，就造成了现代主流经济学的偏至性。事实上，尽管美国的主流社会学试图在实证的基础上构建"科学"的社会学，但是，美国黑人社会学界对之却持极力批判的态度，认为美国社会学实际上是白人：社会学者的产品，他们不了解并扭曲了黑人社会的形象，而仅仅是"白人社会学"。

集体谈判，弱势抗衡

1. 缘起：在经济危机中坚挺的中国房价

自 2007 年世界经济危机爆发以来，中国的宏观经济形势并不乐观，这表现在经济增长率不高以及长期低迷的股市上。但是，中国的房价却在短暂的回落后迅猛反弹，即使在目前政府收缩银根的情况下，高房价水平依然顽强地维持不坠。为什么会这样呢？很大程度上在于房地产商之间的勾结，形成了共进退的联盟。

事实上，目前由于信贷不断收紧以及成交量低迷导致回款速度慢，房地产商面临着一个囚徒困境的情境：如果某开发商率先降价而其他开发商坚持原价，那么，它就能够通过提高销量而快速摆脱目前的资金危机，但是，如果某开发商率先降价引发其他开发商的跟随，那么，它就无法提高销量，相反会因相互杀价造成更大损失，而如果所有开发商都坚持不降价，那么就可以引导消费者的市场信心，最终渡过难关。显然，在没有沟通的情况下，每个开发商都对其他开发商的行为没有预期和信心，基于个人利益的最优策略就是率先降价，从而陷入囚徒困境；但现实情形却是，几乎所有开放商都不率先降价，从而维持了房价的高居不下。之所以如此，就在于房地产商之间存在着各种信息交流渠道，这包括各个层次的房地产协会、房地产论坛以及一些经济学家发表的鼓吹文章等。有开发商就说："至少目前为止，我们还没有做好在售楼盘降价的准备，业内人士一起交流，这点共识是一致的：只要有一家公司明显降价，就像坐大堤一样，很快就会争先降价，也就是恐慌性抛盘。所以，现阶段绝对不会，也不会产生这种情况的！"

2. 市场博弈与马太效应

经济学之父斯密很早就指出，工资本身就是资本和劳动博弈的产物，其结果取决于两者的总体势力。在早期资本主义社会，雇主之间往往互通信息并结成雇主联盟，但工人却不容许成立工会等形成集体力量，从而在劳资较量中处于明显的劣势，乃至只能获得"最低生活费"的工资。同样，古典经济学集大成者穆勒（J.S.Mill）也认为，当时由雇主占支配地位的国会通过的禁止工人联合起来要求提高工资的"劳工法"是阻止工人阶级获得较高工资的根本原因，"这种法律所表现出来的正是奴隶主的那种残忍凶恶的本性，尽管已不再可能公开使工人阶级处于奴隶地位"，"只要法律禁止工人为提高工资而联合，法律在工人看来就似乎是低工资的真正原因"，从而提出"提高劳动工资，并使它维持在所希望的水平上，人们所想到的最简单的方法，是由法律予以固定"。在很大程度上，正是由于市场分配机制是基于力量原则，并且，企业往往更容易形成联盟，从而纯粹市场中的分配就必然不利于弱势者。

事实上，大量的历史和现实显示出，纯粹市场机制中财产权利的分配存在着严重的马太效应，最终将会导向社会的两极化。美国社会崇尚自由竞争和优胜劣汰，似乎每个人凭借自身的努力都可以获得自我实现，这就是广为流传的"美国梦"神话。但事实却恰恰相反：正是由于 20 世纪 70 年代以后崇尚市场自由竞争的自由至上主义开始支配了美国社会，导致美国社会的收入差距的不断拉大。当代西方社群主义最著名的理论代表人物桑德尔（Michael J. Sandel）就写道："从 1950 年到 1978 年，穷人与富人一样分享了经济增长的收益，低收入、中等收入以及中高收入的美国家庭的实际收入增加了一倍，证实了经济学家水涨船高的说法。可是，从 1979 年到 1993 年，这个说法不再恰当。这个时期几乎所有提高的家庭收入都跑到最富裕的 1/5 人口手上去了。大多数美国人的情况变糟了。财富分配也明显日益不平等。1992 年最富裕的 1% 的美国人拥有全部私人财富的 42%。十年前这一数字还是 34%，现在美国人的财富集中程度比英国高出两倍还多。"

很大程度上，随着社会经济的发展，独占资本将会逐渐集中。这样，单个劳工和雇主之间的力量结构就越来越不平衡，在个体劳动权的主导情形下，劳工就会被迫接受资方片面决定的恶劣劳动条件（例如长工时、低工资）。为此，穆勒强调，工人联合和罢工在将利润再分配为工资的过程中起到非常重要的作用，从而主张工人阶级联合成工会并以集体方式与资本家斗争。穆勒写道："市场工资率不是由某种自动器械决定的，而是人与人讲条件的结果，也就是斯密所谓人们在市场上'讨价还价'的结果。那些不讨价还价的人，即便是在商店购买东西，其所付的价格也会长期高于市场价格。更何况穷工人是同富有的雇主打交道，如果他们不像俗语所说的那样'拼命争取'的话，他们就会长期得不到那种根据对他们劳动的需求而应该付给他们的工资额，但如果不组织起来，他们又怎么去拼命争取呢？一个工人单独罢工要求提高工资，又有什么用处呢，如果他不与其他工人商量（这很自然地会导致采取协调一致的行动），他又怎么能够知道市场状况是否允许提高工资呢……工会是劳动的出售者在竞争制度下借以自己照顾自己的必不可少的手段。"

3. 抗衡力量的兴起

为了帮助劳工摆脱这种劣势地位，国家应该允许乃至鼓励劳工团结起来，从而形成与资方相抗衡的力量，并处于实质对等的谈判地位。这就是集体劳动权的出现，它主要包括团结权、团体交涉权、团体争议权（团体行动权）三大部分。集体劳动权的一个主要保障就是形成劳动者同盟，即工会，并采取集体行动。20 世纪 30 年代，美国制度主义的重要代表康芒斯（John Rogers Commons）就写道："这是一个集体行动的时代。大多数美国人必须作为有组织关系中的一员，大家一起工作来赚钱维持生计。通过集体的努力，人们参与集体谈判，因为这是能够将个人意愿融入集体意愿的方法。集体谈判在劳动关系中是指两个组织的代表，即工会和资本家组织平等地坐在一起，就能够使在双方关系中每一个个体的工作规则达成一致。"显然，一个社会的权力分布越不平均，就越应鼓励和创造新的集体行动或运行规则来分散权力，以使那些弱势者不被强势者所控制。

集体行动的强弱可以用工会密度来表示，而所谓工会密度，是指工会会员占工薪劳动人士的比重，是衡量工会发展的一个重要指标。依据工会密度的高低，我们可以把欧洲国家分为三类：第一类是工会高度发达的国家，主要是斯堪的纳维亚半岛国家以及比利时，其工会密度最高均在 50% 以上，特别是瑞典、芬兰和丹麦，达到了 80% 左右；第二类是工会中等发达的国家，主要是西欧的大多数国家（如英国、德国以及荷兰）和南欧几国（意大利、葡萄牙和希腊），工会密度在 20%~50%；第三类则是工会不发达的国家，包括西班牙和法国，只在 10% 左右。具体可见表 2-2：

表 2-2　欧洲主要国家的工会密度（%）

年份	丹麦	瑞典	芬兰	比利时	挪威	爱尔兰	意大利	奥地利	葡萄牙	希腊	英国	德国	荷兰	西班牙	法国
1990	81	80	73	57	57	45	39	45	40**	34**	38	33***	22	9	9
1995	86	83	80	60	56	41	38	39	N/A	24**	32	26	22	13	9
2000	82	82*	79	58	54	39	37	35	30**	33	29	22	22	13	N/A

注：* 表示该数据是 1999 年的数据；** 表示估计值；*** 表示该数据是 1991 年的数据，包括东德；N/A 表示数据不详。

同时，个体的力量越弱势，就越需要通过联合的方式加强自身力量，以从他人的强制、束缚以及不公平的竞争下获得自由。显然，由于女性相对于男性在劳动市场上处于更明显的劣势地位，从而更需要通过结盟来壮大自身力量，这在斯堪的纳维亚国家获得鲜明的证明：这些国家女性雇员加入工会的比例往往比较高，女性会员的工会密度甚至大于或者等于男性，这反映在女性会员工会密度与男性会员工会密度的比值上，往往大于或等于 1.0，高于其他国家（仅英国是例外），如表 2-3 所示。同时，一个社会的劳工越倾向于采取集体行动，劳工在劳资谈判中的整体力量就越强大，相应地，劳动在收入分配中也就可以获得更高的比例，社会收入分配结构也就更趋均等。这也可以得到经验的证据：集体劳动权体现得越充分的北欧诸国，其收入分配也越平等，社会生产率相对也较高。

表 2-3　欧洲主要国家的女性工会会员比例及男、女性工会密度之比

项目	丹麦	瑞典	芬兰	挪威	比利时	奥地利	英国	德国	荷兰
女性工会会员百分比（2000 年）	50	46**	54	44*	25*	32	46	33	27
女性工会密度/男性工会密度（1990 年）	1.0	1.1	1.1	1.1	0.8	0.6	1.0	0.6***	0.6

注：* 表示估计值；** 表示该数据是 1999 年的数据；*** 表示该数据是 1991 年的数据，包括东德；女性会员的百分比是指女性工会会员占所有工会会员的百分比。

投票交易，输毒于敌

1. 缘起：一个投票交易

如表 2-4 所示的议题投票：X、Y、Z 三人就 A、B、C、D 四个方案投票决定实施哪两个方案，每人可以赞同两个方案；方案通过规则是获得 2/3 多数票，即某个方案只要获得两张赞同票就可以通过。显然，在六张赞同票中，必然至少有两个方案获得两张以上的赞同票。如果每个人都根据方案对自己的效用大小顺序进行投票，那么 A 和 B 两个方案获得两张赞同票而通过，而方案 C 和 D 各得一张赞同票。这时，X 获得的效用是 $(8+7)=15$，而 Y 的效用是 $(5+3)=8$，Z 的效用是 $(2+5)=7$。那么，Y 和 Z 有无办法可以获得更大效用呢？

表 2-4 互投赞成票模型

投票人	方案			
	A	B	C	D
X	8	7	2	3
Y	5	3	3	9
Z	2	5	10	3

事实上，Y、Z 可以进行这样的策略投票：Y 赞同方案 C 和 D，Z 也赞同方案 C 和 D，从而使得 C 和 D 获得通过。这样 Y 获得的效用是 $(3+9)=$ 12，Z 获得的效用是 $(10+3)=13$，而 X 的效用仅为 $(2+3)=5$。显然，

通过策略投票，Y 和 Z 的效用都得到了改进。Y 和 Z 所采用的策略在政治上就被称为"互投赞成票"。

2. "互投赞成票"的好处

"互投赞成票"是公共选择中的术语，是指在互相支持对方最优的方案，从而避免最差境遇的出现，这意味着，党派间以放弃实现不急切的愿望去换取急切的愿望实现。在日常生活中，这种策略也就形成少数派之间联盟的主要手段：这次我支持你的方案，下次换你支持我的方案。显然，如果互投赞成票交易发生在两个方案之间，那么也就实现了交易双方之间的"交叉补贴"，从而可以提高所有联盟成员的利益。

互投赞成票往往可以更好地体现投票者对不同议案的偏好强度，从而使得社会福利得到改进。如表 2–5 所示，显然，在多数通过规则下，两个议案都通不过，但是，如果存在互投赞成票的情况，B 投 Y 的票以换取 C 投 X 的票，结果两个议案都获得通过。此时，对 B 和 C 都带来收益，而且，两人之间的交易改善了由三个投票人组成的集体福利，社会的净效用为 2(−2 − 2 + 5 − 2 − 2 + 5)，从而获得了帕累托改进。

表 2–5　互投赞成票与帕累托改进

投票人	议案	
	X	Y
A	−2	−2
B	5	−2
C	−2	5

因此，从社会福利水平的角度来看，互投赞成票往往被视为是一项新标准下的帕累托改进。诺贝尔经济学奖 1986 年得主布坎南和塔洛克就认为，互投赞成票的现象被认为是民主过程有序运作的派生物，这表现在两个方面：①政治行为的经济激励在一些重大的国会互投赞成票以通过立法的事例中表现得非常显著；②互投赞成票现象比那些较为显著的事例所表明得要更为普遍得多，即使使用各种法律制度，或者一些广泛承认的道德戒律来阻止人们互投赞成票，但是不可能发生互投赞成票现象的制度情境是很少见的。

3. "互投赞成票"的潜在问题

尽管互投赞成票更好地体现了人们的偏好强度以及少数者的利益，在资源配置和福利分配方面也更有效率，但它也存在如下一些缺陷。

（1）会导致所有成员总福利的损失。事实上，在上例中，只要将 5 改为 3，那么，依旧会发生同样的互投赞成票交易，但此时，集体的总福利却下降了。塔洛克甚至认为，可进行投票交易的多数规则会导致政府的过多支出。再如，在如表 2-6 所示的对筑路议案的表决，A、B、C 三人对议案 X 和 Y 投票：X 是提供仅为 B 使用的道路，Y 是提供仅为 C 使用的道路，每条路的收益为 5，成本为 6，成本由三人共同承担。显然，互投赞成票使得 X 和 Y 两个议案都通过，但此时，由于议案过度地修建得不偿失的道路，反而使得社会总福利降低了。

表 2-6　筑路议案投票交易

取胜对	失败对	交易投票者	效用		
			A	B	C
X，Y	-X，-Y	B 和 C	-4	1	1
X，-Y	X，Y	A 和 B	-2	3	-2
-X，-Y	X，-Y	A 和 C	0	0	0

（2）会产生明显的外部性。在很大程度上，互投赞成票之所以对交易双方有利却又导致社会总福利的下降，就在于他们的交易行为存在明显的外部性，这样，即使对交易双方有利却以损害其他人的利益为代价。事实上，这也可以用"防勾结"博弈加以说明，如图 2-13 所示的博弈矩阵，有两个纳什均衡（R，r，A）和（D，d，B），但在（R，r，A）时，博弈方甲和乙可能勾结起来，采取（D，d）策略而达到两者的最大利益，但同时却损害了丙的收益。

甲		乙	
		r	d
	R	0, 0, 10	-5, -5, 0
	D	-5, -5, 0	1, 1, -5

丙（A）

甲		乙	
		r	d
	R	-2, -2, 0	-5, -5, 0
	D	-5, -5, 0	-1, -1, 5

丙（B）

图 2-13　防勾结博弈模型

（3）产生投票循环而增加结果的不确定性。在上述"防勾结"博弈中，甲和乙相勾结而使博弈结果从（R，r，A）转向（D，d，A）时损害了丙的收益，丙为了避免这种损害，就会转向策略 B，从而达致了（D，d，B）均衡。当然，这个博弈仍然是一种简化，进一步地，如果甲和丙以及乙和丙之间都存在勾结的可能，就会使得博弈结果复杂化，甚至出现不确定性。例如，在上述筑路议案的交易投票中，顺序投票的过程会产生四种可能的议案组合：（X，Y），（-X，Y），（X，-Y），（-X，-Y）。如果进行投票，那么三个议案对（X，Y），（X，-Y），（-X，-Y）之间就存在一个循环，也就意味着没有稳定的交易协议。因为对 B 和 C 来说，（X，Y）优于（-X，-Y），但对 B 而言可能存在一个更好的组合（X，-Y），同时 A 也得到改善，因此，如果 A 通过投票支持 X，那么（X，-Y）就能击败（X，Y）。然而，此时 C 也可向 A 承诺其没有损失的（-X，-Y），由此又开始了交易的循环。

在一个社会或组织内部，当内部矛盾日渐尖锐时，当政者就会通过树立外部共同敌人的方式来转移矛盾，这就是所谓的"输毒于敌"。事实上，绝大多数社会都是通过此种方式来转移和缓和暂时内部矛盾的，这体现在秦始皇的扩张中，也体现在古罗马的扩张中。尤其是，西方社会的浮士德问题本身具有内在的征服和扩张冲动，内部的斗争必然会引起社会的混乱，于是它就转而对国外或共同体之外进行掠夺以转移矛盾，这是殖民扩张以及"一战"、"二战"产生的根源。当然，在"毒"无"外敌"可输的情况下，尚武文明和物质文明就必然会引发内部的争斗。美国加利福尼亚大学洛杉矶分校经济学系教授赫什莱佛（Jack Hirshleifer）指出，"集团内的友好程度随着外部威胁的大小而上升或下降，反之亦然。这是普遍真理。"正是基于长期的经验和教训，人们开始认识到物质文明的缺陷，开始重新寻求社会之间的合作，从而促使合作文明的本质回归。

"搭便车"和少数者优势

1. 缘起："贫女借光"的故事

《战国策·秦策二》记载了"贫女借光"的故事：齐国有贫女叫徐吾，每天夜里，她与邻女们一起纺线织麻，蜡烛则由各人带来。家贫的徐吾带来的蜡烛最少，有一李姓女子就不高兴了，对他人说，不要让徐吾再来。最为勤奋的徐吾颇感不平，分辩道："同一个屋子里，多我一个人，烛光不会暗淡下来；少我一个人，烛光也不会明亮一些，而我只是借东墙上的余光，每天来干自己的活。请大家不要吝惜那一点儿余光，让我接受一点儿大家的同情和恩惠吧。"大家见徐吾说得很有道理，他人都不再有异议，李女也无话可说了。这也就是"借光"一词的由来。

显然，在这个故事中，作为弱势者的贫女获得了更多的利益，用经济学的术语来说，就是贫女搭了富女们的便车。这也意味着，在博弈方力量不对称的博弈中，尽管强者和多数往往会在博弈中占有优势，但弱者和少数在博弈中也并非一定就处于不利地位，关键取决于博弈结构以及弱者和少数的策略运用。

2. 弱势者的"搭便车"行为

在现实生活中，我们常常可以看到这样两类现象。①在小集团与大集团的互动中，由于大集团中人数众多，从而不能形成有效的集体行动，相反，小集团往往更具凝聚力，更容易采取行动，从而在与大集团的行动中往往占有优势。因此，我们往往可以看到，一个组织中掌握决策权的总是少数，一个国家中的统治者也总是少数，这是专制形成的根源。②在成员的"规模"不等或对集体物品带来的收益份额不等的集体中，某成员对集体物品的偏好强度越大，其能获得的集体物品带来的收益的份额也越大，但由此他可能承担的成本比例将更高，而且，其分担提供集体物品负担的份额与其收益相比往往是不成比例的，相反，小成员所占的份额较小，也就缺乏激励来提供额外的集体物品。这就是智猪博弈的情境，这种情境下往往存在少数"剥削"多数以及搭便车的现象。例如，在北约组织中，美国占了防务开支一个超过比例的份额，从而大大便宜了西欧和日本。

一个更为经典的例子是世界石油输出国组织 OPEC。在该组织中，那些产油大国往往会充当大猪的角色，如沙特阿拉伯就希望所有的成员国都能节制石油产量以维持高价格，而当一些小国偷偷地增加石油产量时，沙特阿拉伯往往大度地削减自己的产量，这也是 OPEC 组织能够长期稳定的原因。在如图 2-14 所示的博弈矩阵中，假设在一个卡特尔盟约中，沙特的石油日产量是 1000 万桶，科威特的石油日产量是 300 万桶；如果没有卡特尔盟约限制，沙特的石油日产量是 1300 万桶，科威特的石油日产量是 400 万桶。这样，假设石油市场的供应方只有沙特和科威特两国，那么，基于不同的策略选择，市场中的石油供应量为 1300 万桶、1400 万桶、1600 万桶和 1700 万桶，在不同情形下每桶石油的净利润为 10 元、9 元、7 元和 6 元。那么，两国之间的石油生产博弈矩阵可用图 2-14 表示：

沙特		科威特	
		300 万桶	400 万桶
	1000 万桶	10000, 3000	9000, 3600
	1300 万桶	9100, 2700	7800, 2400

图 2-14　石油生产博弈

在上述博弈中，沙特有占优策略：只生产契约规定的 1000 万桶。给定这一条件，科威特的最优策略就是违反契约而生产能力最大产能的 400 万桶。这样，就可以实现（1000 万桶，400 万桶）的均衡。正是由于沙特阿拉伯坚守合约的产量，才保证 OPEC 组织的成功。一个卡特尔要想成功必须具有四个基本要求：①它必须控制整个实际产量和潜在产量的很大份额，不能面对局外人的实质性竞争；②可获得的替代物必须是有限的，即对其产品的需求价格的弹性必须相当低；③对卡特尔产品的需求必须是相对稳定的，否则，卡特尔就不得不经常变更协议内容，从而增加管理和维持卡特尔的难度；④生产者必须愿意和能够保留足够数量的产品以影响市场。

当然，OPEC 的成员并不仅仅沙特和科威特两个国家，因而在整个 20 世纪 60 年代 OPEC 的成功都是有限的，持续扩展的石油供给导致在 1960~1970 年原油的名义价格实际上处于下降阶段。1973 年中东战争爆发，沙特阿拉伯主动大幅度削减产量使得 OPEC 组织趋于稳定。同时，对卡特尔契约的任何违反也会引发其他成员的惩罚。事实上，20 世纪 90 年代伊拉克之所以出兵科威特，很大程度上就在于对科威特偷采石油的不满。同样，几乎每届美国政府都会发动战争，也在于它认为那些作为"小猪"的其他国家的机会主义行为损害了美国的利益。

智猪博弈典型地体现在集体投资和集体监督中：那些弱势成员往往具有"搭便车"的占优策略，而那些强势成员则不得不承担起更大的责任。例如，在股份公司中，大股东往往承担着监督管理层的职能，因为大股东从监督管理层努力工作中获得的收益明显大于小股东。同样，一些大国也往往不成比例地分担多国组织如联合国或北约组织的经费，一些社区的公共设施也主要是部分富豪捐建的。我们用两个博弈矩阵来加以说明：在如图 2-15 所示的公共品供给博弈中，富人往往会供给公共品或慈善捐款的大多数，穷人则更倾向于"搭便车"；在如图 2-16 所示的修路博弈中，在城市和省区之间的接头公路往往是由发达省市修筑，发达地区总要不成比例地承担这些公共物品（如道路、桥梁、河道等）的费用。

富人		穷人	
		提供	不提供
	提供	10, 5	5, 10
	不提供	20, −5	0, 0

图 2-15　公共品供给博弈

大城市		小城市	
		修筑	不修筑
	修筑	20, 8	15, 10
	不修筑	25, −5	0, 0

图 2-16　修路博弈

再如，在中国近年兴起的山寨货中，也存在典型的搭便车问题。以山寨手机为例：近几年苹果 iPhone 风靡全球，抢占了绝大部分的市场份额，从而也因高额的毛利率而获得了巨额利润；问题是苹果公司刚推出一款产品后，山寨制造商就马上进行模仿而抢占市场份额，企图从市场中分一杯羹并获得不菲的利润。既然如此，苹果公司为何又会单方面地搞创新呢？关键就在于，苹果公司是手机行业的老大，拥有庞大的市场规模和强大的创新能力，能够通过精确而高效的市场调研了解市场动向，因而可以在手机创新和变革中获取大量利润。相反，其他一些厂商由于创新能力以及营销实力的不足，不仅无力推出新产品，而且所推出的新产品往往也难以获得市场的认可，因而就选择模仿和制造山寨货。因此，苹果公司和其他小厂商面对的博弈情境就如图 2-17 所示的博弈矩阵，其博弈均衡必然是苹果公司从事研发，而小厂商则采取跟随策略。

苹果		小厂商	
		创新	模仿
	创新	20, 5	15, 10
	模仿	30, -5	0, 0

图 2-17 苹果公司与山寨小厂的博弈

3. 少数派的关键力量

在一些情景中，少数还起到集体行动的关键角色。在夏普利联盟中的关键加入者、在最小获胜联盟中的关键党派以及在大型选举中的关键中间选民等都起到关键少数的作用，他们都可以获得比自身实力更大比重的利益份额。例如，美国总统投票日来临之前，两党候选人几乎都把自己全部的精力和竞选广告投放到了少数几个尚未做出"站队"决定的摇摆州，原因很简单，因为这些州的人口虽然不多，但大选的最终结果却是由他们投出的"关键一票"所决定。同样，在 2010 年的大选中，英国的自民党就起到了关键少数的角色，正是它决定加入政见相左的保守党阵营，才避免了新政府的组建危机，相应地，尽管自民党只拥有少数议席，但它在联合政府中却获得了副首相职位。

事实上，现代政党要能够为集团及其所代表的阶层谋取利益，关键是要在选举中获胜，为此，它们就必须扩大其选民的范围直到足以取得政权，甚至通过联盟来取得政权。同时，为了使得本集团利益最大化，西方社会的政党在选举过程和政权组建过程中又呈现出明显的最小获胜联盟特征。具体表现为：①那些竞选失利的一方总想方设法吸引大联盟中受到不公正对待的成员，而执政联盟中利益被忽视的成员则会利用在野政党的力量来寻求更多的利益；②由于能够分配的总利益不变，获胜联盟的所有党派都想占据尽可能多的职位，因而获胜联盟中某一党派总是想让那些尽可能小的某些党派进入内阁以能确保多数派的地位。事实上，获胜联盟的成员往往期望这个联盟足够小并且获胜，这样就可以在足够少的成员之间瓜分执政的租金。同时，为了维持执政联盟，大政党又会对小党派进行让利，甚至委曲求全，而小党派则往往坚持自己的特殊要求。

合纵连横，共破强敌

1. 缘起：存活率更高的蹩脚枪手

假设有三个枪手进行决斗，枪手甲的命中率为80%，枪手乙的命中率为60%，枪手丙的命中率为40%。那么，作为最弱势（命中率最低）的枪手丙应该采取什么策略以提高自己的存活率呢？在这三人中谁的存活率最高呢？通常的观点认为，枪手甲的存活率最高，但实际上却并非如此。我们分两种情况进行探讨：①同时开枪的情况；②轮流开枪的情况。

首先来看同时开枪的情况。在这种情况下，枪手甲的第一枪首先开向枪手乙，因为枪手乙的威胁最大；枪手乙的第一枪则会开向枪手甲，因为只有首先把甲干掉，在第二轮和丙对决中胜算才较大；丙的第一枪自然也要开向枪手甲，因为在第二轮中与枪手乙对决要比与枪手甲对决获胜的概率更大。因此，第一轮后甲存活下来的概率为：$(1-0.6)\times(1-0.4)=0.24$；乙存活下来的概率为：$1-0.8=0.2$；丙存活下来的概率为1。因此，在第一轮过后存活率最高的是枪手丙。在第二轮中，枪手开枪还是如此，如果甲还活着，乙和丙都会向甲开枪；如果甲死了，丙和乙则互射。同时如果乙还活着，甲也会向乙开枪；如果乙死了，甲和丙则相互开枪。因此，第二轮过后甲存活下来的概率是：$0.24\times[0.2\times(1-0.6)\times(1-0.4)+(1-0.2)\times(1-0.4)]=0.127$；乙存活下来的概率是：$0.2\times[0.24\times(1-0.8)+(1-0.24)\times(1-0.4)]=0.101$；丙存活下来的概率是：$0.2\times0.24+0.24\times(1-0.2)\times(1-0.8)+0.2\times(1-0.24)$

$\times (1-0.6) + (1-0.24) \times (1-0.2) = 0.755$。显然，第二轮过后丙的存活率也远远高于甲和乙。

其次，看轮流开枪的情况。这里假设三人在每个顺位上开枪是随机的，概率都是 1/3。在顺序是甲、乙、丙、甲、乙、丙……的情况下，甲首先向乙开枪，如果乙存活下来，乙会回击甲，而丙则向甲、乙中存活下来的开枪，如果都存活则向甲开枪。这样，第一轮过后各自的存活概率是：甲为 $0.8 \times (1-0.4) + 0.2 \times (1-0.6) \times (1-0.4) = 0.528$；乙为 $0.2 \times [0.6 \times (1-0.4) + 0.4 \times 1] = 0.152$；丙为 1。相应地，第二轮过后各自的存活概率是：甲为 $0.528 \times \{0.152 \times [0.8 \times (1-0.4) + 0.2 \times (1-0.6) \times (1-0.4)] + (1-0.152) \times [0.8 + 0.2 \times (1-0.4)]\} = 0.454$；乙为 $0.152 \times \{0.528 \times 0.2 \times [0.6 \times (1-0.4) + 0.4 \times 1] + (1-0.528) \times [0.6 + (1-0.6) \times (1-0.4)]\} = 0.072$；丙为 $0.528 \times 0.152 + (1-0.528) \times 0.152 \times (1-0.6) + (1-0.152) \times 0.528 \times (1-0.2) + (1-0.528) \times (1-0.152) = 0.867$。第二轮过后丙的存活率依然很高。依此类推，可以分析其他顺位情况。

不过，如果三人中第一顺位者是丙，他该怎么办？首先，丙可以朝甲开枪，因为甲的威胁最大；即使打不中，甲也不太可能回击，因为对甲构成更大威胁的是乙。如果丙打中了甲，下一轮乙就可以直接向丙开枪了。在这种情况下，丙的最佳策略是不打中任何人。这样，后位者无论是甲还是乙，他们都会相互开枪，这样，丙就可以占据有利地位。

2. 合纵连横的历史案例

上述例子说明，在多人博弈中由于复杂关系的存在而常常会产生出人意料的结局，其关键在于博弈方策略的运用，而不仅取决于各自的实力对比。普鲁士军事理论家克劳塞维茨（C. Von Clausewitz）说，战争不过是一场较大规模的决斗。因此，三个快枪手的决斗模型也适用于关于战争的分析。在人类历史上，存在着大量合纵连横的故事，那些最强大者并不一定成为赢家。

例 1 "晋阳之围，三家分晋"的故事。春秋末期，中原霸主晋国的国君权力衰落，实权由韩、赵、魏、智、范、中行六家把持，他们各拥地盘和武装并互相攻打，后来范、中行两家被灭，只剩下智、赵、韩、魏四家，其中又以智家的势力最大。专擅晋国国政的智家大夫智伯瑶想侵占其他三家的土地，就以公家的名义迫使他们交出土地，他说"晋国本来是中原霸主，后来被吴、越夺去了霸主地位。为了使晋国强大起来，我主张每家都拿出一百里土地和户口来归给公家。"尽管三家大夫都知道智伯瑶心存不良，但三家却不齐心，于是，韩康子首先把土地和一万家户口割让给智家，魏桓子不愿得罪智伯瑶也出让了土地和户口。赵襄子却不答应，因而智伯瑶就攻打赵氏，并胁迫韩、魏两家出兵。赵襄子退居晋阳固守，智伯围困晋阳两年而不能下，于是就引晋水淹灌晋阳城。危急中，赵襄子派张孟谈说服韩、魏两家倒戈，放水倒灌智伯军营，大破智伯军，擒杀智伯瑶，最后，三家尽灭智氏宗族，瓜分其地。晋阳之战之后，韩、赵、魏三家派使者去洛邑见周威烈王，要求封为诸侯，于是，周威烈王正式封三家为诸侯，后来三家又瓜分了晋公室剩余土地，这就是"三家分晋"，韩、赵、魏三国则被合称为"三晋"。

例2　战国末期的合众连横。战国末期的主要诸侯国只剩下秦、楚、燕、韩、赵、魏、齐七国，是为"战国七雄"。其中，秦国的势力最大，并且雄心勃勃要统一各国，但势力还不足以一举攻破六国。在这个时候，苏秦游说东方六国君主实施"合纵"之策，通过合作共同抵抗强大的秦国，使强秦几十年不敢轻易东进。事实上，苏秦"合纵"之前的东方六国只知自保，甚至相互间战争不断，这给了秦国坐山观虎斗得渔翁之利的良机。苏秦的"合纵"使东方六国彼此消除了敌对状态，共同把矛头指向了秦国，若秦国东犯六国之一，其他五国会派兵援助，以六国合力与秦国对峙。当然，与"合纵"之策相对应的就是"连横"之策。苏秦死后，张仪在秦国得到重用，推行远交近攻的"连横"策略：张仪首先出使楚国，以离间计游说楚王与秦交好，共同防范齐国，从而拆散当时六国中最为强大的齐、楚联盟，接着又如法炮制使其他各国间的"合纵"土崩瓦解。结果，雄心勃勃的秦王嬴政先后灭掉了韩、赵、魏、楚、燕、齐六国，只用了九年时间便建立了中国历史上第一个统一的、多民族的王朝。

秦国统一六国的过程如下。秦国首先选择的攻击目标是当时六国中实力最强的赵国，因为它最有一统天下的可能，也是秦国走向统一道路的最大障碍。尽管长平之败后赵国就一蹶不振，但还没有到不堪一击的地步。于是，秦国对六国中最为弱小的韩国采取扶植亲秦势力以逐步肢解的策略，公元前230年派韩国降臣腾率军灭韩。公元前229年，秦国利用反间计使得赵国处死名将李牧、司马尚，并在一年后灭赵国。在攻打赵国过程中，魏王迫于秦国的强大威力主动向秦进献出丽邑以求缓兵，而秦国也不想分散兵力攻魏而接受了献地；赵国被灭后的公元前225年，秦将王贲引黄河、鸿沟之水灌注大梁，魏国灭亡了。灭赵的过程中秦国大军已兵临燕国边境，燕太子丹派名士荆轲刺秦王，使得秦王嬴政深恨燕国；灭赵后立即大举进攻燕国，公元前226年燕王喜杀掉太子丹并将其首级献给秦国以求休战。于是，秦国得以将主力调往南线进行一场最艰难的灭楚之战，此时楚国正发生内乱，并于公元前223年杀死楚军统帅项燕并俘虏楚王。事实上，楚国地大而物博，国力雄厚，而且民风彪悍，是被认为最有希望打败秦国的国家。公元前222年，南方灭楚的大军又乘胜降服了越君，接着又派王贲攻伐燕国在辽东的残余势力，燕国彻底灭亡。最后，公元前221年，秦始皇命王贲率秦军从燕国边界南下进攻齐国，王贲以迅雷不及掩耳之势猝然攻入齐都临淄，齐王建入秦投降。

历史上不仅有弱势者联合抵抗强敌的合众之策，也有强势者集中力量将敌人逐个消灭的连横之策。上面所讲的合纵之策同时也都伴随着连横之策：在三家分晋中，智氏采取连横之策逐个削弱韩魏赵的势力；在三国后期，魏晋则成功瓦解了吴蜀联盟而逐个征服；刘邦则是通过连横之策逐个歼灭异姓王而巩固了新兴的汉政权。几乎所有的势力在壮大过程中都或多或少地采用了这种策略，分化离间敌人，从而最终成为霸主。例如，罗马人在扩张过程中，就把越来越多的被征服者纳入自己的组成部分，享受同等待遇并遵守同样纪律，并由此征服新的国家和地区。法理学奠基人孟德斯鸠写道："由于罗马人总是把被征服者的人们看成是取得未来的胜利的工具，因而他们就把他们所征服的一切民族变成士兵；在征服别的民族时他们付出的力量越大，他们也就越发认为这个民族值得并入自己的共和国。因此我们就看到，经过二十四次胜利才被征服的撒姆尼特人就为罗马提供了辅助的军队；而在第二次布匿战争之前不久，他们从他们自己和他们的同盟者，也就是从绝不比教皇领地或那波里王国来得大的一块地方，征集了七十万步兵和七万骑兵来对抗高卢人。"

集中优势，以弱胜强

1. 缘起：纳粹德国的闪电战

回顾历史，我们对纳粹德国侵占欧洲诸国的速度之快往往会发出由衷感慨。从 1939 年 9 月 1 日至 10 月 6 日，德国花了 36 天占领波兰；1940 年 4 月 9 日一天内占领丹麦；1940 年 4 月 9 日至 6 月 10 日共 63 天占领挪威；1940 年 5 月 10 日至 5 月 28 日共 19 天占领比利时；1940 年 5 月 10 日一天内占领卢森堡；1940 年 5 月 10 日至 5 月 14 日共 5 天占领荷兰；1940 年 5 月 10 日至 6 月 18 日共 40 天占领法国；1941 年 4 月 5 日至 4 月 15 日共 11 天占领南斯拉夫；1941 年 4 月 6 日至 5 月 31 日共 56 天占领希腊。

其实，当时德国军队的力量并不比欧洲其他国家的联合力量强，那么，德军为何能够如此快速地攻陷这么多国家的呢？关键就在于它的策略选择：以最少的兵力和最快的速度发动攻势。

2. "上校博弈"的分析

博弈论中给出了相关的"上校博弈"：在一个两人参与的零和博弈情境中，博弈方需要同时在一些对象中分配有限的资源，其最后的收益是单个对象收益之和。该博弈的原初刻画是：一个上校要找到在 N 个战场里士兵的最佳分布，其条件为：①每一个战场，分派较多士兵的一方会胜利；②双方都不知道对方在每个战场上分派了多少的士兵；③赢了较多战场的一方是最后的赢家。例如，假设战争双方各有六个兵团，在三个战场进行对峙，那么，他们应该如何排兵布阵呢？显然，六个兵团只可能有三种可能的选择：(2, 2, 2)、(1, 2, 3) 和 (1, 1, 4)。其中，(1, 1, 4) 对 (1, 2, 3) 打成平手，(1, 2, 3) 对 (2, 2, 2) 打成平手，而 (2, 2, 2) 胜过 (1, 1, 4)，因此，该博弈的最佳策略就是 (2, 2, 2)。相应地，如果兵团是 12 个，同样可以证明 (2, 4, 6) 是最佳策略。不过，如果兵团数量大于 12，则不存在最佳的决定策略。如果兵团数是 13，那么，以概率各 1/3 来选定 (3, 5, 5)、(3, 3, 7) 和 (1, 5, 7) 是最佳概率策略。

在"二战"中按照当时的兵力对比，英国、法国、比利时、荷兰、卢森堡拥有 147 个师军队，兵力与 136 个师的德军实力相当。然而，尽管 1939 年 9 月 3 日，英国和法国就因为利益争夺而对德国宣战，但英法联军实际上是宣而不战，德法边境上只有小规模的互射，而没有进行大的战役。英国和法国把希望寄托在他们自认为固若金汤的马奇诺防线上，但德军没有攻打马奇诺防线，而是首先攻打比利时、荷兰和卢森堡，并绕过马奇诺防线从色当一带渡河入法国。也即，在进攻法国时，德国有两种选择：①从两国接壤的边境发起进攻；②借道比利时和卢森堡。由于法国修筑了漫长的马奇诺防线严阵以待，因而德军分成 A、B 两个集团：左翼的 A 集团军群指挥强大的装甲部队从卢森堡和比利时东部的阿登森林地区进入法国，这是德国的主攻方向，右翼 B 集团军群则向比利时进军迎战英法联军。结果，仅十多天时间，德国装甲部队就横贯法国大陆，直插英吉利海峡岸边，驻守在法国和比利时边境近 40 万英法联军被断了后路，只剩下敦刻尔克这个仅有万名居民的小港可以作为海上退路，这就是"敦刻尔克大撤退"。

这里作一简单的博弈论分析：假设进攻方德军有两个集团军，防守的英法联军有三个集团军，每个集团军的战斗力相同，因而两军相遇时人数多者胜，同时，人数相等时则守方获胜，这是由于"易守难攻"，此外，进攻方只要在一处突破就获胜。因此，进攻方德军有三个进攻策略：策略一，两个集团军集中向马奇诺防线进攻；策略二，兵分两路，一个集团军向马奇诺防线进攻，一个集团军向阿登山区进攻；策略三，两个集团军集中向阿登山区进攻。防守方英法联军有四种防守策略：策略一，3 个集团军集中防守马奇诺防线；策略二，两个集团军防守马奇诺防线，一个集团军防守阿登山区；策略三，1 个集团军防守马奇诺防线，两个集团军防守阿登山区；策略四，三个集团军集中防守阿登山区。其博弈矩阵如图 2-18 所示。

		英法联军			
		策略一	策略二	策略三	策略四
德军	策略一	-1, 1	-1, 1	1, -1	1, -1
	策略二	1, -1	-1, 1	-1, 1	1, -1
	策略三	1, -1	1, -1	-1, 1	1, -1

图 2-18　马奇诺防线保卫战博弈

显然，在如图 2-18 所示的博弈矩阵中，德军没有劣策略，英法联军却有劣策略一和策略四。事实上，英法联军选择策略一劣于策略二，英法联军选择策略四劣于策略三。因此，英法联军不会选择策略一和策略四，这一信息是共同知识。消除这两个策略后，上述博弈就简化成如图 2-19 所示的矩阵结构。显然，在缩小了的博弈矩阵中，德国的策略二是劣策略，因而它不会选择，这一信息也是共同知识。因此，该博弈又可进一步简化为如图 2-20 所示的博弈矩阵。在这个博弈矩阵中，最后结果取决于双方的策略选择。真实的结果就是，德军集中兵力攻打阿登山区，而英法联军则集中兵力在马奇诺防线上，从而导致英法联军的溃败。

		英法联军	
		策略二	策略三
德国	策略一	-1, 1	1, -1
	策略二	-1, 1	-1, 1
	策略三	1, -1	-1, 1

		英法联军	
		策略二	策略三
德国	策略一	-1, 1	1, -1
	策略三	1, -1	-1, 1

图 2-19　马奇诺防线保卫战博弈的缩小矩阵
（一）

图 2-20　马奇诺防线保卫战博弈的缩小矩阵
（二）

3. 优势集中的历史战役

与马奇诺防线保卫战博弈相对应，"二战"后期的 1944 年，战争形势发生了转折，英美盟军决心展开一场解放欧洲的重大战役。在这场对决中，德军成为防守方，而英美盟军成为进攻方，不过，两者的兵力依然比较接近，较量的结果依然取决于策略运用。英美盟军选择登陆的地点可能是诺曼底海滩或者加来港，而德军决心要阻击这次行动，为了阻击成功，它必须将重兵部署在盟军的登陆点。显然，如果盟军在德军部署重兵的地方登陆，就完全失败，而如果德军部署错了地点，将从此崩溃。战争的真实情形是：盟军成功运用了双重特工、电子干扰以及在英国东南部地区伪装部队及船只的集结等一系列措施，使德军统帅部在很长时间里对盟军登陆地点、时间都作出了错误判断，甚至在盟军诺曼底登陆后仍认为是牵制性的佯攻，结果，德军在加来部署了23个师，而在诺曼底仅部署6个师加3个团，而盟军则在诺曼底上集中了39个师。最终，盟军成功在诺曼底登陆，开启了解放欧洲的篇章。

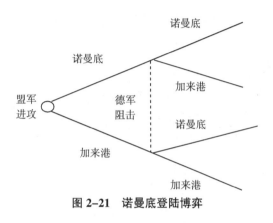

图 2-21 诺曼底登陆博弈

"集中优势，寻找突破"也体现在"二战"期间日本侵略中国的整个过程中。1931年9月18日，日本在沈阳制造九一八事变，并在三个多月时间里占领东北全境；1932年1月，日本进犯上海，3月又扶植溥仪成立伪"满洲国"；1933年1~5月，日军先后占领了热河、察哈尔两省及河北省北部大部分土地，并于5月31日迫使国民党政府签署了限令中国军队撤退的《塘沽协定》；1935年9月，日军侵入河北、察哈尔、绥远等省，并策动华北自治，11月汉奸殷汝耕在通县成立"冀东防共自治委员会"；1937年7月7日，日军制造卢沟桥事变，开始全面侵华；1937年8月，日军大举进攻上海，11月占领上海，12月13日攻下首都南京；1938年3月28日，日本策动在南京成立伪中华民国维新政府，4月日军进攻徐州，并攻取安庆、合肥、汉口、武昌、汉阳等；1938年12月，日本与汪精卫在沪签订《日支新兴关系调整要纲》，将东北割让给日本，绥远、察哈尔、山西北部、华北、长江下游和华南岛屿由日军长期占领；1940年3月20日，日本扶持汪精卫正式成立汪伪国民政府，充分实行"以华治华"和"以战养战"的政策；1944年4月，日本发动豫湘战役，至 8 月先后占领郑州、长沙、衡阳等地，9 月发动柳桂战役，12 月攫取了大陆交通线。

显然，上述一系列的战争博弈都表明，总兵力占优势的一方并不能保证在某个局部可以获得优势，处于弱势的一方可以集中优势兵力，在某一个方向或某一场战斗中取得胜利，并逐步积累胜利成果最终取得整个战役的胜利。这就是"集中优势，以弱胜强"的道理。在中国历史上以弱胜强的战役举不胜举，例如，邓艾就从四面崇山峻岭、地势险要的阴平小路绕过蜀军正面防御的剑门关，直捣蜀都成都，蜀国皇帝刘禅只得出城投降。同样，在企业竞争中，资本、规模、品牌、人力等都处于劣势的企业，也可以在某个局部市场上集中所有的资源并加以整合，形成细分市场上对强势企业的优势，从而成为市场竞争的赢家。

抛弃绥靖，果断摊牌

1. 缘起：一战前的绥靖政策

1919 年 6 月 28 日在巴黎的凡尔赛宫签署的《凡尔赛和约》规定，①莱茵河西岸的领土（莱茵兰）由协约国军队占领 15 年，东西岸 50 公里以内德军不得设防；②陆军被限制在 10 万人以下，并且不得拥有坦克或重型火炮，取消德军总参谋部的设置；③海军员额限制在 1.5 万人以下，船舰方面只能有 6 艘排水量万吨战列舰、6 艘巡洋舰和 12 艘驱逐舰，并不准拥有潜水艇；④不得组织空军；⑤为了限制接受军事训练的人数，废除义务兵役制，士官士兵的役期延长到 12 年、军官 25 年。在某种意义上，"一战"后，英法美是占有市场的在位者，而德国则是丧失了市场的潜在竞争者，但希特勒上台不久就开始尝试侵食"一战"中失去的市场。

1935 年 3 月 16 日，希特勒宣布德国军队将重整军备，并实行兵役制，这破坏了《凡尔赛和约》中德国军队人数不得超过 10 万人最高限额的规定。但是，这些行动仅仅遭到了英国和法国的正式抗议，而没有任何实际的惩罚行动，两国似乎更重视加强条约中有关经济制裁方面的条款。在第一次冒险中尝到甜头后，1936 年 3 月 7 日希特勒又派兵进驻莱茵兰，这也违反了《凡尔赛和约》中莱茵兰是非军事区的规定。但同样，这次行动也没有遭到英法的阻止。接着，德国开始侵占同文同种的奥地利，并在 1938 年 3 月 12 日正式宣布兼并奥地利，这又违反了《凡尔赛和约》中"德国承认奥地利独立并永远不得与它合并"的规定。奥地利到手后,希特勒又将注意力转向捷克斯洛伐克,提出了捷克斯洛伐克东北与德国接壤的苏台德区的领土要求。在烦琐的谈判后,英国首相张伯伦与法国总理达拉第在希特勒的武力威胁下采取姑息政策,在慕尼黑会议上放弃苏台德。几个月后的 1939 年 3 月,希特勒又破坏了原先的承诺而占领了余下的捷克领土,斯洛伐克则在 3 月 14 日宣布独立并在 1944 年 9 月成为纳粹国家。

显然,正是"一战"后英法对德国行动的一再退让,最终引爆了第二次世界大战。那么,英法为何会采取这种绥靖政策?这种绥靖政策有何后果?

2. 泽尔腾的"连锁店悖论"

上述例子可以用博弈论中的"连锁店悖论"加以分析。例如,下面两图显示的是进入博弈,其中图 2-22 是完全信息静态博弈,而图 2-23 是完美信息动态博弈。显然,在完全信息静态博弈中,有两个纳什均衡(进入,容忍)、(不进,打击),但是,只有(进入,容忍)才是子博弈精炼纳什均衡,因为进入者率先选择进入后,在位者的最佳策略是容忍。问题是,如果博弈不是一次性的,而是重复多次的,那么,在位者的最佳策略又是什么呢?

进入者 1		在位者 2	
		容忍	打击
	进入	2, 2	-1, 1
	不进	0, 3	0, 3

图 2-22 进入博弈策略型

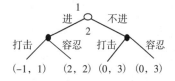

图 2-23 进入博弈展开型

泽尔腾考察了连锁店的例子:假设连锁店在 20 个城市里都有分店,现在有另一竞争者进入该连锁店所在领域。显然,如果竞争者只进入一个市场的话,在位者将不会选择打压。但是,泽尔腾认为,有见识的博弈方预期不会服从上述博弈理论的建议,因为,如果一直采取容忍态度的话,竞争者将在其他城市采取相同策略,最终在位者将失去全部市场;相反,如果对竞争者行为采取打压行动的话,虽然会招致一次性损失,却可能阻止竞争者在其他城市采取类似行动,从而维护在其他城市的市场占有。因此,由于连锁店现在有 20 个市场,在位者就可能为阻止竞争者进入其他 19 个市场而选择打压。显然,在这种扩展型博弈中,就出现了博弈理论推理和可信的人类行为之间的不一致性，这也就是泽尔腾提出"连锁店悖论"问题的核心。

"连锁店悖论"表明，多次重复博弈和一次性博弈所采取的策略往往存在很大差异，因为多次重复博弈中的策略选择往往会对后来的博弈产生影响。例如，我们去旅游景点游玩时，总有摄影师在旁边主动为我们拍照，当我们结束游玩准备离开时，他们就上来试图以 10 元一张将照片卖给我们。游客往往也比较喜欢他们抓拍的照片，但又常常以对照片不满意等理由希望以更低的价格买下来，如出 5 元或者 3 元。然而，尽管如果照片不能卖出，摄影师将一无所获，但摄影师通常会拒绝游客的讲价。为什么呢？就在于他们也面临着一个"连锁店悖论"问题，因为其他游客正聚集在他周围，如果他同意某个游客的讲价，那么，其他游客也会讲价，这样摄影师就会遭受巨大损失。当然，如果有两个以上摄影师同时为你照了相并打算将照片卖给你时，他们更可能会同意你的讲价，这也是我们通常遇到的情形。

3. 绥靖政策与"连锁店悖论"

显然，"一战"后英法的绥靖政策正是在面临"连锁店悖论"时因着眼于每一次小的收益而做出让步并最终导致严重失败的例子。其实，我们可用一个扑克玩讹诈博弈游戏来分析其中的外交谈判策略。规则如下：①甲从由相同数量的黑牌和红牌所组成的一沓牌中抽取一张，然后盖好，这时甲有两种策略选择："博"和"认输"；②如果甲选择"认输"，甲将输给乙 a 元，博弈结束；③如果甲选择"博"，乙也有两种策略选择："摊牌"和"认输"；④如果乙选择"认输"，则不管甲抽到的是黑牌还是红牌，乙都要输给甲 a 元；⑤如果乙选择"摊牌"，那么，甲抽到黑牌时乙输给甲 b 元，而甲抽到红牌时甲输给乙 b 元，其中 b > a。

显然，甲如果抽到黑牌，必然会选择"博"，因为这样他至少可以赢得 a 元。如果甲抽到红牌，则会有两种纯策略：抽到红牌就认输的不讹诈策略和抽到红牌也要"博"的讹诈策略。同时，在甲选择"博"时，乙有两种纯策略：只要甲"博"就要求摊牌的摊牌策略和只要甲"博"就认输的不摊牌策略。这样，该博弈矩阵可表示为图 2-24。

其中的支付收益解释如下：①设甲采取讹诈策略，乙采取摊牌策略。如果甲抽到红牌，则甲赢得 -b；如果甲抽到黑牌，甲赢得 b。因为甲抽到黑牌

甲	乙	
	摊牌	不摊牌
讹诈	0, 0	a, −a
不讹诈	(b−a) /2, (a−b) /2	0, 0

图 2-24　讹诈博弈

和红牌概率都是 1/2，相应地，甲赢得 b 和−b 概率都是 1/2，因而甲的期望收益是 0。②设甲采取讹诈策略，乙采取不摊牌策略。每局甲不管什么牌都"博"，而乙都认输，因而每局甲的收益都是 a。③设甲采取不讹诈策略，乙采取摊牌策略。甲以 1/2 的概率抽到黑牌时选择"博"，乙要求摊牌，结果甲赢得 b；甲以 1/2 的概率抽到红牌时认输，结果盈利为−a。因此，甲的期望收益为 (b−a)/2。④设甲采取不讹诈的策略，乙采取不摊牌的策略。甲以 1/2 的概率抽到黑牌时选择"博"，乙认输，结果甲赢得 a；甲以 1/2 的概率抽到红牌时认输，结果赢得−a。因此，甲期望盈利是 0。

那么，在这种情况下，乙应该采取何种策略呢？显然，乙的目的就是使得甲的得益最小。因此，假设乙摊牌的概率为 q_1，不摊牌的概率为 q_2，其中 $q_1 + q_2 = 1$。那么，最优条件为：E 甲{讹诈} = E 甲{不讹诈}。即有，$0 \times q_1 + a \times q_2 = (b-a) \times q_1/2 + 0 \times q_2$。求得：$q_1 = 2a/(b+a)$，$q_2 = (b-a)/(b+a)$。即乙的最优混合策略为 q = {2a/(b+a), (b−a)/(b+a)}。同样，假设甲讹诈的概率为 p_1，不摊牌的概率为 p_2，同样的思路可以求得，甲的最优混合策略 p = {(b−a)/(b+a), 2a/(b+a)}。

在这个游戏中，甲之所以会选择"博"，就在于"博"的收益 b 要大于诚实的收益 a，而且，两者的差距越大，甲越倾向于"博"。实际上，可以将甲的最优混合策略写为：p = {[(b/a)−1]/[(b/a)+1], 2/[(b/a)+1]}。从中就可以看出，p 取决于 b/a。显然，当 b/a 接近 1，p 接近 0；也即，如果 b 与 a 相差无几时，甲采用讹诈策略的概率将非常小。同样，乙的最优混合策略可写为：q = [(2/[(b/a)+1]), ([(b/a)−1]/[(b/a)+a])]。从中可以看出，乙的最优混合策略正好相反：b/a 越大，采取摊牌策略的概率就越小；也即，b 和 a 越接近，就越应该采取摊牌策略。关于 b/a 对博弈双方策略的影响，如表 2-7 所示。

表 2-7　收益对策略的影响

b/a	P_1	P_2
1	0%	100%
2	33%	67%
9	80%	20%
19	90%	10%
99	98%	2%

上面的讹诈博弈表明，当存在巨大的潜在收益时，施动方的讹诈动机就非常强烈，而且如果回应方采取不摊牌策略的话，讹诈方将会不断获取更大利益。事实上，在慕尼黑谈判时，英法试图努力安抚纳粹德国，从而注定德国不会吃亏。但实际上，如果此时作为回应方的英法敢于承担谈判破裂的风险的话，采取摊牌策略反而会损失更小。不幸的是，张伯伦不敢摊牌，结果，希特勒看出了英法绥靖求和的心态，从而在谈判中一味加码，要价越来越高，最终导致捷克斯洛伐克的沦陷和第二次世界大战的爆发。

利用信息，获取收益

1. 缘起：罗斯柴尔德家族的故事

罗斯柴尔德家族（Rothschild Family）是欧洲乃至世界久负盛名的金融家族，在 19 世纪的欧洲，罗斯柴尔德几乎成了金钱和财富的代名词，到了 20 世纪初世界主要黄金市场也由该家族所控制，这个家族建立的金融帝国影响了整个欧洲乃至整个世界历史的发展。那么，罗斯柴尔德家族是如何发迹并累积其巨额财富的呢？罗斯柴尔德家族非常具有远见地建立了自己的战略情报收集和快递系统，构建起数量庞大的秘密代理人网络，这些类似战略情报间谍的人被派驻欧洲各大城市、重要的交易中心和商业中心，各种商业、政治和其他情报在伦敦、巴黎、法兰克福、维也纳和那不勒斯之间往来穿梭。正是凭借这些高效的信息系统，罗斯柴尔德银行在几乎所有的国际竞争中处于明显的优势，其中最为经典的经济之战是在拿破仑战争期间。

1815 年 6 月 18 日，在比利时布鲁塞尔近郊展开的滑铁卢战役，不仅是拿破仑和威灵顿两支大军之间的生死决斗，也是成千上万投资者的巨大赌博。伦敦股票交易市场的空气紧张到了极点，赢家将获得空前的财富，输家将损失惨重，所有的人都在焦急地等待着滑铁卢战役的最终结果。如果英国败了，英国公债的价格将跌进深渊；如果英国胜了，英国公债将冲上云霄。此时，罗斯柴尔德的间谍们也在紧张地从两军内部收集着尽可能准确的各种战况进展的情报，并随时负责把最新战况转送到离战场最近的罗斯柴尔德情报中转站。到傍晚时分，拿破仑的败局已定，罗斯柴尔德快信传递员亲眼目睹了战况，通过这个高效的系统将信息快速传递到内森·罗斯柴尔德手里。内森先暗示家族的交易员抛售英国公债，误导交易所的其他投资者以为是英国将军威灵顿战败而跟风大量抛售，当几个小时的狂抛后英国公债的票面价值仅剩下5%时，内森又立刻示意交易员买进市场上能见到的每一张英国公债。拿破仑战败的消息公布于众比内森获得情报时整整晚了一天，而正是在这一天之内，内森在公债投机上狂赚了20倍的金钱，超过了拿破仑和威灵顿在几十年战争中所得到的财富总和。

这个故事说明了信息在经济战等博弈中的关键性作用，罗斯柴尔德家族正是凭借独有的信息首先得知滑铁卢等战役的胜负结果而在债券交易中获取巨大收益。

2. 信息在市场博弈中的作用

事实上，在博弈中，尽管博弈方可以利用共同知识进行准确的判断，但更多情境中信息却是不完全和不对称的，在这种情况下，博弈方策略选择的优劣往往取决于他所拥有的信息。尤其是，在信息不对称的情境中，那些掌握信息的人往往可以在博弈中掌握主动，可以选择最优的策略。例如，在田忌赛马博弈中，田忌只有掌握了齐王的出马顺序，才能够安排自己的最优出马顺序，从而取得胜利；在监察博弈中，无论是监察者或委托人还是被监察者或代理人，任何一方掌握对方的信息都可以获得最优策略。其实，零和博弈就是一种猫和老鼠间的智力游戏，在动画片《猫和老鼠》中老鼠杰瑞为何能够一次又一次成功逃过汤姆猫的魔掌呢？就在于老鼠尽早地掌握了信息，事先做了充足的准备，从而得以化被动为主动。

在很大程度上，权力就是信息的函数，信息是权力的重要基础，谁掌握了信息也就拥有了权力。相应地，权力的根源就在于信息的不对称，它对博弈结果产生深远的影响。信息经济学家阿洪（Philippe Aghion）和2014年诺贝尔经济学奖得主泰勒尔（Jean Tirole）就区分了实际权力和法定权力，他们认为，具有优先信息的人可能具有有效的权力，即使他不具有法定权力，因为具有法定权力的人——所有者——可能会遵循他的建议。尤其是，信息的分布状况往往决定了那些零和博弈情境下的收入分配结果。例如，在双头垄断博弈中，如果双方并不知道达成交易能实现的总利润究竟有多少，或者不知道对方的成本状况，那么，双方都会尽量隐瞒自己的信息，争取更多的收益，从而就更难以达到等量分割点。再如，在劳资谈判中，由于信息的明显不对称，就不能公平化双人的谈判局势，结果只能是由谈判前双方的期望水平和对谈判结局的预期来决定。

因此，信息结构对博弈均衡和收益分配具有根本性的影响，因为博弈力量本身就是信息的函数。在很大程度上，正是信息结构的不对称，造成了现实生活中收入分配不公正。例如，美国的印第安人自愿同意以 24 美元的价格将曼哈顿的土地卖给荷兰人，这种交易是公平的吗？所以，有人就提出，如果不能得到可供交易者选择的方案的全部信息，那么，这样的交易就是不道德的，交易的一方不公正地欺骗了另一方。曾任美国约翰逊总统经济顾问委员会主席的奥肯（Arthur Okun）也一语中的地指出，水门事件所披露出来的关于殷富的牛奶生产者的内幕，有助于弄清为什么 20 万牛奶生产者通常能够击败两亿牛奶消费者。

3. 一个合作博弈的模型说明

即使在合作博弈的情形中，分工产生了合作剩余，但合作剩余的分配却依赖于信息结构，那些拥有更多信息的成员往往可以获得更大的收益份额。这里，以分工收益的分配来说明信息不对称对分工收益的影响。

我们假设：有两个相同的消费者—生产者，生产和消费 x、y 两种产品。这两种产品的购买量分别为 x^d 和 y^d，假设，交易费用系数 $1 - k$ 是外生给定的，即购买量的 $1 - k$ 部分在买卖过程中因交易费用而消耗。这样，当购买 x^d 或 y^d 时，实际得到的是 kx^d 或 ky^d。再假设 x 生产具有信息不对称性，只有 x 专业生产者确切地知道产量 Q 的真实值 H，而其他人只知道它的产量 Q 以 1/2 的概率随机地取值 3/2 和 1/2，平均值为 1，同时，y 生产具有完全信息，总产量为 1。

这样，议价过程中的纳什积就为：

$$\text{Max}: V = V_x V_y = \left[(H - X)kY - U_a \right]\left[(1 - Y)kX - U_a \right]$$

得到的纳什议价均衡为：

$$X = H/2, \quad Y = 1/2, \quad p_x/p_y = Y/X = 1/H$$

可见，均衡时的价格与 x 专业生产者的真实生产能力 H 成反比例。因此，x 专业生产者就会努力隐藏自己的信息，低报 H。如果他的真实 H = 3/2，他也会声称是 H = 1/2。

这时：X = 1/4，Y = 1/2，p_x/p_y = Y/X = 2。

x 专业生产者的真实效用为：

$U_x = (H - X)kY = (3/2 - 1/4)k/2 = 5k/8$

而在完全信息时，X = 3/4，Y = 1/2，X 专业生产者的效用是：$U_x = (H - X)kY = (3/2 - 3/4)k/2 = 3k/8$

可见，在不完全信息情况下，拥有信息的一方可以从分工中获得更多的好处，即 5k/8 > 3k/8。

当然，由于 y 专业生产者具有信息劣势，他知道 x 专业生产者有可能欺骗，因此就不会相信 x 专业生产者声称的 H = 1/2，而是根据社会常识来进行策略选择，使自己的纳什积的期望值最大化。即：

Max：$EV = V_x V_y = [(3/2 - X)kY - U_a][(1 - Y)kX - U_a]/2 + [(1/2 - X)kY - U_a][(1 - Y)kX - U_a]/2$

得：X = Y = 1/2

当 H = 3/2 时，x 专业生产者的真实效用为：

$U_x = (H - X)kY = (3/2 - 1/2)k/2 = k/2$

不过，在这种情形下，x 专业生产者仍能从分工中获得好处，即 k/2 > 3k/8。

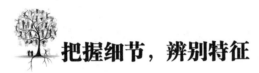

把握细节，辨别特征

1. 缘起：南越国的灭亡

汉初，涵括广东、广西和越南的南越国是汉朝的藩属国，但不是正式的郡县，并时常趁汉武帝出击匈奴之时南下骚扰，汉武帝试图派军队去征服它，但大部分军队在攻打匈奴，南越国又在南岭天险陈兵 10 万。后来，汉朝使臣唐蒙出师南越以修复关系，他在南越吃到一种美味的"枸杞酱"，问是哪里产的，南越国的人回答说，是夜郎产的。唐蒙回来就告诉汉武帝，只需几万兵力就可以平定南越国了。为什么？唐蒙的推理是：①枸杞酱在气候潮湿的南越国非常容易变坏，因而鲜美无比的枸杞酱一定是刚送到的；②枸杞酱产自西南夷的夜郎国，要送到广州，如果走山路经长沙郡后翻过南岭进入南越至少要几十天，因而夜郎国到南越一定有条我们不知道的水路。于是，汉武帝立刻发兵，先占了夜郎国后果真找到一条水路，汉军再从水路出发一直到了广州，于是汉朝在没有主力军队的情况下就攻占了南越并把它变成了郡县。

这个故事说明了什么呢？要善于从细微处精确把握信息，这对策略选择来说是非常重要的，博弈思维中同样也强调这一点。

2. 另一个是男孩的概率

我们再看这样一个问题：一个家庭有两个小孩，其中一个是男孩，问另一个孩子是男孩的概率是多少？通常的反应是 50%，理由是两个孩子的性别是独立的，任何出生的小孩是男孩的概率是 50%。但实际上，这里是指两个孩子中已经有了一个男孩，那么其组合只能是（男孩，男孩）、（男孩，女孩）和（女孩，男孩）三种，因而（男孩，男孩）占其中的概率就是 1/3。相反，如果问题改为：一个家庭已有一个男孩，问再生一个孩子是男孩的概率是多少？此时的答案就是 1/2。因为只有两种结果：（男孩，男孩）和（男孩，女孩）。显然，这个例子告诉我们要充分理解出题者话语中的信息：如果出题者只知道一个孩子的性别且恰好是男孩，那么另一个小孩是男孩的概率就是 1/2；如果出题者知道两个孩子的性别且告诉你其中一个是男孩，那么另一个小孩是男孩的概率就是 1/3。

在这个问题中，关键是要把握提问者透露出的问题信息。同样，在博弈中，要制定正确的战略，关键在于洞识其他博弈方的信息。事实上，当一个博弈方并不知道在与怎样的博弈方进行博弈时，他又如何制定出针对性的策略呢？在黔之驴中，由于老虎从未见过驴这种"庞然大物"，不知道对抗下的"支付"，从而开始害怕这个家伙。在经过一段时期的共处后，老虎通过试探终于发现笨驴并无高能，于是就吃掉了笨驴。这就是一个逐渐掌握信息并在此基础上作出判断的过程。

3. 作弊被抓包下的学生策略

考虑一个作弊博弈：考试时，监考老师怀疑一个学生有作弊行为，那么，在考试结束后，老师可以采取处理和不处理两种策略，被怀疑的学生则可以采取主动承认和刻意隐瞒两种策略。同时，学生是否会采取主动承认的策略取决于老师的性格特征：如果老师属于温和型的，事后往往就不会追查，学生的刻意隐瞒策略就有可能过关。而且，如果老师决定不作处理，那么，学生采取刻意隐瞒策略将是最优的。相反，如果老师属于那种吃软不吃硬的严厉型，在学生不主动承认错误的情况下，更倾向于一查到底，此时学生的刻意隐瞒策略就面临被严厉惩罚的风险。

首先，我们考虑一种不完全信息的静态博弈，在这个博弈中，学生的策略选择在很大程度上就取决于老师的类型，该不完全信息静态博弈可以转化如图 2-25 所示完全但不完美信息动态博弈。也就是说，学生在进行策略选择时，需要多方打听老师的类型。

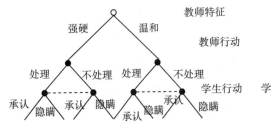

图 2-25　完全但不完美的作弊博弈 I

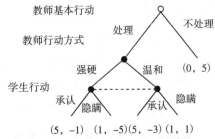

图 2-26　完全但不完美的作弊博弈 II

当然，我们也可以换一种思维，假设老师在发现学生作弊时决定是否处理是已知的，但不同老师所采取的处理方式却存在差异：有的比较温和，有的比较严厉。如果老师是严厉型的，他就会一查到底，就可以将学生的作弊行为查得一清二楚。相反，如果老师是温和型的，那么，他的追查往往只是做个样子，学生采取刻意抵赖的策略往往可以获得成功。这样，这个完全但不完美信息的动态博弈就可表示为图 2-26。同时，也可以将这个博弈扩展型博弈树转化成如图 2-27 所示的策略型博弈矩阵。显然，该博弈有两个纯策略纳什均衡：（强硬，承认）和（温和，隐瞒）。

		学生	
		承认	隐瞒
教师	不处理	0，5	0，5
	强硬方式处理	5，-1	1，-5
	温和方式处理	5，-3	1，1

图 2-27　作弊博弈的策略型

那么，学生究竟该如何正确地选择策略呢？这取决于各种策略所带来的期望收益。

现假设，老师采取强硬方式处理的概率为 P，而采取温和方式处理的概率为 1-P。那么，

学生选择承认的效用期望是：$-1 \times P + (-3) \times (1-P) = 2P - 3$

学生选择隐瞒的效用期望是：$-5 \times P + 1 \times (1-P) = 1 - 6P$

根据期望支付收益等值法，那么就有：$2P - 3 = 1 - 6P$，即 $P = 1/2$。

也就是说，当学生判断 $P > 1/2$ 时，他将采取主动承认策略；而当学生判断 $P < 1/2$ 时，他将采取刻意隐瞒策略。那么，学生如何判断老师可能采取的

处理方式呢？在完全但不完美信息的动态博弈中，对先行者的类型判断不是基于先验概率，而是后行动者通过观察先行动者的行动并依据该行动所依赖的条件概率所做出的后验概率。

在这里，学生判断老师采取强硬方式的概率，主要依据老师采取处理或不处理的行动。假设，所有老师的类型概率是（0.5，0.5），即温和和强硬各半，其中，强硬者倾向于对作弊者进行处理的概率是 0.6，而温和者倾向于对作弊者进行处理的概率是 0.3。那么，在老师已经着手处理的情况下，它可能采取强硬方式的概率为：

$$p(强硬|处理) = \frac{p(强硬) \times p(处理|强硬)}{p(处理)}$$

$$= \frac{p(强硬) \times p(处理|强硬)}{p(强硬) \times p(处理|强硬) + p(温和) \times p(处理|温和)}$$

$$= \frac{0.5 \times 0.7}{0.5 \times 0.7 + 0.5 \times 0.3} = 0.7$$

观察行动，修正信念

1. 缘起：道旁多苦李

《世说新语》中记载了这样一个故事："竹林七贤"之一的王戎小时候和一群小孩在道旁玩耍，他们玩累了在路边休息时发现身边有棵李树，李子挂满枝头把树枝都压弯了。小伙伴们见状都纷纷跑过去摘李子，但王戎却站在原地一副无动于衷的样子。有人问他为什么不去摘李子，王戎笑着说："树长在路边，结了那么多李子，但并没有人去摘，想必李子一定是苦的，不然早就被人摘光了。"那些小伙伴们摘下李子尝了尝，果真都是苦的。王戎从道旁的李树上挂满李子看出长期以来没有人去摘李子，又从没有人摘李子中判断出李子是苦的。

有关王戎的另一个故事是，官府捕到一只老虎，在拔掉虎牙切去虎爪后把它圈在宣武场中供百姓观赏，七岁的王戎听后也想近距离看看老虎到底长的什么样。正当大家都围着栅栏观看时，老虎突然在原地大吼一声站了起来，围观的人吓得纷纷四散奔逃，而小王戎却站在原地没有显出一丝恐惧的表情。事后王戎说："老虎不是没有爪牙了吗，再说它也不可能跳出栅栏，不然的话早就跑了，岂会让我们围着观看！"

这两个故事说明了什么呢？要把握博弈方的特性，不仅要善于观察其他相关信息，尤其是善于观察博弈方的行动，因为行动往往是依赖类型的，从行动中可以获得更多的信息。

2. 市场不规范中的奸商设别

在《博弈论》课堂上，有同学也讲述了这样一个故事：自瘦肉精被曝光以来，消费者对于市场上猪肉店所卖猪肉的品质往往持怀疑态度，但有些店的生意特别旺，每天的猪肉都是先卖完。那么，消费者是如何加以甄别的呢？该同学发现，原来，品质欠佳的猪肉店往往会选用红色的光管照猪肉，从而使得猪肉看起来更加红润和新鲜；而一些档次较高的猪肉店则选用普通光管照猪肉。同时，该同学也发现，有经验的消费者也知道红色光管的作用，因而在观察到某个猪肉店用红色光管照射猪肉时，就可以对这家猪肉店是否出售新鲜猪肉做出合理的判断。正因如此，选用普通光管的猪肉店的生意往往特别红火，而选用红色光管的猪肉店所吸引的往往是生客，而且往往在选用普通光管的猪肉店收摊后才有生意高峰。

事实上，由于法律的不到位以及执法不严，中国社会遇到了严重的食品信任危机：买者购买时不放心，卖者又推销不出去。不过，现实生活中的交易还是照样进行，有经验的消费者还是能够从一些蛛丝马迹中评估食品的优劣，在这个案例中，店主是否使用红色光管就成为消费者判断猪肉品质的一个信号。

更为典型的是二手车市场：由于存在严重的信息不对称，从而会出现明显的逆向选择。此时，高质量产品就难以成交，甚至可能导致整个市场的崩溃。在这种场合，二手车的车主只有成功地向买主显示其产品的质量，买主才会愿意出相应高价格，二手车市场也才可以正常运行。那么，高质量产品如何能够显示其质量信息，从而以高于平均水平的价格卖出呢？例如，高质量产品的卖主向买主附加一个一定期限的保修条款：如果车在一定期限内出了问题，可以免费维修。因为，如果卖主的车有较好的质量，那么，作这样的保修承诺实际上并不需要支付真实的保修费。相反，那些知道其车存在质量缺陷的卖主就不敢作出这样的承诺。这样，买主就可以根据卖主在保修条款中的维修期限和维修范围等确定产品的质量。一般来说，卖主的产品质量越高，敢于承诺的保修期限越长，范围也越宽，因为，在这段期限他不必支付保修费，而低质量产品的买主随着保修时限越长可能支付的保修费越大。因此，在卖主承诺一定的维修条款后，买主也就不再根据平均质量来出价了。

通过观察行动来修正信息往往要用到贝叶斯法则。为说明这一点，这里再举两个"选择的转换"困境进行剖析。

3. 在抽奖游戏中我们如何选择

在一个抽奖活动中，有三张奖券 A、B、C，其中只有一张奖券可获得 100 元的奖品，而另两张奖券没有奖品。现在假设一个活动参与人抽取了奖券 A，而后，活动主持者拿出奖券 B，并告知大家 B 是一张无奖品券。此时，主持人对参与人说，"现在再给你一次机会，你是否要将奖券 A 换成 C 呢？"那么，你如何选择？改还是不改呢？

这个难题是美国专栏作家赛凡特女士提出的，她的大致思路是：如果你选了 A 奖券，你就有 1/3 的机会获得奖品；接着，好心的主持人让你确定奖品确实不在 B 奖券中后，A 号奖券中有奖品的概率还是维持不变，而 C 奖券中有奖品的概率变成 2/3，因为此时 B 奖券的概率转移到了 C 奖券上，因而你应该改选。赛凡特的推理逻辑一经刊登就引来了数以千计的读者来信讨论，但多数读者认为她的推论是错的，主张奖券 A 和 C 中有奖品的概率相同，理由是主持人已经把选择变成了 2 选 1，也不知道哪张奖券中有奖品，因此概率应该跟丢掷铜板一样。

为什么出现这种差异呢？关键在于，主持人为什么要打开奖券 B，就在于他知道奖品在哪张奖券中，而且肯定奖券 B 中没有奖品。显然，如果奖品在奖券 A 中，主持人可以随意打开奖券 B 或 C，但如果奖品在奖券 C 中，主持人就只能打开奖券 B。给定这一思维，我们就可以通过观察主持人的行动来修正奖券 C 或 A 中的有奖品的概率。那么，此时，奖券 C 中有奖品的概率有多大呢？它是否比奖券 A 中奖的概率更大呢？我们根据贝叶斯法则计算如下：

prob（主持人打开奖券 B）= prob（主持人打开奖券 B/奖券 C 中奖）prob（奖券 C 中奖）+ prob（主持人打开奖券 B/奖券 B 中奖）prob（奖券 B 中奖）+ prob（主持人打开奖券 B/奖券 A 中奖）prob（奖券 A 中奖）= $1 \times \frac{1}{3} + 0 \times \frac{1}{3} + \frac{1}{2} \times \frac{1}{3} = \frac{1}{2}$

所以有：

prob(奖券 C 中奖/主持人打开奖券 B) =

$$\frac{\text{prob}(\text{主持人打开奖券 B/奖券 C 中奖})\text{prob}(\text{奖券 C 中奖})}{\text{prob}(\text{主持人打开奖券 B})} = \frac{1 \times \frac{1}{3}}{\frac{1}{2}} = \frac{2}{3}$$

相反，

prob(奖券 A 中奖/主持人打开奖券 B) =

$$\frac{\text{prob}(\text{主持人打开奖券 B/奖券 A 中奖})\text{prob}(\text{奖券 A 中奖})}{\text{prob}(\text{主持人打开奖券 B})} = \frac{\frac{1}{2} \times \frac{1}{3}}{\frac{1}{2}} = \frac{1}{3}$$

显然，有：

prob（奖券 C 中奖/主持人打开奖券 B）> prob（奖券 A 中奖/主持人打开奖券 B）

因此，为了有更高概率中奖，理性的活动参与人会将奖券 A 换成 C。

4. 如何才能享受美女的烛光晚餐

电视台举办一个娱乐活动，演播间设有四扇门，其中一扇门后面站着一位窈窕淑女，而另外三扇门后面则都站着彪形大汉。现有一个年轻小伙参与活动，主持人让他进行选择，并且可以与所选门后面的人士共享烛光晚餐。假设年轻小伙选中了一号门，而后，主持人打开了三号门，发现三号门后面站着的是一位彪形大汉。现在主持人问："再给你一次机会可以重新选择，那么，你是坚持选一号门，还是愿意换选其他门？"那么，年轻小伙究竟该如何选择呢？

根据贝叶斯法则：

prob（主持人打开三号门）= prob（主持人打开三号门/一号门后是美女）prob(一号后是美女)+

prob(主持人打开三号门/二号门后是美女)prob(二号门后是美女)+

prob(主持人打开三号门/三号门后是美女)prob（三号门后是美女）+

prob(主主持人打开三号门/四号门后是美女)prob（四号门后是美女）

$$= \frac{1}{3} \times \frac{1}{4} + \frac{1}{2} \times \frac{1}{4} + 0 \times \frac{1}{4} + \frac{1}{2} \times \frac{1}{4} = \frac{1}{3}$$

所以有：

prob（一号门后是美女/主持人打开三号门）

$$= \frac{\text{prob}（主持人打开三号门/一号门后是美女）\text{prob}（一号门后是美女）}{\text{prob}（主持人打开三号门）}$$

$$= \frac{\frac{1}{3} \times \frac{1}{4}}{\frac{1}{3}} = \frac{1}{4}$$

相反，

prob（二号门后是美女/主持人打开三号门）

$$= \frac{\text{prob}（主持人打开三号门/二号门后是美女）\text{prob}（二号门后是美女）}{\text{prob}（主持人打开三号门）}$$

$$= \frac{\frac{1}{2} \times \frac{1}{4}}{\frac{1}{3}} = \frac{3}{8}$$

同样，

prob（四号门后是美女/主持人打开三号门）

$$= \frac{\text{prob}（主持人打开二号门/四号门后是美女）\text{prob}（四号门后是美女）}{\text{prob}（主持人打开三号门）}$$

$$= \frac{\frac{1}{2} \times \frac{1}{4}}{\frac{1}{3}} = \frac{3}{8}$$

因此，为了能够与窈窕淑女共享烛光晚餐，理性的小伙会寻求从一号门改选二号门或四号门。

在这两个游戏节目中，关键是主持人的行动所透露出的信息。主持人的行动没有告诉我们任何有关 A 奖券中或一号门背后是否设有奖品或藏有美女的信息，因而奖券 A 中奖的概率依然是 1/3，一号门背后藏有美女的概率依然是 1/4。但是，主持人的行动却告诉我们奖券 B 中或三号门背后没有奖品或美女，从而奖券 C 中有奖品的概率就上升到了 2/3，二号门和四号门背后藏有美女的概率也就上升到了 3/8，因为所有奖券中有奖品以及所有门背后有美女的概率总和为 1。显然，这些例子都告诉我们，博弈时从对方的行动中可以获取信息，修正自己原先的信念，从而可以采取更好的博弈策略。

虚虚实实，请君入瓮

1. 缘起：飞将军李广的胆略

匈奴大举入侵上郡时，有一次，李广带领一百名骑兵遇到匈奴数千骑兵。李广的一百骑兵非常恐慌，想仓皇逃跑。李广说："我们离大军几十里，现在仅以一百骑逃跑，匈奴若追赶射击我们可能全军覆没。现在我们若留下，匈奴一定以为我们是为大军来诱敌的，必不敢来袭。"李广于是命令骑兵说："前进！"进到离匈奴阵地二里许停了下来，又下令说："都下马解鞍！"他的骑兵说："敌人多而且离得近，如果有紧急情况怎么办？"李广说："那些敌人以为我们会走，现在都解鞍就表示不走，可以使敌人更加坚信我们是来诱敌的。"于是匈奴骑兵就没敢攻击。有个骑白马的匈奴将军出阵监护他的兵卒，李广立即射杀了他，然后又返回到他的骑兵中间，解下马鞍，命令士兵把马放开，随地躺卧。夜半时，匈奴兵还以为汉军有伏兵在附近准备夜间袭击他们，就全部撤走了。天亮后，李广率部平安回到大军驻地。显然，在这次遭遇战中，尽管双方兵力是严重不对称的，但双方的信息同样是不对称的，李广正是巧妙地利用信息而取得了成功。

孙子说："兵者，诡道也。知己知彼，百战不殆。"在战争中，敌我双方都会努力猜测对方的战略行动以制定己方的战略行动，因此尽可能地了解敌人的信息，便显得尤其重要。同样，在博弈中，博弈的一方往往试图通过各种方法来获知另一博弈方的信息，另一博弈方则会采取各种手段来掩盖自己的真实信息。事实上，市场上就有大量人为制造的噪声，从而导致信息的扭曲和资源配置的失调。按照 Moles 的观点，传播中的噪声实际上可以被看作发送者不想发送的信号，或接受者不想接受的信号。为了说明通过利用信息来取得博弈优势，这里举《三国演义》中的几个例子加以说明。事实上，如果以博弈论眼光看，《三国演义》完全是一部记载着许多博弈案例的著作。

2. 诸葛亮唱响的空城计

当时诸葛亮误用马谡，致使街亭失守。司马懿引大军十五万蜂拥而来，而诸葛亮身边别无大将，只有一班文官，五千军士已分一半先运粮草去了，只剩两千五百军士在城中。于是，诸葛亮传令众将旌旗尽皆藏匿，诸军各收城铺，同时，打开城门，每一门用二十军士，扮作百姓，洒扫街道。诸葛亮自己则披鹤氅，戴纶巾，引二小童携琴一张，于城上敌楼前凭栏而坐，焚香操琴。司马懿自飞马上远远望之，见诸葛亮焚香操琴，笑容可掬，顿然怀疑其中有诈，立即叫后军作前军，前军作后军，急速退去。司马懿次子司马昭问："莫非诸葛亮无军，故作此态，父亲何故便退兵？"司马懿说："亮平生谨慎，不曾弄险。今大开城门，必有埋伏。我兵若进，中其计也。汝辈岂知？宜速退。"于是两路兵尽退去。诸葛亮见魏军退去，抚掌而笑，众官无不骇然。诸葛亮说，司马懿"料吾生平谨慎，必不弄险；见如此模样，疑有伏兵，所以退去。吾非行险，盖因不得已而用之"，我兵只有两千五百，若弃城而去，必为之所擒。

显然，这是一个信息不对称的博弈：诸葛亮拥有比司马懿更多的信息，而且，诸葛亮先行动，并制造出虚假信息。事实上，诸葛亮有两种策略选项："弃城"或"守城"。这两种策略是军力依赖的，军力越强，采用"守城"策略的概率越高；同时，这两种策略是性格依赖的，越谨慎的人，就越倾向于与军力相配的策略。但是，这里诸葛亮恰恰逆之而行，不仅采取与军力不匹配的策略，而且这种做法也与自己以往的做法不同。同样，追赶而来的司马懿也有两种策略选项：一是大规模攻城；二是撤退。这两种策略的选择主要取决于对蜀军策略的预测：如果诸葛亮采取军力依赖的稳健策略，那么城中必然布有伏兵，进攻就会遭受惨重损失；相反，诸葛亮采取逆军力依赖的冒险策略，那么他仅仅是故作镇定，攻城将获得巨大收益。因此，面对一座表面上的空城，司马懿需要判断蜀军的真实实力：司马懿凭历史经验而认定"诸葛一生唯谨慎"，空城这种行为又是与冒险性格类型的人相依存的，因而他判断蜀军肯定有重兵部署在城内。结果，诸葛亮正是利用司马懿对自己"谨慎"的怀疑冒险摆了场空城计，从而得以死里逃生。该博弈可以用如图2-28所示的两种博弈树表示。

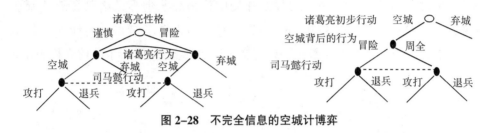

图 2-28　不完全信息的空城计博弈

3. 诸葛亮华容道截曹操

在空城计的故事中，由于司马懿只知道"诸葛一生唯谨慎"，却不料，诸葛亮充分利用司马懿对自己以前谨慎性格的了解而选择了一种冒险策略，从而使司马懿失策。与此相反的例子则是曹操败走华容道的故事。曹操亲领八十万大军进攻东吴，孙权和刘备联合破曹，曹军在赤壁之战中大败。曹操引兵而逃，来到一个岔路口，军士禀曰："前面有两条路，请问丞相从哪条路去？"操问："那条路近？"军士曰："大路稍平，却远五十余里。小路投华容道，却近五十余里，只是地窄路险，坑坎难行。"操令人上山观望，回报："小路山边有数处烟起，大路并无动静。"操便教前军走华容道小路。诸将曰："烽烟起处，必有军马，何故反走这条路？"操曰："岂不闻兵书有云：虚则实之，实则虚。诸葛亮多谋，故使人于山僻烧烟，使我军不敢从这条山路走，他却伏兵于大路等着。吾料已定，偏不教中他计！"诸将皆曰："丞相妙算，人不可及。"曹兵遂走华容道，而关羽正依着诸葛亮的妙计在华容道等着曹操，于是关羽上演了一场"只为当初恩义重，放开金锁走蛟龙"的捉放曹义举。

显然，这也是一个信息不对称的博弈：诸葛亮拥有比曹操更多的信息，而且，诸葛亮先行动，并制造出虚假信息。事实上，诸葛亮有两种策略选项：伏兵于华容小道和伏兵于平坦大道。这两种策略是烟雾依赖的，有伏兵的地方往往有烟雾，为此，部署时往往尽可能降低伏兵处的烟雾，而在其他地方制造烟雾以迷惑对方。但是，这里诸葛亮恰恰逆之而行，不仅没有降低烟雾，反而在伏兵处制造烟雾。同样，逃到此处的曹操也有两种策略选项：一是走华容小道，二是走平坦大道。这两种策略的选择主要取决于对蜀军部署的预测：如果诸葛亮伏兵于华容小道，则应选择走平坦大道；如果诸葛亮伏兵于平坦大道，则应选择走华容小道。同时，对蜀军部署的估计依赖于烟雾状况：烟雾之处往往有伏兵。但是，曹操自作聪明认为那些烟雾是诸葛亮故意制造出来的，而且是与伏兵逆依赖的。结果，自以为识破了诸葛亮的计谋，却不料恰恰走进了诸葛亮设下的圈套。该博弈可以用如图2-29所示的博弈树表示。

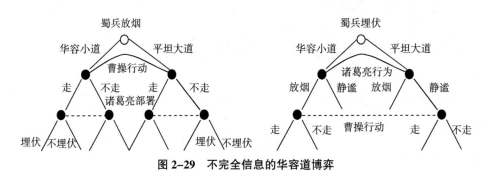

图 2-29 不完全信息的华容道博弈

136

提前规划，从容者胜

1. 缘起：游客挨宰没商量

2009 年 6 月，一对日本人到意大利旅游，在罗马市中心纳沃纳广场的一家餐厅吃午餐。他们点的菜式有龙虾意大利面、蒸鳕鱼，甜点要了冰激凌，还有一瓶红葡萄酒。饭后，账单显示餐费 579.5 欧元（约人民币 5634 元），外加小费 115.5 欧元（约人民币 1123 元）。这对日本游客非常惊讶，这顿大餐如此"上档次"，觉得"挨了宰"，一纸投诉把餐厅告到了警察部门。意大利旅游部长米凯拉·布兰比拉为了挽回旅游业形象，发表了致全世界游客的公开信，先向挨宰的日本游客道歉，还成立专门机构受理外国游客投诉，并监督全国旅游区的服务和价格。

相类似的经历更频繁地发生中国游客身上，最近引起轰动的就是三亚春节宰客事件：微博用户罗迪发布微博称：朋友一家三口在三亚被出租车司机推荐到某饭馆吃海鲜，三个普通的菜被宰近 4000 元。邻座的客人指着池里一条大鱼刚刚问价，店家便手脚麻利将鱼捞出摔晕，一称 11 斤，每斤 580 元共6000 多元。那个客人刚想说理，见出来几个东北大汉，只好收声认栽。自三亚春节期间狠宰游客被曝光后，网友将旅游中的各种宰客行为一一在网上曝光：如在黄花沟景区旅游的游客一口羊肉没吃被迫赔 1000 元，鼓浪绿岛酒店一桌四个人花了 1700 元，新疆大巴扎抱着一假鹿拍了个照被索要合影费 100元，上个厕所要 20 元，等等。

2. 游客挨宰的经济学分析

为什么游客常常会被宰呢？除了游客原有的信息有限外，更重要的是搜寻成本较高，事件爆发后进行交涉的成本也大，于是，受骗者往往只能交钱以息事宁人，这就助长了卖家对游客的漫天要价行为。这同样可以用博弈论加以解释：一方面，策略性互动往往会拖延时间，而花费的时间越长，可分配的收益将缩水越严重，因而博弈双方都希望能够尽快达成协议；另一方面，不同博弈方的时间偏好又是不同的，有的博弈方极端偏好现在，有的博弈方在现在和未来之间则相对无差异，因而时间价值就构成了博弈力量的重要因素。相应地，在预测博弈的结局时，我们就必须考虑博弈方的时间价值差异：时间价值越大，博弈方越难以承担时间资源的消耗。

同时，时间价值往往体现为人们在达成协议过程中的耐心程度：博弈方的时间价值越高，就越缺乏耐心，越希望马上达成协议而不是继续讨价还价。例如，在劳资博弈中，由于企业主本身的家底雄厚，并且实施长期雇佣招聘，因而耐心程度就比较高，如果招不到满意的员工，他就可以暂时搁置招聘，从而以暂时的低廉支付获取未来更大的劳动收益。相反，劳工往往无法忍受长期的失业，因而耐心程度较小，为了获得暂时的生活费用就必须出卖自己的劳动，即使条件苛刻也只能接受。正因如此，在招聘时，劳工往往比较倾向于尽快签订合同，而资方往往希望再面试一些其他求职者，劳资直接交易的结果一般也有利于资方。

关于耐心程度对交易结果的影响，可以用商业交易中的信息搜寻来说明：耐心程度高的人往往愿意作更多次的搜寻。在信息搜寻中，存在一个最佳搜寻次数问题，最佳搜寻次数的确定原则为：搜寻的边际成本等于预期的边际收益。不过，对最佳搜寻次数的这种分析所基于的条件是：购买是一次性行为。相反，如果购买是反复进行的，结果就会发生变化。事实上，如果贸易商在各继起时期的要价是完全正相关的，买者只要在第一个时期进行搜寻就足够了，此时，搜寻的预期节约额是所有未来购买贴现节约额的现值。而各继起时期的要价是正相关的，因此，购买次数的不同必然导致搜寻次数的差异。例如，没有经验的买主（旅游者）在一个市场上支付的价格往往高于有经验的买主，其原因就在于，前者没有积累起要价方面的知识，即使达到了最佳搜寻次数，他们支付的价格也往往是较高的。因此，为了在交易中获取更大的利益，博弈方就要表现得比对方更有耐心，只有善于讨价还价，才可能获得真正的低价产品。游客在经典购买物品时往往缺乏耐心，因而所买物品往往比较贵。

因此，在社会互动中，时间成本往往会影响博弈方在讨价还价中的耐心程度，而耐心程度又决定了在交易中的收益份额。这就提醒我们，在一些较为重要的交易中，最好能够提前进行规划，收集相关信息。这样，就可以做到"货比三家不吃亏"。事实上，飞机票、宾馆等定价规则都表明，那些提前购买者往往可以获得较大的利益回扣。同样，一个时间充裕的顾客在看中某件商品时往往不是单刀直入地问价格，而是先佯装挑选其他商品而分散卖家的注意力，然后再突然问到他想要买的商品价格，此时卖家往往会因猝不及防报出较低的价位。同时，当卖家报价后，他又会用"太贵"来回绝并装作转身离开的样子，此时卖家见顾客要走往往会想喊住顾客继续降价，但他往往不回头，等溜达一圈后再回到店中，并装傻充愣地再问："刚才你说多少钱？是不是 x 元？"尽管他说的这个价位其实比刚才卖家说得还要低，但他仍能迫使卖家继续降价。相反，对游客来说，他根本没有时间展开这种策略行为，购买到的自然就是贵东西。

3. 一个引入耐心变量的博弈模型

为了更好地说明时间价值、耐心程度对收益分配的影响，这里借鲁宾斯坦恩—斯塔尔（Rubinstein-Stahl）博弈模型进行讨论。鲁宾斯坦恩的谈判程序是：两人分割一块蛋糕，博弈方 1 先出价，提出自己的分配方案 X1，博弈方 2 选择接受和拒绝；如果选择接受，则博弈结束；如果选择拒绝，则博弈方 2 还价，提出分配方案 X2；如此往复无限次。

我们假设博弈方 S 和 B 的贴现因子分别是 δS 和 δB。在这个具有无穷多个子博弈的博弈中，我们记原博弈为 G_1，该博弈由 S 出价，令 QS 和 qS 分别是 S 在 G_1 的所有子博弈完美均衡中的最大盈利和最小盈利；完整博弈的第二个子博弈记为 G_2，该博弈由 B 第 1 次出价，令 QB 和 qB 分别是 B 在 G_2 的所有子博弈完美均衡中的最大盈利和最小盈利。开始于 S 第 2 次出价的子博弈记为 G_3，由于博弈是无穷的，因而 G_3 可视作等价于 G_1；而且，如果以 G3 开始时刻的价值看作子博弈 G_3 的"现时价值",那么,显然,G_3 中所有子博弈完美均衡中 S 最高和最低盈利和等于 QS 和 qS。

在 G_1 时 S 开价,为了使 S 的第 1 次出价构成子博弈完美均衡的初始策略,即要求这个开价有被 B 接受的机会,因此,B 接受的盈利至少应等于 $\delta_B \times q_B$。因为一旦博弈达到子博弈 G_2 时,B 可以保证具有盈利 qB。相应地,S 至多可得到 $1-\delta_B \times q_B$,即有 $Q_S \leq 1-\delta_B \times q_B$:

另外,如果 S 提供给 B 的盈利大于等于 $\delta_B \times Q_B$,那么 B 肯定会接受。也就是说,S 至少可以得到 $1-\delta_B \times Q_B$,即有 $q_S \geq 1-\delta_B \times Q_B$:

同样,我们从子博弈 G_2 开始分析,也可以得到:

$Q_B \leq 1-\delta_S \times q_S$, $q_B \leq 1-\delta_S \times Q_S$

变换方程:

$q_B \geq 1-\delta_S \times Q_S \Leftrightarrow 1-\delta_B \times q_B \leq 1-\delta_B+\delta_B \times \delta_S \times Q_S$

$\Leftrightarrow Q_S \leq 1-\delta_B+\delta_B \times \delta_S \times Q_S \Leftrightarrow Q_S \leq (1-\delta_B)/(1-\delta_B \times \delta_S)$

$Q_B \leq 1-(\delta_S \times q_S) \Leftrightarrow 1-\delta_B \times Q_B \geq 1-\delta_B+\delta_B \times \delta_S \times q_S$

$\Leftrightarrow q_S \geq 1-\delta_B+\delta_B \times \delta_S \times q_S \Leftrightarrow q_S \geq (1-\delta_B)/(1-\delta_S \times \delta_B)$

比较上面两式有:$q_S \geq (1-\delta_B)/(1-\delta_S \times \delta_B) \geq Q_S$

而根据假设有:$q_S \leq Q_S$

这意味着:$Q_S = q_S = (1-\delta_B)/(1-\delta_S \times \delta_B)$

同样的逻辑可以证明:

$Q_B = q_B = 1-(1-\delta_B)/(1-\delta_S \times \delta_B) = \delta_B(1-\delta_S)/(1-\delta_S \times \delta_B)$

上面分析的关键是:在无限水平下,G_3 可视作等价于 G_1,否则在有限水平下就难以行得通。

我们对上面的结论进行分析,如果固定 δB,而令 δS→1,显然就有:$Q_S = q_S \to 1$,即 S 获得整块蛋糕。这就表示,博弈方耐心 δS 越大,博弈中获得的份额越大。而如果 δS→0,显然就有:$Q_S = q_S \to 1-\delta_B$,即 S 获得蛋糕大小取决于 B 的耐心。

同样,如果固定 δS,而令 δB→1,显然也就有:$Q_B = q_B \to 1$,即 B 获得整块蛋糕;而如果 δB→0,则有:$Q_B = q_B \to 0$,此时 S 也将获得整块蛋糕,因为此时 B 极端无耐心,接受 S 给予的任何分配;而在 δS→0 时,B 之所以不能取得整块蛋糕,是因为 S 具有先占优势。

为了说明先占优势，实际上我们假设 $0 < \delta S = \delta B = \delta < 1$，显然就有：

$Q_S = q_S = (1 - \delta)/(1 - \delta \times \delta) = 1/(1 + \delta) > 1/2$

此时，S 将分得更大的份额。

当然，如果将每一回合的时间间隔任意地缩短，先占优势就消失了。实际上，我们用 Δ 表示阶段的时间长度，设 $\delta_s = \exp(-r_s \Delta)$ 和 $\delta_B = \exp(-r_B \Delta)$，其中 r 是时间偏好率；当 Δ 趋近于 0 时，$\delta_i \approx 1 - r_i\Delta$；此时，$Q_S = q_S = (1 - \delta_B)/(1 - \delta_s \times \delta_B) \approx r_B/(r_S + r_B)$，$Q_B = q_B \approx r_S/(r_S + r_B)$。可见，两者的耐心程度决定了双方获得蛋糕的份额。

兵贵神速，先手为强

1. 缘起：大宦官刘瑾的倒下

明代曾有好几个官吏把持过朝政，刘瑾就是其中之一，他利用武宗好玩好乐的特点，日进新奇的玩意，使武宗荒废了朝政，从而排除异己，独揽大权。1510年，安化王朱寘鐇以讨刘瑾为名起兵谋反，武宗起用杨一清前往讨伐，并命张永监军。反军在杨一清等西征军未到之前就被宁夏守臣平定了，在凯旋的归途中杨一清与张永商量借机除掉刘瑾。于是，在献俘时就拿出弹劾刘瑾的奏疏和安化王声讨刘瑾的檄文，向武宗列举了他十七条大罪。武宗看完后迟疑地说，"刘瑾已经贵极人臣，荣华已极，怎么可能造反呢？"但张永应道："刘瑾即使先前不想反，如今他知道您看到了这篇檄文，已经骑虎难下了，一定会狗急跳墙，非反不可。"武宗连夜派人捉拿刘瑾，并在他家搜出了兵甲和刀剑。

这个例子告诉我们，在敌意环境中，如果对对方的行动有任何怀疑，就需要采"先下手为强"，这也是现代博弈论给出的策略选择。

2. 兵贵神速的博弈分析

事实上，主流博弈论主要关注对抗性的互动情形，从而发展出避免遭受他人损害的最小最大策略。通俗地说，主流博弈论思维体现了曹孟德"宁可我负天下人，不可天下人负我"的生存态度，或者说是不择手段地追求个人利益的马基雅弗利主义生存方式。英国早期著名启蒙思想家霍布斯就写道："任何两个人如果想取得同一东西而又不能同时享用时，彼此就会成为仇敌。他们的目的主要是自我保全，又有时则只是为了自己的欢娱。在达到这一目的的过程中，彼此都力图摧毁或征服对方"，"由于人们这样互相疑惧，于是自保之道最合理的就是先发制人，也就是用武力或机诈来控制一切他所能控制的人，直到他看到没有其他力量足以危害他为止"。那么，在这种对抗博弈中，掌握主动就非常重要。

先行动者往往可以抢占先机，造成既成事实而缩小后行动者的行动范围，从而就具有先占优势。相应地，无论是在商业竞争还是军事战争中，敌对双方往往会抢先行动。例如，东汉末年，大将军何进准备诛杀当时篡权的张让等宦官，但因迟疑不决反而被杀。相反的例子是，秦王李世民在得到李元吉、李建成想在出兵饯行之际除掉自己的密报后，就在谋臣长孙无忌等人建议下先发制人而发动了"玄武门之变"，并迫使李渊将皇位禅让给了李世民。再如，20 世纪末的南斯拉夫战争中，北约军队沉浸在南联盟同意在停战协定上签字并开始撤军的喜悦中，1999 年 6 月 11 日晚间驻扎在波黑的俄罗斯维和部队集合 200 名空降兵突然抢在北约部队之前占领了普里什蒂纳（当时南联盟的科索沃省首府）的斯利季奇机场，结果，北约军队花费数亿美元倾泻万余吨精确制导导弹"打下"科索沃，竟让俄军不费一枪一弹占了先。

由此，我们可以思考进入 21 世纪之际人民币面临着日美等国施加的日益增大的升值压力问题。中国应该如何面对呢？这里以美国和中国的博弈为例：美国布什政府受大选形势所迫，要求人民币升值从而提升美国经济。就美国而言，如果美国施加了很大压力，但中国没有采取人民币升值措施，那么，布什政府反而会因政治失分而更加得不偿失；相反，如果中国是在美国的施压下实行人民币升值，那么，布什政府将获得政治加分。同样，就中国而言，如果美国不施压，那么，人民币不升值是更好的选择；如果在美国的压力下，升值将是更好选择，否则可能面临经济上的对抗。假设行动没有先后，该静态博弈矩阵可表示为图 2-30。显然，该博弈具有两个均衡（施压，升值）、（不施，不升）。那么，中国如何采取策略确保自己的最大利益呢？

在动态博弈中，中国政府可以采取先发制人的策略，宣布人民币在某一时期内不升值。为了强化这种威胁的可信度，中国可以采取相应强化人民币不升值的措施。譬如，外汇按照一定的比价可以无限兑换人民币，或者订立一个烦琐的人民币升值的法律程序，这个程序足够慢以致要拖延到美国大选之后。这样，原来同时行动的静态博弈就变成了相继出招的动态博弈，其展开型博弈树见图 2-31。显然，在这个动态博弈中，（不升，不施）就是子博弈完美均衡。

美国	中国	
	升值	不升
施压	10, 5	-10, 0
不施	5, 0	0, 10

图 2-30　人民币升值博弈策略型

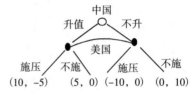

图 2-31　人民币升值博弈展开型

3. 先占行动的博弈优势

先行动者之所以能够获得先占优势，另一个重要原因是，先行动者的行动传递了某种信息，从而给后行动者某种预期，这实际上也就是博弈论中的前向归纳推理法（Forward Induction）。前向归纳推理法认为，未来的行为与过去的理性行为一致，而且博弈方都能够认识到这一点；人们可以从他们过去偏离理性中了解到他们在未来可能偏离理性的情况，从博弈方先前的行为导出他后来期望发生的事情。事实上，这种行为机理似乎更符合实际，我们在判断一个人的行为时往往都是看他以前的行为习惯，所谓"看小知老"也就是这个道理。我们甚至可以从他周边的环境来判断他的行为方式，诸如"有其父必有其子"也正是这个道理。

显然，前向归纳推理思维与常用的后向归纳分析是相对立的。后向归纳分析假设博弈方是具有完全理性的共同知识的人，即使某些博弈方的行为在过去曾表现出非理性的，甚至是愚蠢的倾向，仍要假定他未来的行为将是理性的并且是聪明的，最多对偏差进行细小的纠正和修补，如泽尔腾引入一个颤抖的手。相反，前向归纳推理思维指出，在博弈的前一阶段偏离子博弈精炼纳什均衡和颤抖的手均衡路径的行为完全可能是有意识的，并且符合理性经济人原则的行为，因而一旦发生这种情况，博弈方应该及时反思，考虑前阶段行为的理性特性。

为了说明这一点，我们看如图 2-32 所示的两阶段性别博弈。在第一阶段博弈方 1 可以选择待在家看书或外出去听音乐会：如果他决定看书，则博弈结束；如果决定去听音乐会，则进入第二阶段与博弈方 2 发生博弈。在第二阶段中，博弈方 1 有两个策略选项：听古典音乐和听现代音乐。显然，听现代音乐是严格劣于在家看书的，因而一旦博弈方 1 没有选择在家看书，那么，博弈方 2 就应预期博弈方 1 一定会选择听古典音乐，相应地，博弈方 2 自己的最佳选择也是听古典音乐。

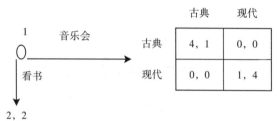

图 2-32　两阶段性别博弈

实际上，如图 2-32 所示博弈的扩展型可以转化为如图 2-33 所示的策略型，在该博弈中，显然，对博弈方 1 来说，听现代音乐会是严格劣于看书的，因而会被剔除；这样，又可进一步简化为如图 2-34 所示的博弈矩阵。在缩减的博弈矩阵中，对博弈方 2 来说，听现代音乐会是弱劣于听古典音乐会的，因而会被剔除掉；相应地，对博弈方 1 来说，听古典音乐会就是最优的，（古典、古典）是一个均衡。但是，如果根据后向归纳法，在最后一个子博弈中，混合策略是 ｛(4/5 古典，1/5 现代)，(1/5 古典，4/5 现代)｝，其支付得益为 (4/5，4/5)，因而该博弈的均衡为博弈方 1 直接选择看书。此外，在标准的性别博弈中，先动者往往也占有先占优势，可以获得更大的利益份额。

1		2	
		古典	现代
	看书	2，2	2，2
	古典	4，1	0，0
	现代	0，0	1，4

图 2-33　两阶段性别博弈的策略型

1		2	
		古典	现代
	看书	2，2	2，2
	古典	4，1	0，0

图 2-34　缩减的两阶段性别博弈的策略型

文君私奔相如的故事

1. 缘起：女儿的恋爱父亲不同意

一个女孩爱上了一个家境不佳的男孩，女孩的父亲坚决不同意，并发出威胁，如果女儿不与这个男孩断绝恋爱关系，他就要与女儿断绝父女关系并将女儿赶出家门。那么，女孩究竟如何选择呢？显然，如果女儿真的相信了父亲的威胁，那么就不得不断绝与男孩的往来。问题是，如果女儿率先采取行动，与男孩领取了结婚证，那么，在生米煮成熟饭后，父亲果真会断绝父女关系吗？因为亲情毕竟浸透在父母的血液之中。考虑到这一点，父亲的威胁就不是那么可信的。因此，如果女儿认识到这一点，那么就会勇敢地选择恋爱了。

事实上，前面一节已经介绍了先行动者的先占优势，究其原因，先行动者往往可以有意识地改变或缩小自己的可选择集范围，从而发出可信的承诺或威胁，并由此引导后行动者的行动。这个故事也体现了先占优势，这里，借鉴有名的"文君私奔相如"的故事来对先占优势作一补充分析说明。

2. 文君私奔相如的故事

根据历史故事记载，文君因私奔相如而与其父亲卓王孙形成了一个博弈：由于文君欣赏相如的才华，因而无论卓王孙是支持还是反对，在贫困时是救济还是不救济，私奔都是最佳选项；相反，卓王孙则嫌弃相如的家境并痛恨他对女儿的引诱，因而发出威胁：如果文君私奔了相如，他坚决不对她进行救济。事实上，根据当时的生活情形，文君私奔相如后注定要过一段时间苦日子，后来不得不到成都开个饮食店，因而这里将该博弈称为"文君当垆"博弈。《史记·司马相如列传》写道："文君夜亡奔相如，相如乃与驰归成都，家居徒四壁立，文君久之不乐。曰：长卿第俱如临邛，从昆弟假犹足为生，何到自苦如此。相如与俱之临邛，尽卖其车骑，买一酒舍，酤酒而令文君当垆（酒肆），相如自著犊鼻裈（围裙）与保庸杂作，涤器于市中。"

因此，开始时，文君和卓王孙构成的是静态博弈，其博弈矩阵见图2-35。但是，当文君采取抢先行动而与相如私奔后，生活穷困并在街上开个小店；卓王孙感到丢了面子，在外在"耻辱"的促动下发生了效用变化，救济反而比不救济更好。《史记·司马相如列传》写道："卓文孙闻而耻之，为杜门不出。昆弟诸公更请王孙曰，有一男两女，所不足者，非财也。今文君已失身于司马长卿（相如字），长卿故倦游虽贫，其人材足依也。且又令客独奈保相辱如此。"在这种情况下，文君和卓王孙之间又构成了一个动态博弈，博弈展开型见图2-36。最终的结果是（私奔，救济），文君的策略成功。所谓"卓王孙不得已分予文君僮百人，钱百万及其嫁时衣被、财物，文君乃与相如归成都，买田宅为富人。"

卓王孙		文君	
		私奔	不私奔
	救济	0, 15	10, 10
	不救济	5, 5	5, 0

图2-35 "文君当垆"博弈策略型

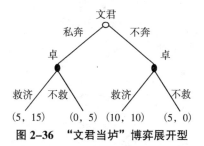

图2-36 "文君当垆"博弈展开型

当然，文君也并不是仅仅为相如的外表所吸引，更重要的是相如的才华一旦得到赏识，便能过上更好的生活。同时，相如未来生活的富裕或贫困主要取决于机会和努力，而这必须花费相当成本。因此，这里进一步引入相如的生活状态作为另一个博弈方；假设文君先采取行动，相如随后采取行动决定是否通过种种方式给文君一个富足的家，最后是卓王孙决定是否接济。该博弈的盈利函数假设如下：①文君私奔相如是看中相如有才气，今后能够带来更好的生活，但如果相如事实上竟是一个浪荡子而自己嫁了他以后不得不"当垆"一生，那么还是不与他私奔为好。②相如要博取功名以给文君更好的生活，是要付出成本的，包括他后来为写文章而得了糖尿病以及不取功名不返"驷马桥"的思妻之苦，因而相如最佳收益当然是不花成本而卓王孙能够给予接济，而且，如果没有卓王孙的救济而缺乏上京的盘缠，那么，相如在乡下穷斯滥也比"席不暇暖"地追求功名要好。③尽管卓王孙不喜欢文君嫁相如，但是如果文君今后真的过了穷日子，那么，由于面子的原因以及对女儿的关心，他还是认为救济比不救济好，毕竟儿女是心头肉。

根据这种情境，三阶段的"文君当垆"博弈就可以用图 2-37 表示。三人三阶段博弈除了原博弈之外，还有一个真子博弈，是从相如的单节信息集开始，这相当于相如和卓王孙的同时行动，那么，这个真子博弈可表述为如图 2-38 所示策略型博弈矩阵。显然，从卓王孙的角度看，如果文君已经采取了私奔的策略，那么相如通过考取功名而不穷将是劣策略，即穷的概率为 P＝1。在这一信念之下，卓王孙的最优策略就是救济。因此，（奔，穷，救济）和信念 P＝1 就构成了三人博弈的精炼贝叶斯均衡。这个均衡体现了初期文君当垆的实情。当然，如果相如的策略不只纯粹依靠自己的努力来改变穷与不穷的状态，而是有其他手段的选择，如通过当时在宫中做太监的同乡直接引荐给皇上，或者成为某官员的幕僚而接受荫护，那么，相如也就可以通过花费少量成本而摆脱穷的状态。

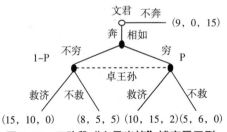

司马相如		卓王孙	
		救济	不救
	不穷	10，0	5，5
	穷	15，2	6，0

图 2-37　三阶段"文君当垆"博弈展开型　　图 2-38　三阶段"文君当垆"真子博弈策略型

相机而动，后发制人

1. 缘起：一个"幸存者"游戏

在一个"幸存者"娱乐节目中，最后一轮还剩下两个幸存者 A 和 B，他们被要求在 1~9 选一个整数，所选择数字与一位女星的选择数字接近者获胜。结果 A 先选了 7，那么 B 如何选择将更有可能会赢呢？假设女星所选数字是随机的。显然，B 应该选择 6。因为只要女星选了比 6 小的数字，那么就是 B 赢。而且，根据随机概率，是猜测的数字与女星选小于 6 的数字的概率达 66.7%。遗憾的是，在节目中，B 却选了 3，结果也就失败了。事实上，在这个游戏中，后动者 B 有更高的胜率，他选择的数字获胜的概率至少与 A 相同：如果 A 先选 5，那么 B 也选 5；如果 A 选的数字小于 5，那么 B 选的数字只要比 A 大 1 即可；如果 A 选的数字大于 5，那么 B 选的数字只要比 A 小 1 即可。也即后动者 B 具有后发优势。

这个例子说明了什么呢？其实，前面分析了在动态博弈中先行动者的先发优势：先行动者如果适当运用策略就可以通过将博弈引入特定路径，从而取得先占优势。不过，在很多情境中，后行动者也有其后发优势，因而后行动者就需要加以利用。

2. 后行动者优势的解说

一般地，后行动者可以观察到先行动者的特征和行动，不仅可以充分利用先行动者暴露出来的信息或缺陷，而且可以针对先行动者的行动采取相机抉择的策略。譬如，在标准的性别博弈中，先动者往往占有先占优势，可以引导对方采取跟随策略获取更大的利益份额。但是，在单相思博弈中，先行动者却具有先动劣势，后动者通过跟随策略而获取更大收益份额。

在如图 2-39 所示的博弈矩阵中，男方处心积虑地想和女方出现在同一场合，而女方则想方设法地躲开他；但是，如果女方先行动，那么她就只能选择芭蕾，因为（歌舞，歌舞）比（足球，足球）对他来说更优。

男生	女生		
		足球	歌舞
	足球	10, -10	-10, 10
	歌舞	-20, 5	5, -5

图 2-39　单相思的性别战

此外，在猜币博弈、监察博弈或者田忌赛马博弈中，后行动者总能够采取相机抉择的行动取得胜利；在现实世界中，落后国家和地区往往采取"紧跟领头羊"策略而获得后发优势。所谓的"以静制动"和"藏而不露"就包含了后发制人的道理。从这个角度上说，"相机抉择"和"因地制宜"往往就是基本的决策原则。事实上，先发优势和后发优势都是相对的，最终的结果取决于博弈者把握机会的能力。例如，在决斗博弈中，先开枪者往往能够取得先发制人的优势，但如果开枪不准而没有命中，那么，后开枪者就能从容不迫地将他一枪毙命。这里再借两类博弈模型对后发优势作一说明。

3. 掷骰子博弈中的后发优势

某电台举办游戏竞赛，最终获胜者将获得免费欧洲旅游。现在已经进入到最后一轮的掷骰子游戏，并且只剩下 A、B 两人，其前面的积分分别是 1500 分和 700 分。掷骰子的输赢取决于 A、B 两人猜测公证人掷出的骰子的性质，有两种策略：猜点数，各点的概率是 1/6，其赔率为一赔二；猜奇偶数，奇偶的概率各为 1/2，其赔率为一赔一。那么，A、B 两人选择什么规则，押多大筹码呢？

显然，对 B 而言，如果选择猜奇偶数，即使把所有的筹码都押上并且猜对了，总分也只有 1400 分，也不可能取胜。因此，他只能冒险选择一种风险更大的猜点数的策略，将全部的 700 分筹码都押在某一点上。那么，A 应该如何猜测呢？显然，如果他采取风险较小的奇偶规则，固然可以增大成功的概率，但也蕴含总分比 B 低的风险；如果他简单地模仿 B 相同的策略，将 700 分押在相同的点数上，则不管结局如何，A 都将领先 B800 分，从而赢得总分胜利。在这种情况下，B 根本没有任何选择，必定是输的。

上面分析的关键是 A 是后行动者，这就是后发优势。实际上，如果 B 是后行动者，他就有取胜的机会。假设，A 先取 400 分押在奇数点上；那么，B 的最佳策略就是把他超过 400 分的筹码押在偶数点上。在这种情况下，只有 A 失败才是 B 取胜的希望。（当然，如果 A 只取 200 分押在奇数点上，B 的最佳策略就是把他超过 600 分的筹码押在偶数点上。）显然，只要 A 先行动，B 就可以选择一个具有同样取胜概率的赌注。

4. 突然中断型博弈中的后发优势

假设，顾客和营业员之间就一个商品进行讨价还价，顾客的最高出价是 100 元，而营业员的最低卖价是 50 元。两者进行讨价还价博弈的结果，成交价应在两者的保留价 100 元和 50 元之间，即相差的 50 元就是双方可以瓜分的"蛋糕"。问题是，究竟会是哪个具体价格？究竟谁获利更大？我们设想一个两阶段动态博弈，在第二阶段后马上结束博弈过程，故称突然中断性博弈。并且假设，营业员 S 先出价，此时顾客 B 有两种选择：接受策略 A，或者拒绝策略 R，且拒绝后进行还价；此后，营业员有两种选择：接受 A 则买卖成交，而拒绝 R 则买卖泡汤。该博弈的扩展型博弈树如图 2-40 所示。

如图 2-40 所示的博弈从开价角度，营业员 S 是先行者，而顾客 B 是后行者，由他最后开价。显然，顾客的还价最有实际意义，因为根据后向归纳法，在这个博弈中只要 B 的还价不低于 50 元，营业员都能接受；而顾客将拒绝营业员开出的任何高于 50 元的价格。因此，作为后行动者的顾客将获得几乎整个收益，这就是后发优势。同时，我们也可以把这个动态博弈推广为多个阶段，只要存在突然中断机制，那最后轮到的开价者总享受这种后发优势，因为这种博弈实际上就可简化为一阶博弈，如图 2-41 所示。

其实，在我们日常生活中往往可以遇到这类场景：在旅游购物时，一边是游客和商贩在讨价还价，一边是导游或领队催促要赶往新的景区。于是，

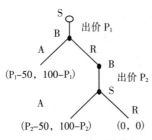

图 2-40 突然中断性博弈

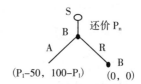

图 2-41 突然中断性博弈的最后阶段子博弈

游客就对商贩发出最后通牒：半价卖不卖，不卖就走人了。在这种情况下，只要还有利可图，商贩往往就只得让步了。在这里，关键是时间成本（也即贴现率）非常高，导致可分配物的耗损特别快，由此可以分析消耗型的最后通牒博弈。假设，甲乙两人进行两阶段的最后通牒博弈，可分配的初始资源为 1，先由甲提出分配方案，乙可以拒绝也可以接受，如果拒绝则由乙重新提出一个分配方案，由甲决定接受还是拒绝；并且假设，资源是时间耗损性的，乙拒绝后进入第二博弈阶段时资源总量缩小为 1/2，而甲拒绝后进入第三博弈阶段时资源总量缩小为 0。这样，构建的扩展型博弈模型如图 2-42 所示。

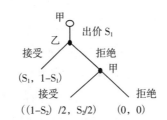

图 2-42 消耗型二阶段最后通牒博弈

在上述二阶段最后通牒博弈模型中，无论后行动者乙提出何种分配方案，甲都会接受，甲的最少得益接近于 0。那么，在这个博弈中，先行动者甲如何保证自己的利益最大化呢？他在开始时提出的分配方案必须保证乙的得益大于乙在第二次分配中可能获得的最大得益，即 $1 - S_1 \geq S_2/2$，其中，$S_2 \leq 1$，因而有 $S_1 \leq 1/2$。也就是说，先动者甲如果开始提议方案留给自己的不超过整个资源的一半时，方案就会被乙所接受，这意味着乙的潜在行动迫使甲采用更为公平的分配方案，这就体现了乙的后行动优势。

破釜沉舟，死地求生

1. 缘起：破釜沉舟百二秦关终属楚

在巨鹿之战中，赵王歇及张耳被秦将王离率 20 万人围困于巨鹿，秦将章邯率军 20 万屯于巨鹿南数里的棘原以供粮秣，而齐、燕等各路军队已达陈余营旁但皆不敢战。此时，项羽派英布、蒲将军率军两万渡过漳水切断了章邯与王离的联系，自己则率领全部楚军渡过河水，并下令全军破釜沉舟，每人携带三日口粮，以示决一死战之心。结果，楚军奋勇死战、以一当十，大败章邯军，章邯率军二十万请降。在如图 2-43 所示的博弈矩阵中，项羽的破釜沉舟就是设定一个无法后退的处境，其行动只能是进攻。相应地，这也为秦军展示了一个可信的威胁，此时秦军的最优策略就只能是投降。

楚军		秦军	
		抵抗	投降
	进攻	0, 0	20, 10
	后退	−10, 10	0, 0

图 2-43　破釜沉舟博弈

项羽导演的这个破釜沉舟故事在现代博弈论中有重要意义，它实际上体现了"置之死地而后生"的博弈策略。在博弈互动中，某些选择项的取消改变了其他博弈方对其以后可能采取什么反应的预期，博弈方往往可以充分利用这一点为自己谋利。

2. 破釜沉舟的各种掌故

事实上，在分析后发优势时，我们分析了"相机抉择"和"因地制宜"的决策原则，不过，这一原则在某些博弈环境下并不总是最优的。事实上，尽管保留选择余地往往对行动者有好处，因为这可以增加行动者的机动性，在最差的情况下至少也可以将机动性弃而不用。但是，在一些对抗性博弈中，取消了某些选择项尽管少了自由，却能在策略上得益。2005 年诺贝尔经济学奖得主谢林在《论谈判》一文中指出，在谈判或冲突的场合，如果博弈一方能够以可信和可观察的方式限制自己的某些选择自由反而会增强其谈判地位，而赋予一方更多的相机抉择权则可能伤害博弈人的利益。

对方知道，只要你有行动的自由，你就有让步的自由，而你自己取消了行动的自由，也就丧失了让步的自由。这样，博弈方就通过限制自己的选择集而改变对手的最优选择，最终达到"置之死地而后生"的效果。例如，炸毁唯一逃生的桥梁可以向敌人显示誓死一拼的决心，从而可以达到阻遏敌人进攻的战略目的，如果保留桥梁，那么，绝不后退的威胁就不再可信了，敌人会推断你心虚而发动攻击。再如，在 17 世纪光荣革命之前，英国王室的财政困难，却无法在民间金融市场上借到钱，富人也不愿把钱借给王室。究其原因，当时的君王拥有无限的权力，无论做出怎样的口头承诺，他如果赖账的话谁也没有办法。相反，君主立宪之后，王室借钱就容易多了，因此此时君主限制了自己的权力，导致他还钱的承诺也变得更为可信了。

破釜沉舟策略更早出现在春秋时期。晋文公死后，秦穆公决心接替晋国去做中原的霸主，雄心勃勃的孟明视是秦穆公主张争霸中原的坚决拥护者。开始时，由于缺乏经验以及自负和轻敌，孟明视接连打了几次大败仗。崤山失败后的第三年，孟明视请秦穆公一块去攻打晋国，并说："要是这次再打不了胜仗，我绝不活着回来！"孟明视挑选了国内的精兵，秦穆公拿出大量财帛安抚士兵的家属，全国兵民情绪高昂，一致决心夺取战争胜利。秦军浩浩荡荡，东渡黄河。过河后，孟明视命令战士将渡河的船全部烧掉，说："咱们这回出来，背水一战，有进没退！"他带领将士勇敢冲杀，不几天就夺回了上次被晋军夺去的两座城，还打下了晋国的几座大城。秦国军队所向披靡，耀武扬威，晋国人闻风丧胆，缩在城里，不敢出来对阵，秦军终于战胜了晋军。

在西方，破釜沉舟策略也在各种征战中得到应用。例如，公元前 4 世纪，色诺芬被波斯人追赶到一个几乎无法跨越的峡谷前时，他手下一个将军提醒他们已经无路可逃了，但色诺芬（Xenophon）却泰然自若地说，"当我们就要战斗时，在我们后面出现了无法逾越的峡谷，这不正是我们求之不得的吗？……在我们当前所处的位置上，唯有战斗胜利才能自保。"再如，1066 年征服者威廉（William）的侵略大军就烧毁了自己的船只，从而立下了一个许战不许退的无条件承诺。同样，西班牙殖民者科尔特斯（Cortes）在征服墨西哥时沿用了同一策略：他刚刚抵达墨西哥的坎波拉（Cempoalla）就下令烧毁和捣毁自己的全部船只，只留下一条船。因此，他的士兵面对着数目大大超过自己的敌人时已经别无选择，只有战而胜之。事实上，破坏自己的船使科尔特斯得到两个有利之处：①他自己的士兵团结起来了，每一个人都知道他们会战斗到底，因为已经没有可能中途放弃（甚至逃跑）；②这一承诺对敌人产生了影响，他们知道科尔特斯要么取胜，要么灭亡，而他们自己则有撤退到后方的选择，从而选择了撤退，而不是跟这么一个已经横下一条心的敌人较量。

3. 破釜沉舟策略的应用考虑

破釜沉舟策略的使用使得撤退变得不可能，这样每个士兵都不担心自己在专心作战时战友会弃他而去。同时，也只有倾力一搏取得胜利，才有求生的可能。因此，"置之死地"的境地往往能激发被困者的斗志，所以，《老子·十九章》说："祸莫大于轻敌，轻敌几丧吾宝；故抗兵相加，哀者胜矣。"相应地，为避免出现"困兽犹斗"的结局，博弈中的占优方往往也不会逼人太甚，而是倾向于给失势方让出一条出路。所以，春秋时期的孙子就认为，兵法在于"围师遗阙"。例如，在古巴导弹危机博弈中，美国也象征性地从土耳其撤回了一些导弹，从而给苏联一个台阶下，并最终达成一个令人满意的结果。在当前的朝鲜核危机中，朝、美两国也必须作出一定的让步，如美国保证不侵犯朝鲜等，两国才可能就核危机达成协议，否则，朝鲜必然会加快核开发的步伐。

同时，破釜沉舟策略为对方给出了必定反抗并取得胜利的承诺，受此预期，对方往往也就会主动放弃对抗，从而达到"不战而屈人之兵"的效果。譬如，在朝鲜核问题中，朝鲜发展核武器也就是希望发出一种信号，一旦美国发现了它拥有核武这种信号，也就不敢随意入侵了，因为入侵将承担共同毁灭的风险。同时，可信承诺也可以通过合约或立法的形式得到确立。例如，目前台湾海峡两岸的博弈就是如此，2005 年全国人大通过的《反分裂国家法》可以看成是大陆在两岸谈判僵局中采取的一种新策略，尽管它限制了大陆在突发事件下的回旋余地，但同时也避免了台湾地区因侥幸心理而宣布独立事件的发生。在某种程度上，《反分裂国家法》所提供的所谓底线也就成为中国台湾、大陆和美国三者博弈的相关信号，哪方都不敢轻易跨越这条线，除非它已经孤注一掷。事实上，民进党当政时也不敢提台独，2000 年 5 月 20 日陈水扁在台湾地区领导人就职典礼上就发表"四不一没有"主张：不宣布独立、不更改"国号"、不推动"两国论入宪"、不推动改变现状的"统独公投"，"没有废除'国统纲领'与'国统会'的问题"；但民进党在野后，一些所谓的台独建国主张和活动又开始活跃起来，这主要是因为在野的民进党不承担均衡破裂的后果。

边缘策略，勇者游戏

1. 缘起：古巴导弹危机

1962 年赫鲁晓夫偷偷地将导弹运送到古巴以近距离对付美国，但苏联这一行动被美国的 U-2 飞机侦察到了，于是美国就派遣了航空母舰，并结集登陆部队对古巴进行军事封锁，美苏战争一触即发。此时，美苏都有两种选择：苏联面临着的选择是坚持在古巴部署导弹还是撤回导弹，美国面临着的选择则是容忍苏联的挑衅行为还是采取强硬措施，当时的情形可用如图 2-44 所示的博弈矩阵表示。当然，由于当时的美国实力更为强大，因而它坚持了强硬策略，决定对海空进行封锁，派出执行任务的舰队在 68 个空军中队和 8 艘航空母舰的护卫下驶入封锁带，还集结了战后以来最庞大的登陆部队，战略空军部队进入战备状态。在这种情况下，苏联不得不做出让步，把导弹撤了回来，因为这总比爆发战争好。

美国		苏联	
		撤回导弹	坚持部署
	软弱	0, 0	-5, 10
	强硬	10, -5	-10, -10

图 2-44 古巴导弹危机博弈

在 20 世纪 60 年代的古巴导弹危机中，美国不惜冒着战争不断升级乃至发生核战争的危险对古巴进行海上封锁，最终化解了危机。这里，美国成功

地使用了边缘策略（Brinkmanship）。

2. 边缘策略的基本含义

边缘策略始创于美国总统艾森豪威尔时期的国务卿杜勒斯，它是指将冲突情况逐步升级，直至战争爆发边缘，借此施加强大压力，迫使对方作出对己有利的退让。在很大程度上，这也是一种威胁策略：为了逼对方让步，人为地设置一种对方无法承担的可怕后果。例如，在一些电影片段中，当一帮匪徒找到线索人时就拿出手枪并只上一颗子弹，对准不肯开口的线索人的脑袋说："我并不想杀死你，但你不说出秘密，那么，你就有六分之一可能会在下一秒死去，实际上，你真得在下一秒死去，我也就得不到什么秘密，这种情况是我不愿看到的，更是你不愿看到的"。当然，线索人也可以对匪徒说："如果你杀了我，就永远无法知道宝藏的下落。既然我们都知道你不能杀我，你又如何能逼迫我来告诉你宝藏的下落?"两人使用的都是边缘策略。

谢林认为，核武器的作用主要来自于巨大的威慑力，而不是其先发制人的能力，因为一旦对方使用了核武器，自己就有实施报复的能力。这就好比在幼儿园，某儿童有一个能打架的哥哥，并不是要让哥哥首先教训所有的小朋友，而是当遇到其他儿童的欺负时，他就可以让哥哥出面对其他小朋友实施惩罚，从而避免其他儿童的欺负。事实上，如果哥哥的作用是首先教训所有小朋友，那么，他很可能会遇到有两个哥哥（从而更具报复力）的儿童。从这个角度上说，博弈的结果不仅取决于策略应用的智慧，更主要是来自于实力的竞争。在如图 2-45 所示的博弈树中，朝鲜发展核武器的主要目的就是起到威慑作用，从而阻止美国的进攻，相反，如果率先使用核武器的话，反而会使自己陷入灾难。迪克西特（A.K.Dixit）和奈尔伯夫（B.J.Nalebuff）也指出，"核武器的威胁在于可能出现意外事故。当存在任何常规冲突都有可能使局势激化到失去控制的可能性时，核阻吓就变得可信了。这一威胁不是一

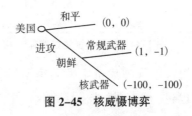

图 2-45 核威慑博弈

定发生，而是一种同归于尽的可能性"，"随着一场冲突升级，引发一场核战争的一系列事件发生的可能性也在增加。最后，战争的可能性变得那么大，以至于终于有一方决定撤退。"

3. 边缘策略的现实运用

事实上，迄今为止，美国一直认为，在朝鲜战争中，正是由于它发出的核威胁迫使了中国在朝鲜的让步。随着 1950 年 6 月 25 日朝鲜南北内战爆发以及 10 月 19 日中国人民志愿军奔赴朝鲜战场，迫使曾叫嚣"回家过圣诞节"的"联合国军"从鸭绿江边撤至三八线附近，此时美国就试图使用核威胁。1950 年 11 月 30 日杜鲁门在记者招待会上有这样的问答。记者："总统先生，您对朝鲜的事态打算如何应付？"杜鲁门："同以往一样，我们将采取任何必要的步骤，以应付军事局势。"记者："那是否包括使用原子弹？"杜鲁门："包括我们拥有的任何武器。"记者："总统先生，您说的'包括我们拥有的任何武器'是否意味着正在积极考虑使用原子弹？"杜鲁门："我们一直在积极考虑使用原子弹，可是我不希望看到使用原子弹，它是一种可怕的武器，不应用来对付无辜的男人、妇女和儿童……可是原子弹一经使用，这种情况就无法避免了。"杜鲁门的话令记者们大吃一惊，一个合众社记者连忙问："总统先生，您说正在积极考虑使用原子弹，我们清楚了解您的意思了吗？"杜鲁门："我们一直在积极地考虑。这是我们的一种武器。"记者："总统先生，这是否意味着用以打击军事目标或民用……"杜鲁门（插话）："那是军方人员将要决定的事。我不是批准这些事情的军方权威。"随着 1953 年 1 月原子弹第一次爆炸成功，核武器既可用于战略目的又可用于战术目的，此时新当选的总统艾森豪威尔又开始威胁使用战术原子武器，国务卿杜勒斯发出威胁，如果不能达成停战协议，美国就要轰炸鸭绿江以北的中国东北基地，甚至毫不犹豫地使用刚试验成功的核炮弹。对于这种核政策的效果，艾森豪威尔在回忆录中写道：中国在朝鲜之所以作出最后的让步，乃是美国核威胁起到了"抑制的作用"。

在很大程度上，目前朝鲜也在高超地使用边缘策略并获取莫大利益：首先，朝鲜 1993 年拒绝国际原子能总署（IAEA）检查宁边设施后便退出《核不扩散条约》而引爆第一次危机，在各方折冲斡旋之后于 1994 年与美国签订

《框架协议》而同意重新加入《核不扩散条约》，并接受 IAEA 检查，美国则作出包括禁运解禁、提供能源、暂停军演、与之建立外交关系等一连串让步；其次，朝鲜 1998 年 8 月发射"大浦洞 1 号"火箭越过日本领空，在经历一年的谈判后与美国 1999 年 9 月在柏林举行双边会议，朝鲜同意终止长程飞弹测试，换取美国取消对其的经济制裁；再次，朝鲜在 2002 年承认发展核武器，并于 2003 年再度宣布退出《核不扩散条约》，同时在当年二三月间两周内试射两枚飞弹至日本海引爆，美国组织了六方会谈，迄今却徒劳无功，而朝鲜则成功地解除了限制朝鲜发展核武的枷锁。同样，在韩国大规模的军事演习之后，朝鲜不但未曾如先前信誓旦旦的采取大规模报复与反击，反而表示不愿随之起舞，也不会反击。究其原因，边缘策略的有效性植基于威慑作用，一旦威慑不具可信度或对手不惧威慑时，退让就成为理性抉择下的反应。

在日常生活中，人们往往也会使用边缘策略。迪克西特和奈尔伯夫就写道："比如公司管理层与工会可能面临一场毁灭性的罢工，固执己见而不能达成妥协的夫妻可能离婚，意见不一的国会议员假如不能通过预算案，就会让政府关门，这些案例的双方其实都会用到边缘政策。他们故意创造和操纵着一个有着在双方看来同样糟糕的结局的风险，引诱对方妥协。"我们在台湾地区立法机构上就总是看到边缘策略的运用：民进党往往威胁瘫痪立法院议事的方式迫使议席占多数的国民党让步。

4. 边缘策略的运用技巧

在边缘策略中，那些风险承担能力小的一方往往会屈服。这可以用"懦夫博弈"（Chicken Game）加以描述，两车手 1 和 2 参加地下撞车比赛，两辆车面对面在一条直道上加速，先转弯的为输家。标准的纳什均衡是一方转弯一方不转弯，而且斗强的结果很可能都不转弯。但是，其中有一个车手 1 为了表明自己绝不转弯的决心，同时也想利用这种决心威胁车手 2，特地让车手 2 看见自己用布条将自己双眼蒙上，证明自己没有后路，受到其行为的预期，车手 2 不得不先转弯以避免灾难的发生。如图 2-46 所示的博弈矩阵。"懦夫博弈"也称"勇敢者游戏"，类似的例子有：《天下无贼》中刘德华与黎叔手下的四眼在火车顶上"比胆"，两人站在疾驰的火车上面对迎面而来的黑暗隧道，谁先蹲下就输；显然，如果一直不低头必然会头撞洞顶而死，因而能否坚持到最后需要极大的胆量。

车手1		车手2	
		转弯	不转弯
	转弯	0, 0	-5, 10
	不转弯	10, -5	-10, -10

图2-46　胆小鬼博弈

这里的"边缘"并不是如通常所讲的悬崖峭壁那样，一个人可以稳稳地站在上面四处张望，然后决定是否跳下去，也不是意味着，一方为威胁围攻自己的对手而故意不断接近边缘，从而自己跳下去时别人想拦也拦不住。相反，这里的"边缘"带有一个曲滑的斜面，站在上面的人一不小心就会有掉下去的危险，而且，距离边缘越近就越危险，掉进悬崖的可能性也就越大；同时，一个人故意接近边缘，从而可能与敌人同归于尽，即使自己想自救也为时已晚。也就是说，边缘策略是一方人为制造的形势失控的策略：只有面临失控的危险，才可以迫使对方屈服妥协。这样，边缘策略就可以通过故意向对方暴露共担风险，达到侵扰和威慑对方的目的。边缘策略的吊诡之处就在于，策略要成功就不能破局，总要一方在战争爆发之前退让，另一方才有利可图。那么，如何自由地出入冲突边缘并利用冲突而胜出呢？

首先，边缘策略的成功关键在于找到可信的威胁。迪克西特和奈尔伯夫指出两点：①要设法让惩罚措施的控制权超出你自己的控制，从而断绝你自己重新确定忍耐底线的后路；②你要将悬崖转化为一道光滑的斜坡，每向下滑一步都会面对失去控制而跌入深渊的风险，从而阻止对手使用"意大利香肠"战术避开威胁。

譬如，在古巴导弹危机中，美国就不能直接威胁说，假如苏联不拆除那些导弹，那么，美国就会将莫斯科夷为平地？尽管这个威胁中提到的行动将会引发一场全球性的核战争，但这个危险本身实在太夸张了，以至于让人难以置信。事实上，假如导弹没有在最后期限之前撤离，肯尼迪一定不愿意将整个世界夷为平地，而更加愿意考虑延长留给苏联的最后期限，推后一天，再推后一天，如此下去。显然，美国不能令人信服地威胁说它马上就要发动一场全面的核打击，但它可以通过某些正面交锋令人信服地将这种风险提高到一个新水平。比如，美国可能愿意冒1/6的爆发核战争的风险，以此换取苏联导弹一定撤出古巴。于是，苏联再也不能认为美国的威胁只不过是说说而已。事实上，美国或苏联的每一步都包含一定程度的风险：每一次不让步都会加大爆发世界大战的风险，而每一个小的让步则会减少这个风险，显然，如果美国愿意走得比苏联更远，那么苏联的边缘政策就会取胜。

其次，边缘策略成功的关键在于创造并控制发生灾难的风险。博弈方制造的风险要能够迫使对方让步，但在自己的控制范围内，否则就很可能会导致灾难的发生。在古巴导弹危机中，美国成功运用边缘策略的关键就在于它能够控制风险的升级，并且使这种受到控制的风险水平上升到苏联难以忍受的程度，那么就可以促使苏联撤走导弹，此时边缘政策也就完满地达到了目的。我们再来看两个例子。

例1 普特南（H.Hilary Putnam）是美国独立革命时的重要将领之一，参加过法国和印度之间的战争。法印战争期间，一位英国少将向普特南提出决斗。普特南知道对方的实力和经验，如真干起来，自己取胜的机会很小。于是，他邀请这位英国少将到他的帐篷里采用另一种决斗方式：两个人都坐在一个很小的炸药桶上，每个炸药桶里都有根烧得很慢的导火线，谁先移动身体就算输。在导火线燃烧时，英国少将显得极度不安，而普特南则悠然地抽着烟斗。当看到旁观者都纷纷走出帐篷，少将再也坚持不住，从小桶上跳了起来，承认自己输了。这时，普特南才对他说："这桶里装满了洋葱，不是炸药。"

例2 在美国纽约，犹太人比尔在本地人汤姆的食品零售店旁又开了同样一家食品零售店，由于汤姆的食品零售店已经赢得了广大消费者的认可，比尔的做法无异于作茧自缚，怎么能够竞争得过汤姆呢？很快，一场降价促销战就在比尔与汤姆之间打响了，当汤姆在店门前写到热狗25美分时，比尔也将热狗同样降至25美分，接下来便是20美分、15美分、10美分，此时的价格已经远远低于成本，最后，汤姆耗不住了而怒气冲冲地找到比尔后说："你真是个疯子，再这样降下去我们都得关门大吉，这生意还怎么做？"但比尔却不愠不火地笑着说："关门的不是我，是你才对，因为我的店里根本就没有热狗，只是为了吸引更多的顾客前来光顾而已。"

焦土策略和毒丸计划

1. 缘起：俄罗斯人火烧莫斯科

1812 年，拿破仑入侵俄国时，俄国人为抗击侵略而火烧了莫斯科。同样，"二战"期间，斯大林也发布了苏联对抗纳粹而实行"焦土"防御政策的讲话："我们必须组织一场毫不留情的战斗。绝不能让敌人拿到一片面包或一升汽油。合作农场的农民必须将牲口赶到别处，将粮食转移到其他地方。无法转移的东西一律就地毁灭。桥梁和道路必须埋设地雷。森林和仓库都要烧毁。留给敌人的只能是难以忍受的局面。"斯大林使用的就是焦土策略。

破釜沉舟是通过主动限制自己的行动自由而影响对方预期的策略，与此相对应，焦土策略则是通过破坏自己的某些收益而降低对方获胜时的支付结构。这两类策略的目的都是改变对方的看法和行动，使之变得对自己有利。尽管焦土策略的重点是破坏了自己持有的东西，但也阻碍了对方对它的争夺，尤其是利用夺取的东西作为进一步对抗的力量。

2. 商业竞争中的焦土策略

焦土策略不仅广泛使用在战争中，在现代商业竞争中也成为一种控制与反控制的策略。例如，西太平洋（Western Pacific）打算吞并霍顿·米夫林（Houghton Mimin）出版公司，后者威胁说要清空自己的作者群。约翰·肯尼思·加尔布雷思（J.Galbraith）、阿奇博尔德·麦克利什（A.MacLeish）、小阿瑟·

施莱辛格（A.Schiesinger）以及许多盈利可观的教科书的作者一致威胁说，假如霍顿·米夫林被兼并，他们就会另投别处。开始，西太平洋主席霍华德·纽曼（H.Newman）接到几封作者寄来的抗议信时，他还觉得这是一个笑话，称之为"捏造"，不过，当他接到更多这样的信件时，他开始意识到，"我可能买下这个公司后却一无所获。"因此，西太平洋最终放弃了收购计划，霍顿·米夫林得以继续独立经营。

当然，焦土策略要取得成功关键是要摧毁入侵者想要的东西，而这些东西却不是现在所有者最为重视的。例如，当鲁拍特·默多克（R.Mudoch）有意收购《纽约》杂志时，该杂志社肩负重任的管理层决心将他打回去。许多著名的作者威胁说，假如默多克夺得控制权，他们就要离开《纽约》杂志。但是，这并未吓倒默多克，他还是收购了《纽约》杂志。作者们确实离开了，但广告客户并没有走。显然，默多克得到了他想要的东西，而作者们却采取了错误的方向。再如，武汉沦陷后，蒋介石在南岳和长沙等地多次召开军事会议并一再强调"焦土抗战"的政策，并在1938年11月12日的深夜秘密火烧长沙，大火烧死了两万多人，却并没有阻止日军的入侵。究其原因，国民党并没有将焦土抗战当作威胁策略加以使用而阻止日军侵略，而是将之当成对抗已经不可避免的以空间换时间的策略。同时，日本攻占长沙也不仅仅是掠夺长沙的物产，而是为了削弱中国的抗战力量，并以政略和谋略相结合促使中国政府屈服。

在反收购中，"白衣骑士"和毒丸计划就类似于焦土策略。"白衣骑士"策略是指当目标企业遭遇敌意并购时，主动寻找第三方以更高的价格来对付敌意并购，造成第三方与敌意并购者竞价并购目标企业的局面，这第三方就被称为"白衣骑士"。在这种情况下，敌意并购者要么提高并购价格，要么放弃并购。一般来说，如果敌意并购者的出价不是很高，目标企业被"白衣骑士"拯救的机会就大；如果敌意并购者提出的出价很高，那么"白衣骑士"的成本也会相应提高，目标企业获救的机会就小。也就是说，这一策略对于并非志在必得或者对手实力不强的时候比较有效。

3. 广泛使用的毒丸计划

与焦土策略更类似的是毒丸计划，它是一种提高并购企业的并购成本，从而造成目标企业的并购吸引力急速降低的反收购措施。毒丸计划是美国著名的并购律师马丁·利普顿（M.Lipton）1982年发明的，正式名称为"股权摊薄反收购措施"，最初的形式很简单，就是目标公司向普通股股东发行优先股，一旦公司被收购，股东持有的优先股就可以转换为一定数额的收购方股票。在最常见的形式中，一旦未经认可的一方收购了目标公司一大笔股份（一般是10%~20%的股份）时，毒丸计划就会启动，导致新股充斥市场。一旦毒丸计划被触发，其他所有的股东都有机会以低价买进新股。这样就大大地稀释了收购方的股权，继而使收购变得代价高昂，从而达到抵制收购的目的。显然，毒丸计划在平时不会生效，只有当企业面临被并购的威胁时，毒丸计划才启动。

毒丸计划的类型主要有：①优先股计划。目标公司发行一系列带有特殊权利的优先股。按照该计划，当遇到收购袭击时，优先股股东可以要求公司按过去一年中大宗股票股东购买普通股或优先股的最高价以现金赎回优先股，或公司赋予优先股股东在公司被收购后以溢价兑换现金的权利。这样可以增加收购者的收购成本，遏制其收购的意图。②"金色降落伞计划"。该计划规定收购者在完成对目标公司的收购以后，如果人事安排上有所变动，必须对变动者一次性支付巨额补偿金。这样通过加大收购者的收购成本在一定程度上阻止了收购行为。③"毒丸债券计划"。当目标公司面临收购威胁时，可抢先发行大量债券，并规定：在目标公司的股权出现大规模转移时，债券持有人可要求公司立即兑付。这样会使收购公司面临着收购后需立即支付巨额现金的财务困境，从而降低其收购目标公司的兴趣。④购买权证计划。这一计划授权目标公司的股东按照一种很高的折价去认购目标公司的股票的认股权证，或是认购成功收购公司股票的认股权证。当收购行为发生时，权证投资人可将认股权证换成公司的普通股，从而稀释收购者的股本。

事实上，美国有超过2000家公司拥有这种策略。根据Thomson金融数据公司的统计，从2000年3月至2001年3月，共有19家互联网公司采用了"毒丸术"，互联网门户Yahoo、孵化器Internet Capital Group和Divine Interventures、在线音乐网站（Musicmaker.com）及互动电视公司TiVo最近都采用了"毒丸"战术。同样，为防止被收购，美国纳斯达克上市公司搜狐公司2001年7月28日宣布其董事会已采纳了一项股东权益计划。该计划旨在防止强制性的收购，包括防止在公开市场上或者通过私下交易收购搜狐股票，以及防止收购人在没有向搜狐所有股东提出公正条款的情况下获得搜狐的控股权。按照这项计划，搜狐公司授权 2001 年 7 月 23 日搜狐股票收盘时登记在册的所有股东，有权按每一普通股买入一个单位的搜狐优先股。另外，搜狐董事会还授权发放在登记日期之后至兑现日期之前的按每一普通股而出售的优先股购买权，上述购买权最晚于 2011 年 7 月 25 日到期。根据该项计划，搜狐股东可以在上述期限内用每股 100 美元的价格购买一个单位的搜狐优先股，在被并购后，每一优先股可以兑换成新公司两倍于行权价格的股票。

4. 詹姆士收购克朗公司案

为说明毒丸计划，这里再举一例。克朗·塞勒巴克公司是 20 世纪 80 年代初美国《商业周刊》评出的 400 家大企业之一，由于公司的经营包罗万象，参差不齐，没有集中发挥自己的经营特长，经济效益并不理想，在纽约股票市场上克朗公司的价值被低估 30%，这自然成为"黑马骑士"詹姆士爵士千载难逢的"诱人猎物"。1986 年詹姆士收购了克朗·塞勒巴克公司股票的 8.6%，为了进一步取得克朗公司，他决定对它标购，每股 42.5 美元。在袭击者的强大攻势面前，克朗公司的董事长比尔·克勒松不得不求助于梅德公司充当"白马骑士"，梅德公司决定出价每股 50 美元买下詹姆士拥有克朗公司的 11.5% 股票。

尽管詹姆士的初衷是为了吞并克朗公司，但考虑到"白马骑士"的开价很高，詹姆士终于改变主意，准备接受"白马骑士"的建议，以得到近 8000 万美元的补偿为条件退出收购，但梅德公司却意外地否决了"援救"克朗公司的行动，不再扮演"白马骑士"的角色。其原因是：①克朗公司的每股股票不值 50 美元；②梅德公司吞下比自己规模还大的克朗公司集团将不得不四处举债，并进行机构改革；③公司的短期效益也必将暂时下降。梅德公司的突然退出使得克朗公司董事长克勒松惊慌失措，他邀请詹姆士进入董事会，并希望后者保证其份额不超过总额的 15%，但詹姆士坚持行动自由，直到掌握股票总数的 30%。于是谈判进入僵局。

尽管詹姆士咄咄逼人，但克朗公司也是一只全身布满"毒刺"的"大刺猬"，这些"毒刺"就是该公司的"毒丸"策略。克朗公司"毒丸"策略的主要内容包括：①克朗公司的公司章程规定：董事会成员不允许一次更新，每年只能更换 1/13。这样一来，即使标购成功，袭击者仍无法控制公司，权力仍掌握在目标公司的董事会手中；②公司章程的一切变动都须经过 2/3 以上的多数投票通过；③在克朗公司，16 名高级负责人离开公司之际有权领取三年工资和全部退休保证金，总额达 9200 万美元。

由于克朗公司的"毒丸"策略堵死了几乎所有收购行动的大门，詹姆士因此面临着严峻的形势。1985 年 5 月股东大会的前一天，詹姆士从好几家公司手中买进了一批股票，并将其拥有的股票比例提高到了 19.5%。但在 5 月 9 日的股东大会上，他凭借手中握有的股票在董事会中仅赢得一个席位。为此，詹姆士继续购买克朗公司的股票，至 7 月 10 日已拥有猎物企业 26% 的股票，7 月 15 日比例增加到 50%，7 月 25 日终于正式接管克朗公司。不过，由于"毒丸"的存在，资产重新分配变得异常复杂，必须按照交换的方式进行，而不能采取吞并的办法，并且所有这一切事后还要得到法庭的认可。

模仿尾随和创新领导

1. 缘起:"自由女神号"的失策

1983 年美洲杯帆船赛决赛前 4 轮结束后,"自由女神号"在总共 7 轮比赛中暂时以 3 胜 1 负领先。第 5 轮比赛一开始,"自由女神号"就因为竞争对手"澳大利亚二号"的抢发而取得了 37 秒的优势。那么,此时"自由女神号"应该采取什么策略以确保取胜呢?

根据常态的发展,"自由女神号"将保持领先。但是,这时落后的"澳大利亚二号"船长采取了一个大胆的举动,他把帆船转向了赛道的左边,希望风向可能发生变化,从左后方吹来,从而帮助他赶上去。相反,"自由女神号"船长则在优势心理下采取了保守策略,依旧把帆船留在赛道的右边。结果,风向果真如"澳大利亚二号"船长的所愿发生了改变,于是,"澳大利亚二号"船长取得了胜利。

赛后,人们纷纷批评"自由女神号"船长的策略错误。那么,"自由女神号"船长是否有策略保持自己的领先地位呢?实际上,在"自由女神号"取得了 37 秒的领先优势时,他们就获得了后动优势。因此,此时领先者的策略非常简单,它只要照搬尾随者的策略就行:对手押什么风向,他们就跟随押什么风向,这样,他们必胜无疑。究其原因,如果对手押对了,他们也跟着押对;如果对手押错了,那么大家都错,那 37 秒优势仍然管用。

事实上,无论是在商业竞争还是体育竞赛中,往往在比赛中途就已经出现了领先者和落后者。那么，此时的领先者究竟应该采取什么策略才能继续保持领先，而落后者采取什么策略才能异军突起呢？前面在阐述后发优势时就已经提出了领先者在竞赛中保持优势的一个重要策略：模仿尾随者。"模仿尾随者"策略在日常生活中也是非常普遍的：在总统或其他选举中，那些民调领先的候选人往往采取与另一主要竞争候选人类似的策略，包括政纲的倾向等；在股市分析中，那些出名的股市评论员总是想方设法随大溜，制造出一个跟其他人差不多的预测结果。这样一来，别人就不会轻易改变对他们的看法，从而能够将优势维持下去。由此，我们可以思考，现代社会中究竟谁是创新的主要推动者。流行的观点往往认为，创新主体主要是出于主导地位的大公司，但实际情况并非如此。

2. 谁是商业创新的领导者

随着市场不确定性的加剧和需求的不断变化，越来越多的创新已经不是发生在已有的、技术力量和资金雄厚的大企业，而是产生在那些看上去既无技术力量，又无资金的小企业。在很大程度上，由于小企业本身难以获得规模经济，从而难以采取波特所讲的总成本领先的竞争战略。因此，这些小企业就更倾向于标新立异的竞争战略，这种竞争战略的本质就是创新。例如，在个人电脑市场，新概念更多是来自苹果、太阳电脑以及其他新创立的公司，而不是IBM，个人电脑操作系统最初是IBM向微软购买的。

因此，市场竞争中往往会呈现出这样两大现象：一方面，大公司也被迫在商战中模仿小公司的体制以求创新，例如，宝洁公司也会模仿金佰利（Kimberly Clark）发明的可再贴尿布黏合带，以再度夺回市场的统治地位；另一方面，一些小公司也迅速崛起，从而摊平了生产集中的程度，例如，个人电脑苹果就是两个年轻人发明的。2009年的诺贝尔经济学奖得主威廉姆森总结说："作为一般规律，一种行业的四个最大企业的研究开发费用比例和生产力上来说均比不上紧随其后、小一些的对手们。"曼斯菲尔德（Mansfield）发现，在汽油和煤油行业中，创新对企业规模的比例在第六大企业中达到最大，而钢铁业中这一排位还要低许多。

那么，如何解释创新从大公司向小公司的转移呢？事实上，如果领先公司采用创新策略，但由于市场本身具有很强的不确定性，如果推出的创新产品恰恰不幸为市场所排斥，那么很可能就会对它现有的市场地位构成威胁。因此，这些公司往往会采取相对保守也相对保险的策略：首先观察其他公司的创新产品在市场中的检验结果，然后再迅速跟进那些成功创新的企业。例如，1985 年 4 月 13 日上市的"更新、更甜"可口可乐虽然成功通过了味道盲测，但在现实世界却栽了跟头。可口可乐铁杆粉丝纷纷打来电话或寄来书信抱怨，仅仅推出三个月，可口可乐公司即恢复传统配方的生产，所有可乐罐和可乐瓶全部增加了"古典"商标，以便令消费者重新获得他们"初恋般"的感觉。同样，可口可乐公司于 2009 年推出一种被吹嘘为世界上第一种"活力饮料"的牛奶碳酸型饮料 Vio，但迄今为止这种饮料都没有受到用户的广泛欢迎。事实上，对一些非技术型而是偏好型的产品，用户往往会对老品牌产生出某种情感依恋，有 99 年历史的可口可乐就是如此。

这种模仿尾随着策略在当今商业中得到广泛的使用，例如，尽管腾讯公司在当前国内 IT 业中名列前茅，但它就长期依赖都是在模仿其他 IT 厂商的创意，这包括微信模仿米聊，QQ 直播模仿 PPLive，超级旋风模仿迅雷，QQ 拼音输入法模仿搜狗输入法等。腾讯公司之所以采取这种策略就在于创新成本是巨大的，并且推出的产品能否取得成功又是不确定的。为此，腾讯公司采取的策略就是：让其他 IT 厂家率先推出相关产品，在它证明符合市场需求并开拓了市场之后才采取模仿策略，选择了恰当时机推出相关产品，并借助自己积累起来的庞大用户群抢占市场。同时，腾讯在进行模仿的同时还着手优化创新，从而继续吸引用户。

3. 产品差异化策略的兴起

当然，尽管创新往往是由中小企业推动的，但这并不意味着大企业就毫无创新意识。实际上，由于技术诀窍以及专利发明等的保护，大企业并不能迅速模仿跟随者，因而在不断变动的市场中大企业也具有强烈的危机意识，这就促使它积极创新。大企业的创新如何能够不危及它原来占有的市场呢？为了防止创新对原有市场的可能冲击，那些领先公司所选择的创新往往是针对新的市场，从而通过创新来推行差异化路线，这也是为什么即使是同一类商品，同一公司也会推出不同的品种，如护肤液、洗发液、牙膏等护理品，烟、酒、茶等消费品都是如此。例如，宝洁公司在中国大陆就有六个洗发水品牌，正是通过巧妙地运用了产品差异化，设计了六个品牌各自的个性化定位，宝洁公司实现了在洗发水行业骄人的战绩。

产品差异化，是指企业以某种方式改变那些基本相同的产品，以使消费者相信这些产品存在差异而产生不同的偏好，使顾客能够把它同其他竞争性企业提供的同类产品有效区别开来，从而达到使企业在市场竞争中占据有利地位的目的。其中的关键在于，产品差异化企业要创造出足以区别于其他同类产品以吸引购买者的特殊性，从而导致消费者的偏好和忠诚。这样，就不仅可以在同一市场上使本产品与其他产品区别开来，避免本产品对自己的优势产品产生冲击，而且还可以迫使外部进入者耗费巨资去征服现有客户的忠实性而由此造成某种障碍，从而确立在市场竞争中的有利地位。当然，产品差异化策略之所以可行，就在于商业竞争不同于体育比赛，它贯彻的不是完全的"赢者通吃"规则，总有某些群体有不同偏好，而且人们的偏好也不断变化。在某种意义上，商界的产品差异化创新也类似于经济政治领域的增量改革或体制外改革。

话题制造与凤姐现象

1. 缘起：拍案惊奇的"凤姐"现象

近年来，中国社会刮起了一阵强盛的网络达人风，其中的典型就是"凤姐"现象。凤姐，本名罗玉凤，她在綦江师范学校获得中师文凭，在重庆教育学院汉语言文学专业获得大专文凭，却自称懂诗画、会弹琴，精通古汉语，"9 岁起博览群书，20 岁达到顶峰，智商前 300 年后 300 年无人能及"。她毕业后在上海某家乐福超市做收银员工作，自称在世界 500 强企业工作；她身高只有 1.46 米，却在上海陆家嘴附近发过成千上万份征婚传单，并公布七大极为苛刻的征婚条件，誓嫁 1.76~1.83 米的清华或北大硕士生，不仅长得要阳光、帅气，而且必须是经管专业或精通经济学，西南地区如重庆等地都不考虑。正是凭借层出不穷的雷言囧语，"凤姐"一"炮"而红，引起各路媒体和广大网民的关注，被网友戏称为"宇宙无敌超级第一自信"。成名后，她相继参加《花儿朵朵》《中国达人秀》《爱情买卖》等选秀节目，还做客《Lady 呱呱》《嘎嘣爆米花》《快乐向前冲》《时尚星达人》等节目，并有巨资去整容。

为何会出现这种低俗现象呢？这同样可以用博弈论加以解释。

2. 落后者的出奇制胜策略

在锦标赛制的竞争中或赢者通吃的游戏中，收益的分配是基于地位和等级而不是基于具体的成绩或数值，此时，那些暂时领先者只要采用"紧跟尾随者"的策略，就可以确保优势维持下去，从而获得全部收益。与此不同，对那些暂时的落后者而言，则不能采取"紧随领先者"的策略，而是要努力创造出不同的策略。究其原因，即使"紧随领先者"可以取得不错的成绩，但也不可能有任何收益，相反，采取冒险的创新策略，即使可能会一败涂地，但也可能出奇制胜。例如，前几年，诺基亚的手机雄踞了整个市场，诺基亚的塞班系统也是大众心目中的主流系统，而安卓系统仅仅只是一种非主流，从而受到市场的排斥，因此，安卓系统积极创新，它带来的体验效果也比较好，从而开始为越来越多的人所接受。

在商业中，创新策略就体现为寻找市场上的各种空隙，发现产品的盲点，推陈出新地开辟新的市场和产品，从而能够率先占领和扩大市场。我们再看一个明代蒲州人王海峰的经商案例，他做法常常与众不同，却总能收到出奇制胜的效果。当时，蒲州商人外出经商，大多是西到秦陇，东到淮浙，西南到蜀，但王海峰却不沿袭他人的经商路线，而是东走青沧。由于青州和沧州在明朝时是长芦盐区，而当地官僚显贵、势豪奸绅上下勾结，使盐区的运销不能正常进行，商人纷纷离去。但王海峰认为，长芦盐区的现状是法治不严，管理不善造成的，商人们离去是不正常的现象，不应以正目视之，经商就要"人弃我取，人去我就"。他来到长芦盐区的沧州，并向当地政府提出整顿盐制、严禁走私的建议。后来，长芦盐区经过整顿，盐业运销再度繁荣起来，各地盐商又蜂拥而至，盐区盐税收入比过去增长三倍多，而这时的王海峰已成为该盐区的著名富商。

德国军事理论家克劳塞维茨（Carl Von Clausewitz）说："战争有时就是冒险，但必须是有算计的，这样的冒险比不冒险事实上更安全。"在1982年的欧洲篮球锦标赛上，保加利亚队与捷克斯洛伐克队相遇，剩下8秒时，保加利亚队以2分领先，那次比赛采用的是循环制，保加利亚队必须超过5分才能取胜。可8秒钟得3分，谈何容易呀！这时，保加利亚队的教练突然要求暂停，许多人对此付之一笑，比赛恢复后，出现了意想不到的场面：保加利亚队的队员拿球向自家篮下跑去，并迅速投篮。比赛时间到，当裁判宣布双方打平，要打加时赛时，大家才恍然大悟：他们为自己创造了一次起死回生的机会。加赛时，保加利亚队得了3分，终于如愿以偿地胜利了。

正是由于出奇制胜是暂时落后者的有效策略，因而那些民调落后的候选人、不成气候的股市分析员以及初出茅庐的年轻学者们往往会大放惊世骇俗之言，制造一些引起关注的事件。而且，越是青年学子，越喜好发惊人之言？越是没有真才实学的学者，越喜好发雷人之言。究其原因，即使他们在很多情况下都说错了，也没有多少人会将之当回事，但是，一旦偶尔碰上了正确的预测，他就可以大肆宣扬而引起关注，那些普通学者甚至就可以一鸣惊人而跻身名家之列。

在经济学说史中，马尔萨斯（Thomas Robert Malthus）就是发表了与当时盛行的经济进步的乐观主义思想相抵触的《人口原理》而一举成名，尽管该理论在当时遭到了猛烈的批判；同样，年仅 30 岁的杰文斯（William Stanley Jevons）就是因为发表了一部属于杞人忧天和马尔萨斯主义的著作——《煤炭问题》而赢得了声誉，甚至成为当时首相想要认识的大人物。19 世纪末期的经济学领袖马歇尔（Alfred Marshall）对传统学说则保持尊敬，并且认为，纷扰与革命往往是少数派的作为，他们为了使意见有人听而不得不大喊大叫，而他自己则属于受过训练的所属派的坚强领袖。在当前中国经济学界也是如此，那些海归经济学人往往致力于主流学说和传统智慧的宣传，而那些被边缘化的学人或民间学者则更倾向于对流行学说的批判和改造。

3. 网络达人现象何以盛行

由此，我们也就可以理解当前社会盛行的那些网络达人现象，如芙蓉姐姐、流氓燕、杨二车娜姆、罗玉凤、"二月丫头"、"小青姑娘"、"贾君鹏"、"天仙 MM"、干露露、兽兽以及超女快男等。那么，这些人为何如此炒作呢？为何又能够如此炒作呢？这就涉及我们这个时代的风气和价值观。

在商业主义和功利主义极度盛行的年代，每个人都只关心个人私利，都将别人看成潜在的竞争者或敌人，将社会互动看成是零和博弈情境，从而就导致犬儒主义的勃兴。例如，在当前中国社会就充斥着这样一些言论："什么都是假的，只有钱是真的""真理值多少钱？""自由能当饭吃吗？""都不是好东西，我谁也不帮""笑骂由人笑骂，好官我自为之"，等等。同时，在市场经济中，要能够获得金钱，关键在于引起别人的关注，要占有市场、赢得观众，相反，如果没有市场，没有关注，那么就只能被市场经济淘汰。在这样一个信息爆炸和眼球经济时代，为了吸引更多眼球，那些金钱至上主义的奉行者就会努力通过各种噱头来炒作自己。不仅个体如此，一些公共机构也是如此，如高等院校对校花的炒作，中学对状元的炒作，各地对名人的炒作，整形美容医院对人造美女的炒作，乃至各种名誉性头衔不断推陈出新，如名誉教授、名誉顾问、名誉博士、名誉市民等，甚至开始出现了"名誉学生"的称谓。

而且，为了追求金钱，炒作者甚至不惜损害个人声誉，也要制造一些有违社会基本道德的事件来引起关注。对他们来说，声誉的价值也只体现在它能够带来金钱，如果不能带来金钱就是一文不名。一个典型的途径则是借名人上位，通过炮制与名人的绯闻或骂战等迅速吸引眼球，先曝光再澄清这样沸沸扬扬闹几周很快就可以在娱乐圈中落脚。例如，早年火爆一时的超女选秀，就有一个舞美师在不断爆料关于选秀的各种内幕。而且，越是过气的明星，越倾向于炒作来引起关注，越倾向于拿一些很不名誉的事件进行炒作。事实上，这些炒作者的根本目的就是在大众心里留个名，不管是好名坏名。在这个社会，只要有名了，就容易引起社会大众的关注，财源也就随名气滚滚而来。社会大众之所以会为这些炒作所吸引，也就在于是我们生活在一个平淡乏味的年代，无聊的大众往往也只能通过看看丑闻、奇闻以打发时间、消解寂寞。同时，各种新闻媒介之所以热衷传播这些低俗、无聊之事，甚至不顾一切制造看点，也就在于它可以提高收视率。

与这个时代相适应，大量的炒作营销公司也应运而生，它们努力放大社会中的一点小事，并对有卖点的人物或事件进行精心策划和包装，从而把公众注意力转化为销售额、提升品牌资产的营销方式。这样，炒作者和被炒作者就成为相声中的捧和哏两类角色，共同制造了这个社会中无聊的笑料。例如，尔玛公司自 2010 年 3 月在北京市朝阳区成立以来，主要从事网络推手、网络营销等业务。为了扩大知名度、影响力，秦志晖、杨秀宇及其公司员工组成网络推手团队，通过"颠覆名人"或者对热点事件进行爆料而迅速提高关注度。该公司通过微博、贴吧、论坛等网络平台，不仅组织策划并制造传播谣言、蓄意炒作网络事件、恶意诋毁公众人物，以此达到牟利目的，还一直以非法删帖替人消灾、联系查询 IP 地址等方式非法牟利。同时，为使获得更多营销利益，公司对多位欲出名女孩进行炒作助其成名，甚至使用淫秽手段，色情包装，"中国第一无底限"暴露车模干某某、"干爹为其砸重金炫富"

模特杨某某等，均是该公司以色情手段包装成名的产物。

例如，被称为 2010 年第一个网络红人的"小青姑娘"，是国内所有网络红人在成名最短的时间内就立刻有商业代言活动的网络红人，被媒体誉为"最有商业价值的网络红人"。由于男友极度痴迷于刚被国外媒体评选为"全球最美脸蛋"的杰西卡·奥尔芭，小女孩决定一劳永逸整容成杰西卡。但因经济拮据，她决心用自己仅有的一点积蓄 2010 块钱悬赏求助网友，2010 年 1 月 12 日在天涯社区上署名"小青姑娘"发布了名为《现金悬赏，谁能把我整成世界上最美丽的脸蛋》的帖子。2010 年 2 月，包括路透社在内的数十家国内外知名媒体分别采访了小青姑娘的"为爱整形"的事件，远在美国的影星杰西卡·奥尔芭也就此事做出了正面回应；国内知名的美容整形机构"上海时光整形医院"也主动邀请小青姑娘，并公开表示愿意为小青姑娘整成"全球最美脸蛋"，整形医院的院长江山亲自接待小青姑娘。2010 年 3 月，小青姑娘的"幕后造星团队"浮出水面，原来她是国内最知名的炒作公司"中国炒作网"旗下的签约网络红人。2010 年 4 月底，小青姑娘正式担任婚情网的"爱心天使"，代言婚情网举办的"网民最喜爱的婚纱影楼"的网络投票评选活动。2010 年 5 月，"伊俪佳人"品牌女装正式邀请小青姑娘作为形象代言人，并且作为"伊俪佳人"的平面模特，助伊俪佳人进军电子商务网络销售。

拖人下水和利害捆绑

1. 缘起：重庆"地产窝案"

在重庆"地产窝案"当中，涉案人员层层勾连，相互关系交错联结。其一，在王政、郑维、陈明的"窝案"中，一名开发商找到王政，希望提高楼盘容积率。王政于是给"好兄弟"——时任重庆市规划局用地处处长的陈明打招呼，随后又在开发商递交的申请提高容积率的报告上签署"请给予大力支持"的意见。虽然按照相关规定，该公司开发的项目容积率不能超过5。但最终规划部门还是将该公司项目的容积率调整到不大于7。其二，重庆富洲地产在开发"富洲新城"项目时，该公司负责人林某为在征地规划调整、征地拆迁、回购土地补偿等项目上获得优惠，找到时任重庆市沙坪坝区区长的黄云帮忙，黄云则找到重庆市规划局原局长蒋勇、原副局长梁晓琦帮忙。其三，王政和陈明都曾在规划系统工作，蒋勇和梁晓琦是他们的老上级，而通过这一层关系，黄云与蒋勇和梁晓琦也达成默契，陈明、王政、郑维和黄云四人还拜了弟兄，平时就称兄道弟。

在很大程度上，这体现了官场中的拖人下水和利害捆绑现象。这种现象为什么会盛行呢？它也是博弈策略运用的结果，这里用一个劫匪困境的博弈模型加以解释见图2-47。

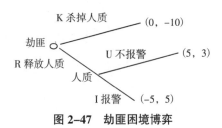

图 2-47　劫匪困境博弈

2. 绑匪的困境抉择

谢林描述了一个绑匪故事：一位黑社会成员打算绑架一名影视女明星以获取赎金，但绑架成功后他对自己的行为又感到后悔而想罢手；于是他决定，只要女星不向警察指控自己就放她走。不过，劫匪也清楚，一旦放了女星，她会感激，但是，女星被放以后也完全有理由不遵守先前的约定而去报案，因为那时女星已不在自己的控制之下了。因此，尽管女星保证绝不报案，但这样的保证并不能让劫匪放心，因为这种保证并不可信，如果女星反悔的话并不会有什么损失。那么，劫匪该怎么办呢？同样，对女星而言，她确实只求脱身而不想报复劫匪，那么，她又怎样获取劫匪的信任呢？

女星的承诺要为劫匪所采信，关键在于，如果女星违背了诺言将会遭受一定的损失，而且这种损失比因报复劫匪而获得的收益更大。基于这样的考虑，女星可以向劫匪吐露自己的一个秘密、一桩绯闻或者一项罪行（如偷税、漏税），这样，一旦自己违背诺言，也就有"把柄"在对方手里。相应地，由于双方都握有对方的把柄，从而就可以促使各自遵守诺言。显然，这里就涉及承诺的可信性问题。谢林强调：对于许诺和威胁、讨价还价和谈判、威慑和军备控制以及合约关系，承诺都是核心影响因素；承诺要求放弃一些选择或机会，对自我进行约束，它通过改变一个合作者、敌对者，甚至是陌生人对自己行为或反应的预期而发生作用。问题是，在这个博弈情形中，如果被劫持的女星本身没有这样的污点，又怎么办？

为了保险起见，劫匪往往就会制造一些对女星未来行动构成制约的事件。譬如，他可以拍几张女星的裸照，今后以曝光这些裸照相要挟。在希区柯克的电影《潮湿的星期六》中，一个女孩在自家车库杀了自己暗恋的男教师，他的父亲为了家族声誉想把尸体处理掉。不巧此时老父的友人——本地的一个牧师——前来拜访，为防止事情外泄，老头便用枪逼着友人帮着处理尸体。

此时，牧师也面临着这样的选择：要么跟男教师的尸体一起被投下井，要么将自己的指纹留在凶器上，这样女孩的父亲就可以将留有指纹的凶器作担保。为此，牧师选择了紧握斧柄，从而给予了"许诺"。

显然，这里的例子又反映了威胁和许诺问题。威胁是利用对方的弱点，借力量、威胁或其他压力以强迫对方去做或去选择对方不愿意的事，否则威胁方宁可作出对自己不利的事情也要让被威胁的一方承受成本、损害或痛苦；许诺则是答应和发誓保守某个秘密或不实施某种行为，为提高承诺的可信度还会通过制造出未来违背承诺将会发生或承担的成本。这样，借助于可信的威胁和承诺，博弈各方之间的利益关系就捆绑在一起，每个人都存在受制于人的把柄，从而都会避免欺骗或损害对方，并达成某种暂时的均衡，而且，只有存在这种利益捆绑关系，对方当事人才觉得安全，才愿意展开集体行动。

3. 集体腐败的形成和治理

基于上述机理，我们可以分析当今的官场文化，解释大量出现的集体腐败现象：为了防止知情者的未来背信（如告发）行为，贪官污吏们在从事违法行为时往往展开集体行动，从而使每个人都沾有污点，从而形成利益共同体；对于那些新进人员，则要千方百计地实行拖下污水之策，那些坚决洁身自好者则会受到各种猜疑，必然会被排挤出他们的圈子。正是基于这种官场文化，为了在官场生存，即使那些还存有道德操守的人也不得不采取明哲保身或者装聋作哑的生存策略。在现实生活中，一些领导总喜欢招徕有相同嗜好的下属。究其原因，相同的嗜好便于共同行动，从而实现利害捆绑，遇到问题时，谁也脱不了干系，因而每个人都会努力保守秘密，并为他人遮掩。由此观之，贪官的下属或紧密圈子成员往往也是贪官，或者有其他见不得人的把柄在他人手中，否则他就难以进入贪官的圈子。基于这种考虑，如果发现了一个大贪官，那么，我们就可以合乎情理地推断（仅仅是推断）他的上级也有某种问题，或者至少上级是一个明哲保身者，否则，在长期的共事生涯中，他不可能不对这样的下属发出指责之声。

正是由于官场利益关系错综复杂地捆绑在一起，当前的官场腐败治理起来非常困难，有时不得不采取"两害相权取其轻"的策略。通过牺牲正义来打击某些特定对象，通过某些机制来促使利益关系的解绑，从而免除某些涉案者达到惩治主要案犯的目的。

举一个历史故事加以说明。明嘉靖时,严嵩和严世蕃父子是权倾一时的大奸臣,但后来的万寿宫失火事件使得他们失去了嘉靖皇帝的宠信并被投入狱中,徐阶则逐渐得到了世宗的信任。在徐阶的支持下,御史林润、邹应龙告发严嵩父子,他们列举的两条大罪状:①巨额财产来源不明罪;②设置冤狱,残害杨继盛、沈练二位忠臣。这两项都是民愤极大,足以置死。但徐阶看了他们的奏折后,就问道:"诸公欲生之乎?"众人齐声答曰:"必欲死之。"徐阶冷冷一笑:"若是,适所以生之也。夫杨、沈之狱,嵩皆巧取上旨。今显及之,是彰上过也。必如是,诸君且不测,严公子骑款段出都门矣。"众人一听大惊。此时,徐阶掏出了一份奏章,其中罪状重点在于描述严世蕃与倭寇头子汪直阴通,准备勾结日本岛寇,南北煽动,引诱北边蒙古人侵边,意在倾覆大明王朝。事实上,即使在狱中,严世蕃仍旧嚣张地放言:"任他燎原火,自有倒海水。"几个被一起关押的党朋见严爷这么淡定,就问原因。严世蕃说:"通贿之事,不可掩遮,但圣上对此并不会深恶痛绝。'聚众通倭'罪名最大,可以派人立刻通知朝中从前相好的言官,在刑部把这一条削去,增填我父子从前倾陷沈练、杨继盛下狱的'罪恶',如此,必定激怒圣上,我辈可保无忧!"究其原因,沈、杨两案都与嘉靖皇帝捆绑在一起,因而以这条罪状当作理由治严世蕃的罪,必定会遭到嘉靖皇帝的极力维护。于是,徐阶在奏章中只字不提沈、杨两案,却有两条嘉靖皇帝最讨厌的罪名:作乱、通倭,这样,就将皇帝与严氏父子的罪责解绑了。

法不责众与腐败治理

1. 缘起：混乱的"新生活运动"

沈从文在长篇小说《长河》中有一段关于"新生活运动"的描述：因为办"新生活"，所以常德府的街道放得宽宽的，到处贴红绿纸条子，一二三四五写了好些条款，人走路都挺起胸脯，好像见人就要打架、神气。学生也厉害，放学天都拿起了木棍子在街上站岗，十来丈远一个，对人说：走左边，走左边。全不怕被人指为"左"倾，不照办的被罚立正，大家看热闹好笑，看热闹笑别人的也罚立正，一会儿就是一大串，痴痴的并排站在大街上，谁也不明白这是当真还是开玩笑。末了，连执勤的士兵也不好意思，忍不住笑，走开了。划船的进城被女学生罚站，因为他走路不讲"规矩"，可他实在不知道"什么是规矩"，或者说"这到底是什么规矩"。只好站在商货铺屋檐口，看着挂在半空中的腊肉腊鱼口馋心馋。所以乡下人便说："我以为这事乡下办不通"。乡绅接过话头："自然喽，城里人想起的事情，有几件乡下人办得通？"

新生活运动的初衷是针对社会的没落暮景、官吏的腐化堕落、公共道德和社会责任心的缺乏、一般民众的精神萎靡等社会风气，从而提出"移风易俗、教民明礼知耻"的口号。但是，从上面的描述看，新生活运动推行之初肯定是被搞得乱哄哄的。为什么会这样呢？新生活规范与大多数人原来的行为是相悖的。试想：既然大多数人的行为都超出了法规的界限，那么，法律能够引导和约束大多数人的行为吗？这就是法不责众的困境。那么，如何化解法不责众这一困境呢?

2. 法不责众的困境突破

所谓法不责众:法律是限制少数不守法的人,但是,如果大多数人都不遵守法律的话,法律的效果也就有限了。斯密德(Allan A.Schmid)指出,"警察也不是在任何场合下都是有效的。当许多人都不约束自己的时候,警察常常会无能为力"。从某种意义上讲,法律就是为了保障社会大多数人的利益。也就是说,法律制度与习惯制度本没有本质上的区别。有的学者认为,所谓的法治国家,只是一种纳什均衡而已。那么,在大多数人都不守法的情况下,你如何采取措施来保证大家的遵守?例如,当只存在少数腐败行为时,社会可以通过严惩得到遏制,这就如毛泽东时代对刘青山、张子善的惩罚,也如欧美诸国对腐败行为的打击,但是,如果出现了大范围的贪污腐败,就如目前一些发展中国家以及当前中国社会所呈现的那样,此时又如何有效地遏制腐败呢?

面对法不责众的困境,前面提出的一个措施就是:通过解绑来打击主要敌人。不过,这种解绑策略主要适用于专制社会中,因为罪责的确定权在最高统治者,而最高统治者往往又与案犯捆绑在一起,因而解绑策略往往是不得已的燃眉之策。那么,在现代民主社会中,如果存在普遍的贪污腐败行为又该如何呢?简单地运用解绑策略就不恰当,不能"只许州官放火不许百姓点灯"。尤其是,那些腐败官僚往往会通过种种途径将大家利益捆绑在一起,通过结盟来对抗惩罚。那么,有什么惩罚措施能够破解腐败官僚的结盟呢?从根本上说,这有关有效机制的设计问题。其中,一个基本的思路就是,设计一个规则区别出惩罚的顺序。

譬如,在一个风行迟到或作弊的大学中,如果简单地制定一个规则:所有迟到者或作弊者都处以零分或开除惩罚,那么,很多学生就会对这种规章的有效性表示怀疑,因为法不责众。如果按照学号顺序对那些迟到者或作弊者中前五名学生处以零分或开除惩罚;在这种机制下,就不必造成大的震荡并能够促使学生遵守纪律。其机理是:首先,基于理性行为,学号前5位的学生是不敢作弊的;而给定了"学号前5位的学生不敢作弊"这一共同知识,学号为6~10的学生也就不敢作弊了;以次类推,所有学生都不敢作弊。显然，这种机制就有效地破解了学生们的合谋，因为"学号前 5 位的学生"一定不会参与这种联盟，否则自己将独自受到惩罚；以此类推，其他学生也不会冒险参与合谋。

在国家征兵、混乱中的抢劫以及惩治官员腐败等事件中，都可以采取类似的办法。例如，就当前普遍的官僚腐败而言，可以采取类似的惩罚机制：首先，从任何涉入贪污腐败行为的政治局委员严惩不贷，其次惩罚省部级官员，再其次监督厅局级官员，再其次则监督处级官员，以此层层监督、逐层惩罚。在这种机制下，上级官员就不会利用权势胁迫下级官员与自己同谋贪污，因为自己首先要受到惩罚；同时，保证了上级官员的廉洁后，下级官员的腐败行为将受到惩罚的法律威慑也就变得可信了，从而也就不敢贪污腐败。这样，一层一层传下来，就可以保障社会吏治的清明。

3. 选择性惩罚机制的合理性

从形式机会平等角度说，这种惩罚机制往往呈现出明显的伦理上的不公平性。试问：为什么大家一块儿作弊，而首先是学号前五位的同学受到惩罚呢？实际上，这种制度根本上也不是要关注公平，而是要体现主权者（制度设计者）的效率。这里，老师是拥有决策权的主权者，而他的效用来自于迟到现象的减少而不是关注惩罚公正，其机制设计也只是基于这一目的。在很大程度上，这就体现了主流博弈论乃至主流经济学的特色：它们强调的功能主义分析而不关注其中的因果逻辑，相应的机制设计也主要是遵循实用主义原则，只要这种机制是对设计人（委托人）有用的，那么就不在乎过程是否合理。西方主流经济学的这种功能主义态度在弗里德曼（Milton Friedman）身上得到了集中的体现，他的逻辑实证主义的基本方法是：对实际资料进行分类、组织以加深人们对资料的理解，从而抽出一种假说；其基本观点是：重要的并不是假说是否真实而是是否有用，而只有在预测事件没有发生时才能对形成该理论的种种假设提出质疑；他甚至宣称"理论越重要，其假设就越不现实"。

不过，就腐败惩罚而言，这种自上而下的惩罚体系却符合中国的儒家精神：为了使法律规章彰显正义，对那些社会底层者的被告给予最多的宽容，而给上位者以最严厉之制裁和约束，因为上位者有更多的资源去逃避和隐藏不道德和违法行为。同时，它也符合实质正义和整体效率的原则。事实上，现实社会中，个体间的地位和权力往往具有很大的不平等性，从而就不可能基于同一标准进行所谓的公平竞争，相反要求承担各自的责任。一般来说，社会地位越高，拥有的权力越大，所承担的社会责任也更大，理应接受更高的社会监督；这是权利与责任之间的对称所要求的特性，否则就会造成社会资源分配的不平衡，造成社会成员间的掠夺和剥削。所以儒家说，"君子之德风，小人之德草，草上之风必偃"（《论语·颜渊》），"政者正也，子帅以正，孰敢不正"（《论语·颜渊》），"其身正，不令而行"（《论语·子路》），"为政以德，譬如北辰，居其所而众星共之"（《论语·政》），"君仁，莫不仁；君义，莫不义；君正，莫不正"（《孟子·离娄上》）。

第三部分

困局破解

博弈困局的破解

遵循主流博弈思维的行为和选择之所以会引发如此普遍的博弈困局，主要在于主流博弈思维基于这样两大条件：①主流博弈论简单地承袭了新古典经济学的工具理性及其分析逻辑，探究封闭环境下的个体利益最大化的策略行为；②基于工具理性的主流博弈论集中于非合作行为的研究，探究利益相互冲突的零和博弈情形。谢林指出："在零和博弈中，研究人员往往只分析博弈双方中一方的理性因素和决策选择。事实上，博弈双方都能做出理性选择，但是最小最大策略将这一场景变成一个博弈双方必须单边决策的过程。双方之间不需要任何形式的共识、思想撞击、任何暗示、任何直觉或互谅。总之，在零和博弈中，博弈双方不需要任何社会性认知。"

然而，主流博弈论所描述的状态与真实世界中常态性的社会互动状态之间显然存在很大的距离：一方面，早期博弈论关注的主要是对抗式行为，探寻的是兵家的战斗策略；但另一方面，人们的日常生活主要不是斗争性的而是合作性的，人们的总体利益不是对抗式关系而是互补性关系。其实，现实生活中的绝大多数互动都体现了非零和博弈的特征，都存在通过合作以实现集体收益增进的可能。只要存在利益的互补性，就存在参与者之间的行为协调问题；只要处于社会关系之中，任何个体的行为就必然会受到某种类型的协调和制约。例如，成功的雇员大罢工绝不是搞得雇主饱受经济损失乃至破产倒闭，战争也不是要摧毁对方。谢林指出："研究对象的多样性本身反映了国际关系中对立冲突和合作依赖并存这一现实。双方利益完全对立的完全冲突状态是非常罕见的。完全冲突通常只会在大规模毁灭性的战争中出现，否则在一般战争中也很难发生……如果战争成为解决问题的唯一方式，那么就会出现所谓的'完全冲突'。但是，倘若存在任何避免发生大规模毁灭战争；或是仅打一场破坏性最小的有限战争：或是武力威慑就能迫使对方退缩的可能性，那么互谅的可能性就同冲突要素一样重要。诸如在威慑、有限战争、裁军或谈判中，冲突双方都隐含着某种共同利益和相互依赖性。"①

因此，主流博弈论将适用于完全冲突（零和博弈）情境下的策略思维拓展到利益互补（非零和博弈）情境下，就会导致行为协调的失败以及均衡结果的困境。谢林写道："如果把研究仅仅局限于冲突论，我们将受到理性行为假设的严格限制，它不仅指明智行为，还包括权衡利弊后所做出的行为反应……这样的话，我们就人为地缩小了研究结论的适用范围。如果仅仅为了研究现实中的冲突行为，我们在这种局限的条件下得到的分析结论要么是对现实完美的反映，要么则是对现实的歪曲"；同时，"在已经被人们广泛接受的'零和博弈'理论中，建议与干预、威胁与允诺都无法产生积极的结果。其中主要原因在于它们都主张，博弈双方之间的关系要么完全友好，要么极端不平衡。这就可能导致不利一方采取最小最大战略破坏这种不平衡关系。如果有可能的话，这种行为甚至建立在随机化机制的基础之上。因此，博弈双方在非敌即友的完全冲突场景中追求的'理性战略'不可能实现双方间的互谅或为一方利益而存在的互动。"在很大程度上，正是由于现实世界中依赖与合作关系的普遍存在，使得人们往往追求讨价还价、互惠而不是互相损害的行为和策略。所以，有人就指出："能在现实生活中应用博弈的人，大概只有疯癫的战争策略家，因为只有疯子或电子人才会犯这样低级的错误，那就是把世界当作一个零和博弈来看待。"②

相应地，要在相互联系和利益互补的社会现实中破解博弈困局，首先要重新审视真实互动中的博弈环境、博弈结构以及博弈方之间的关系。谢林曾提出这样一些问题："与缺乏共同文化和个性的博弈选手相比，具有共同文化背景和形势的选手是否更容易达成共识，实现合作呢？假设博弈双方是经验

---

① 谢林：《冲突的战略》，赵华等译，华夏出版社 2006 年版，第 3 页。
② 宾默尔：《自然正义》，李晋译，上海财经大学出版社 2010 年版，第 105 页。

丰富的老手，或是两个新手，或一个老手和一个新手，那么哪一个更容易找到解决问题的办法呢？换言之，在博弈中，老手是否比新手更具有优势？"正因为博弈环境的多变性，传统博弈论强调的"谈判能力""谈判技巧"被视为能够在博弈中获胜的那些因素在某些情境下往往会适得其反。"在完全冲突的战略（零和博弈）研究领域，博弈理论表现出其独特的洞察力，并取得了丰富的研究成果，从而为该领域的发展做出了巨大贡献。但是与此形成明显对比的是，在冲突与共同利益并存的行为战略（非零和博弈）研究方面——诸如战争及战争威胁、罢工、谈判、预防犯罪、阶级矛盾、种族冲突、价格战和黑邮件；官场中的勾心斗角和交通堵塞中的你争我抢；以及对孩子的管教——传统博弈理论的表现相对而言要逊色得多。在这些'博弈游戏'中，尽管冲突涉及许多重大利益，互动却是逻辑结构不可或缺的一部分，并且要求冲突双方某种程度上的合作和互谅——不言而喻的默契——即便只是为了避免两败俱伤。在一些博弈游戏中，尽管保密工作可能发挥战略性的作用，但是有时也需要谈判博弈双方进行必要的交流和沟通……鉴于此，拥有主动权、人才优势和自由选择权的一方在实际博弈中并不总是处于有利地位。"①

　　同时，要摆脱博弈困局而寻求最大利益，就需要跳出主流博弈论所刻画的适用于零和博弈情境的策略思维，并发展出有助于增进行为协调的策略思维。例如，随机化战略在完全冲突的零和博弈中发挥着核心作用，其目的在于避免对方掌握自己的行为规律，防止对方分析自己的行为踪迹而掌握自己的行为规律，并最终达到迷糊对方的目的。但是，在利益互补的非零和博弈中，博弈一方不是想尽办法掩蔽自己的战略，而是努力使对方准确无误地预期判断自己的战略，因而随机化战略反而发挥着完全不同的作用。在非零和博弈情境中，要协调博弈行为以实现合作，博弈各方就需要了解对方的信息，如主体偏好、策略选项、支付结构以及行为模式等，同时还要不断地进行沟通以建立沟通的行为模式和信息释义系统。因此，谢林强调："混合博弈不仅需要双方的互动，还需要多方的互动。双方必须就相关问题进行沟通，至少取得某种共识。通常情况下，双方之间需要某种行动互动，无论是潜意识的还是默认的。博弈双方能否取得满意结果取决于双方之间的社会认知和互动

---

① 谢林：《冲突的战略》，赵华等译，华夏出版社 2006 年版，第 74 页。

程度。甚至是两个完全隔离、无法进行言语沟通，甚至不知道彼此姓名和身份的选手也一定需要进行心理沟通。"也就是说，在现实互动中，博弈各方之间并不是孤立的，而是具有密切的私人关系。

然而，主流博弈理论却将具有亲社会性的社会人抽象为相互冷淡、没有关联的理性经济人，从而就舍去了对协调问题的理论兴趣，同时，在基于零和博弈情境的研究时往往又局限于抽象的理论研究，往往将对称性的博弈主体视为范例而不是特例，从而也就失去了发现非零和博弈关键要素的宝贵机会。行为经济学大家凯莫勒（C.F.Camerer）曾说："这些颇具数学天赋的理论学者们可以花费数年时间讨论在不同博弈中哪些行为是最合理的，却从来没有试图将人们置于这些博弈中，将'合理的'定义为多数人的行为。"尤其是一些主流博弈论专家，还试图将源于兵家的策略与思维拓展到一般社会互动之中，并以这样的基本假设来改造人们的日常生活：人们是互不相干的个人来到这个世界的。在很大程度上，正是由于现代主流经济学对理性概念随心所欲的滥用，而没有真正研究它的真实内涵，以致这种"理性行为"概念或假设的滥用开始造成博弈论和纳什均衡分析的一些基本概念和方法（如子博弈完美纳什均衡和后向归纳法等）在应用中遇到困难，无法作出符合实际的预测并产生明显的悖论，以至人们对博弈论和纳什均衡论的信任发生危机时，"理性行为"问题，纳什均衡的理性基础问题，才终于引起经济学家的重视和注意。

单边行动，寻求合作

1. 缘起：猴群的道德秩序

曾有人做过这样的实验：将五只猴子放在一只笼子里，并在笼子中间吊上一串香蕉，只要有猴子伸手去拿香蕉，就用高压水教训所有的猴子，直到没有一只猴子再敢动手。然后用一只新猴子替换出笼子里的一只猴子，新来的猴子不知道这种规则，竟又伸出手去拿香蕉，结果触怒了原来笼子里的四只猴子，于是它们代替人执行惩罚任务，把新来的猴子暴打一顿，直到它服从这里的"规矩"为止。试验人员如此不断地将最初经历过高压水惩戒的猴子换出来，最后笼子里的猴子全是新的，但没有一只猴子再敢去碰香蕉。

这个实验说明，在重复博弈中，一方持续的固定行动往往可以引导对方的预期和反应，从而形成合作性规范，而且，这种合作性规范还会横向扩散开来和纵向传递下去，进而形成社会性规范。猴子尚且如此，人类就更是如此。

2. 人类行为的利他性

布坎南写道："每个人都对其他人行为的伦理或道德特征具有直接的经济利益。因此，除非后者的行为被认为完全不可能发生改变，否则每个人都会认为，至少投入某些资源努力单方改变一方的行为促使其更加合作，从个人的角度来看是理性的。"正是基于这种考虑，人类行为或多或少地呈现出某种利他的行为特性，他愿意牺牲暂时利益而引导或等待对方的合作，而且，这种单边行为确实会产生正向反馈效应，从而最终实现合作共赢的结果。

事实上，在博弈中，博弈方的策略之间会相互影响，在重复博弈中尤其如此。2001 年诺贝尔经济学奖得主阿克洛夫指出，"社会决策和传统经济决策（如不同水果之间的选择）的关键不同之处就在于：社会决策带来了社会后果而经济决策则没有。例如，尽管我的朋友和亲属至少不会受我对苹果和桔子选择的影响，却会受到我对教育的渴望、我对种族歧视的态度和实践、我的生育子女行为、我的结婚和离婚以及我对毒品的牵涉等的影响。所有这些行为都以重要的途径影响'我是谁'，进而影响我如何与我的朋友和亲属联系，并进而影响这些朋友是谁。因此，我对与我周遭其他成员的互动联系之选择就成为我决策的主要决定因素，而通常的决策（如因选择带来的直接的效用增减）则仅仅是次要的。相应地，一个正确的社会决策理论必须首先识别出社会交换的后果。"也就是说，相互的外部性在人类社会互动中广泛存在。

正是在利益相互影响的情境中，社会个体在采取策略和行为时就必须考虑其对其他相关者的利益影响，并试图通过行为和策略的选择来影响对方，使对方也采用有利于自己的行动和策略，这就体现了单边博弈的基本思维。如果每个博弈方的策略集合都是相同的且每个博弈方的支付是对称的，这类博弈就被称为双边博弈；如果博弈结构是非对称的，至少有一个博弈方严格地偏好（合作，合作），只是为了避免别人的伤害才选择非合作行为，这类博弈就是单边博弈。显然，在单边博弈中，只要对方采取合作的行为，具有强烈合作偏好的博弈方也会采取合作行为，最终实现合作。也就是说，只有双边囚徒博弈才会真正陷入囚徒困境，而单边囚徒博弈往往可以跳出囚徒困境。

3. 两个单边博弈的例子说明

为了更好地理解这一点，这里通过两个例子来对单边博弈及其效果加以阐释。

例 1　不完全信息的工资博弈

假设在存在行动先后的雇佣工资博弈中：经理人先工作，企业主根据其工作情况并结合对其能力高低的判断进行工资支付。但是，企业主能观察到经理人的努力程度但不能知道其真实能力水平，从而只能形成对经理人努力水平的先验信念。这里假设：经理人的努力水平与企业主给予的工资状况有关，也与其本身的经营能力有关。一般地，经营能力越高，越愿意努力工作，因为努力所得到的边际收益更大。因此，企业主与经理人间的工资博弈可用图 3-1 所示的两个博弈矩阵表示。显然，两个博弈矩阵中纳什均衡都是（低工资，低努力）。不过，这种结果并不是合意的，那么，如何改进这个结果呢？

企业主	经理人			
	高能力（类型 θ_1）		低能力（类型 θ_2）	
	高努力	低努力	高努力	低努力
高工资	20，20	5，15	10，10	0，20
低工资	35，5	10，10	20，0	5，5

图 3-1　工资博弈

我们可以对两个博弈矩阵进行区分。其中，左边的博弈矩阵显示的是单边博弈，右边的博弈矩阵显示的则是双边博弈。在左边的单边博弈中，高能力的经理人有一个强力偏好（高工资，高努力），他之所以会选择低努力，主要是为了维护自己的利益而不是攫取更多的利益，是担心受到企业主的损害；相反，企业主之所以选择低工资，目的在于攫取更多的利益，但结果却是一无所获。因此，在这个单边博弈中，企业主就处于促进合作还是非合作的引导地位，只要他从不损害顾客利益处着想而支付高工资，就可以实现（高质量，购买）的帕累托有效结果。相反，在右边的双边博弈中，博弈方的支付是对称的，没有一方处于引导对方行动的优势地位，从而也就很难实现帕累托有效结果。

显然，对高能力的经理人来说，高努力工作是一个战略策略，因为他稍许努力可以带来更高的产量；但如果得到的是低工资，他只愿付出低努力。相反，对低能力的经理人来说，低努力工作是一个战略策略，因为他无论怎样努力也难以进一步提高产量。这也可以解释，为什么企业主愿意为那些被证明高能力的人支付极高的薪水。例如，香港"十大打工皇帝"2000 年度的年薪总和高达 4 亿 6000 万港元，平均年薪超过 2000 万港元。当中，位居冠亚的霍建宁及袁天凡，收入更超过 1 亿元，他们都是香港首富李嘉诚的部下。为此，企业主决策之前不得不考虑经理人的类型。我们可以进一步假设，经理人高能力和低能力的概率都是 50%。那么，当企业主选择支付高工资，他能获得的期望效用为：（20＋0）/2＝10，而当选择支付低工资，他能获得的期望效用为：（10＋5）/2＝7.5。因此，企业主的最佳选择是支付高工资。

例2　市场交易的单边博弈

在图3-2所示的买卖博弈中，（低质量，不购买）是纯策略的纳什均衡解。不过，这显然不是现实中的普遍情形，否则就不会有交易和市场的出现和扩大了。那么，如何解释现实世界中（高质量，购买）均衡的普遍存在呢？事实上，在该博弈中，顾客有一个强力偏好（高质量，购买），他之所以会选择不购买，主要是为了维护自己的利益而不是攫取更多的利益；相反，厂商之所以选择低质量，目的在于攫取更多的利益，但结果却是一无所获。因此，为了获得更高的利益，厂商就必须考虑到其行为不能损害顾客的利益，从而选择高质量。而且，如果厂商选择了高质量，就会确实地导致（高质量，购买）帕累托有效结果。在很大程度上，这也是对现实世界中的真实反映。也就是说，在这类博弈中，只要其中一方遵循"为己利他"行为机理，就可以获得合作的结果。

厂商		顾客	
		购买	不购买
	高质量	1, 1	0, 0
	低质量	2, -1	0, 0

图3-2　买卖的单边博弈

可见，单边博弈情境中的行为不同于双边博弈情境：在双边囚徒博弈情境中，只有无限次重复博弈才可以有效导向合作，否则在最后一期博弈中每个博弈方的最佳选择都是背信。因此，声誉就是个大问题，博弈方为何在目前要建立起声誉呢？相反，在单边博弈情境中，只要掌握主动权的一方树立了声誉，不试图通过损害对方的方式而是以寻求合作的方式来获利，那么合作均衡就容易实现。这种单边博弈情境也反映了很多现实情境：例如，在借贷博弈中，只要借贷人通过单边行动积累起了信用，那么就容易达成（借贷，还款）均衡；在财务披露博弈中，只要公司入市披露信息，那么投资者就会积极投资；在进入博弈中，只要在位者实行低价格政策，那么进入者就不会进入。事实上，现实生活中博弈双方的地位往往是不平等的，上位者往往握有更大的权力；相应地，只要上位者主动承担社会责任，而不是试图凭借力量压榨和剥削他人，那么社会合作也就可以实现。

自我设限，坚定意志

1. 缘起：抵制塞壬的魔歌蛊惑

希腊神话中的女妖塞壬（Siren）具有与神使赫尔墨斯的牧笛相媲美的歌声，她日日夜夜唱着动人的魔歌，引诱过往的船只，凡是听到她歌声的水手都会调转航向寻着魔音驶去，最后在那片暗礁密布的大海中触礁而亡。每当深夜和落雨的清晨，塞壬的歌声会格外的婉转清澈，那歌声似天籁划破长空弥散在海水中、空气里，那歌声可以穿透一切，使被诱惑者的激情能够打碎比铁链和桅杆更坚硬的东西。后来，特洛伊战争结束后，古希腊神话中作为智慧象征的奥德修斯在回家的路途中船只驶入了塞壬的海域，此时，水手们都非常惊恐，因为传说中从未有人活着离开过塞壬岛，远远地甚至就能够感觉到那些西西里岛海难者的灵魂伴随着即将来临的风暴在海面上舞蹈，那些灵魂飞舞着、诉说无边的苦海和美妙的歌声。为此，奥德修斯下令水手们都用蜂蜡塞住耳朵，这样就听不到塞壬美妙的魔歌，也就不会为之诱惑触礁而亡。不过，奥德修斯自己却想亲耳听听塞壬女妖的歌声，于是，他让水手把自己的手脚捆住，用铁索将自己绑在桅杆上。塞壬女妖的魔歌响起，那歌声穿透耳鼓直抵奥德修斯的心灵，奥德修斯心里产生了一股抑制不住的欲望，想要奔到那岛上与美丽的塞壬在一起。因此，奥德修斯在桅杆上挣扎晃动并大声地叫喊，想让水手们将他放下，但水手们却什么也听不见，仍然奋力地摇桨前行。

这个故事又说明了什么呢？奥德修斯之所以能够在领略塞壬那蛊惑魔歌的同时又能带领他的水手们逃过了塞壬诱惑而平安地驶过那片不归之海，就在于奥德修斯要求水手们无论如何不能在途中听从自己的命令驶向塞壬岛。为了表明自己的承诺是可信的，奥德修斯又做了这样几件事：①命令水手把各自的耳朵塞住，从而无法听从自己因抵制不住塞壬的歌声诱惑所下的改变航行命令；②要求水手们将自己捆绑在船桅上，从而自己无法直接行动改变航行；③要求水手们在看到自己挣扎时，他们可以且务必要将绳索捆绑得更严。这就引入了博弈中的自我约束问题。

2. 如何使得承诺可信

事实上，在前面所讲的动态博弈中，博弈方可以通过单边行动来引导其他博弈方的行动，从而达成合作。问题是，博弈方如何行动才能更有效地引导对方的行动呢？动态博弈中的一个中心问题就是可信性问题。有些纳什均衡之所以不具现实性，就在于它们包含了不可置信的威胁策略。不过，如果博弈方能在博弈之前采取某些措施改变自己的行动空间或得益函数，原来不可置信的威胁就可能变得可置信，博弈均衡也会相应改变。我们将改变博弈结果的措施称为"承诺行动"，如何作出这种行动承诺呢？关键就在于，提高使用那些所承诺不使用行动的成本，或者干脆取消某些承诺不使用的选项。

例如，产科医生就发现，越来越多的妇女在分娩时要求不使用笑气，尽管如此，医生通常会建议将面罩放在产妇身边以供产妇需要时可以吸一下。但是，一些意志坚决的产妇还是拒绝这种机会，因为她们担心当笑气放在身边时就会使用，而她们不希望使用。事实上，尽管这些产妇经历了痛苦并一度希望依靠麻醉减轻痛苦，但事后大多数产妇还是庆幸自己没有使用麻醉。显然，在这种情形中，尽管就分娩过程而言，似乎产妇的决策导致了功利的下降（痛苦的增加），从而是非理性的；但从分娩的结果来看，拒绝笑气放在一旁的决策又是更为理性的，因为她们在身体上和精神上都更健康。显然，这种更为理性的结果取决于产妇的意识和意志，取决于她们的事前行动。所以，谢林说："有完全行为能力和神志清醒的人会理性选择阻止、强迫或改变自己后期的行为——来限制自己的选择，使其违背在行为发生时自己的偏好。（而）理性决策、现实偏好和跨期最优化方面的研究都不太容易分析这种自控现象。"

3. 意志力和理性

现代主流经济学认为，市场个体的行为都是理性的，但事实显然并非如此。譬如，许多人热衷于炒股，但往往是在股市急急上涨乃至接近高位时还不愿抛出，在股市急急下跌乃至接近底部时还不敢进入。这些行为是理性的吗？试想，如果不能清晰地认识到股价高位时潜含的巨大风险乃至因被股市套牢而造成巨大损失，那么这类行为果真可以被称为是"理性"的吗？同样，按照现代主流经济学的经济人理解，未成年男女间因陷入一时激情的不洁性交、因追逐猎奇心的抽烟和吸毒、因厌倦读书的逃学和退学、因嘴馋的过量饮食等都是完全理性的，因为它们都可以被视为具有高贴现率或偏好那些正好有高未来成本之行动的个人福祉最大化的行为。但是，无论是普通常识还是心理学上的内省都表明，这些行为往往源于一时冲动，是非理性的。

在很大程度上，当事者大都能意识到这些行为长期上对他们带来的损害，只不过因缺乏足够的意志而无法克制这种一时的欲望，或者，因为短视或者意识欠缺而只考虑即期效用或考虑不到长期效用。相对于最佳消费决策来说，"上瘾"行为的消费太多了，往往是贪图一时的快乐而不顾长远的后果。正因如此，瘾君子在上瘾行为过后也往往会感到痛苦和后悔。既然事后连自己对那种没有克制的行为都会感到后悔，那种行为当然也就不可能是理性的。谢林曾强调，诸如对合法或非法药物的上瘾、赌博和电子游戏等难以克制的行为以及由暴食、花癫引起的一时冲动等，都是偏离理性的行为。

大量的研究也证实，当年轻的吸烟者开始尝试吸烟时很少考虑其风险，也很少考虑吸烟的数量，他们往往是受一时的冲动所驱使，是为了享受吸烟带来的新鲜感和刺激以及取悦其朋友。同时，当后来吸烟逐渐常态化时，绝大多数吸烟者也希望很快就停止吸烟，而不管他们已经吸了多长时间、每天要吸多少支烟以及以前他们已经经历了多少次不成功的尝试，到最后，尽管很多人都做了尝试，但只有很少一部分人真正戒了烟。而且，一项针对吸烟者的调查：如果能够重来，你们还会开始吸烟吗？有 85% 的成人吸烟者和 80% 的年轻吸烟者（14~22 岁）都回答：不会。

一般地，理性行为又可以从两个维度加以审视：①事后的反思，人们必须不断地对自己的行为加以反思，看这些行为是否有助于长远利益的实现，只有经过反思而依旧被接受的行为才是理性的；②事前的克制，人们必须对自己的短期利益和暂时欲望加以克制，看这些欲望是否会损害长期利益，只有具有一定的意志力以克制欲望的行为才是理性的。基于这一理解，未雨绸缪的鸥鹑显然比得过且过的寒号鸟更为理性，因为寒号鸟既考虑不到自身的长远利益，也缺乏意志去追求这些长远利益。意志力的限制反映出人们为实现最大化目标而克服短期诱惑的自制力，在很大程度上，正是由于有限意志力，人们的选择和行为往往并不符合其长远利益。

正是由于人类的意志力是有限的，而意志力的不坚定又会影响策略的选择，因而在现实生活中人们往往主动采取某些措施来自我约束、坚定意志。例如，东汉时的孙敬，在洛阳太学求学时，每天从早到晚读书，常常废寝忘食，时间久了也会疲倦得直打瞌睡。于是，他便找了一根绳子，一头绑在房梁上，一头束在头发上，当他读书打盹时，头一低，绳子就会扯住头发，弄疼头皮，人自然也就不瞌睡了，然后便再继续读书学习。再如，战国时苏秦去秦游说实施连横之术失败后，回家下决心用功学习，读书时他准备了一把锥子，一打瞌睡，便用锥子往自己的大腿上刺，强迫自己清醒过来，专心读书。

谢林就特别注重可信承诺在博弈中的作用，他就列举了一些措施：授权给其他人：让其他人持有你的车钥匙；承诺或签约：预定午餐；使自己丧失能力或离位：把车钥匙扔到黑暗的地方，使自己生病；远离有害的资源：不在家里储藏酒或安眠药，订一个没有电视的宾馆房间；监禁自己：让某人将你丢在一个没有电视也没有电话的便宜汽车旅馆，等八个小时工作以后再来叫你；设定奖惩：只要你吸烟，就要求你自己向不喜欢的人支付 100 美元；依靠朋友或团队：一起锻炼，彼此相互帮助订午餐；等等。事实上，在现实生活中，人们也会自觉地进行自我控制来达到心理追求的目的。例如，吸烟者往往宁愿花费更高价格一包一包地买烟而不是整条地买，目的就是防止吸烟不受控制；赖床者会选择将闹钟放到隔壁，这样不爬出被窝就无法关掉闹钟。

针锋相对和冷酷策略

1. 缘起：艾克斯罗德的实验

密歇根大学的政治学家艾克斯罗德用计算机程序模拟重复囚徒博弈。实验规定，如果博弈双方采用合作态度，则每人得到 3 分；如果一人背叛一人合作，则背叛人得到 5 分，合作人得 0 分；如果两人都背叛，则每人得 1 分。第一次试验共有 15 个程序参赛，每对策略与其他策略对弈，每对策略对弈 5 次，每次 200 步。其中具有代表性的策略有：①多伦多大学罗伯布提交的针锋相对策略（Tit-for-Tat Strategy），即第一回合选择合作，以后各回合均重复对方在上一个回合中的策略：对方背叛，自己也背叛；对方合作，自己也合作。②弗里德曼提出的冷酷策略（Grim Strategy），不首先背叛，但一旦对方背叛，就永远选择背叛对方。③道宁策略，第一步背叛，然后每走一步，估计自己合作或背叛后对方合作的概率，如果对方似乎仍然倾向于合作，则选择背叛；反之，选择合作。④乔斯策略，试图偶尔背叛而不受惩罚。若对方背叛则马上背叛，但十次有一次是对方合作之后而背叛。⑤艾克斯罗德自己设计的策略，每次博弈，程序以 50% 的概率随机选择合作还是背叛。实验结果表明，针锋相对策略得到最高分，而倾向选择背叛的策略得分都比较低。

艾克斯罗德总结实验结果，发现得分高的策略具有如下特点：①善良性，即不作首先的背叛者。在实验中，排在得分前八名的八个策略都是善良的规则；实验中所有善良策略的得分在 472~504 之间，而不善良策略的最高分只有 401。②可激怒性，即应该针对对手的背叛行为给予报复。可激怒性太弱的策略易受到非善良策略的剥削，像乔斯策略就可以占这些策略的便宜，但乔斯策略如果遇到 TFT 这样的马上报复的、可激怒性强的策略，则得分迅速降低。③宽容性，即不能对方一次背叛，你就没完没了地报复，以后对方只要放弃背叛，则应宽容对方，与其合作。在所有善良规则中，得分最低的就是最少宽容性的规则，因为缺乏宽容性的策略会使双方合作的高收益不能实现。④清晰性，即应该让对方在前期对局内就辨识出自己的善良性和可激怒性。太复杂的对策容易让对方认为是不反应的，从而可能既引不来善良规则的合作，又让非善良规则占便宜。艾克斯罗德的实验开创了研究重复博弈策略的先河。

2. 重复博弈中的对方约束

囚徒困境之所以产生，根本上在于博弈方基于个人理性原则而采用背信策略。因此，要避免这种困境发生，一个基本措施就是对背信行为实行惩罚和约束。其中，最为直接的约束就是对方约束，它是指一个人的行为受到行为承受者的反应行为的制约：你如果损害了他人，就有可能在将来受到他人的报复；而你如果施恩于他人，也有可能会得到回报。所谓"以牙还牙，以眼还眼""投之以桃，报之以李"，讲的就是这个道理。个人主义盛行的西方社会就特别注重这种行为策略，这也是权力制衡和三权分立得以在现代西方社会形成的社会基础。例如，《旧约·出埃及记》中就说："人若彼此争斗，伤害有孕的妇人，甚至堕胎，随后却无伤害，那伤害她的总要按妇人的丈夫所要的，照审判官所断的受罚。若有别害（伤害人致死），就要以命偿命，以牙还牙，以手还手，以脚还脚，以烙还烙，以伤还伤，以打还打"；《旧约·利未记》中则说："以伤还伤，以眼还眼，以牙还牙。他怎样叫人的身体有残疾，也同样向他行。打死牲畜的，必赔上牲畜；打死人的，必被治死。"

当然，这种对方约束主要适用于重复博弈，因为在重复博弈中一个博弈方的策略行为才会受到对方的影响，博弈双方之间才会出现相互制约。具体来说，在重复博弈中，往往有两种惩罚策略：①"针锋相对策略"，即一个博弈方在眼前的博弈中采取的是另一个博弈方在上一轮博弈中所用的那种策略。如果所有的博弈方都采取这种策略，并且一开始就使用合作策略，那么，在每一轮博弈中都将会出现合作的结果。②"冷酷策略"，即只要其他博弈方采取合作策略，那么，每个博弈方都采取这一策略，并且，随之对其他博弈方在转向合作策略之前的一系列博弈中实施非合作策略的背叛行为进行惩罚。例如，在囚徒博弈中，采取冷酷策略的囚徒将选择不坦白，直到有一方选择了坦白，以后就将永远选择坦白。在某种意义上，冷酷策略体现了"胡萝卜加大棒"（Carrot-and-Stick）政策，冷酷策略组合就构成了一个纳什均衡。

显然，在这两类策略中，如果所有博弈方一开始就相互合作，那么，这种结果就会贯穿整个博弈过程；相反，一旦其中某个博弈方在某一阶段采取背叛策略，那么，该博弈方在以后的博弈阶段也将采取不合作策略。因此，这两种策略往往被形象地称为"触发策略"（Trigger Strategy）。艾克斯罗德利用计算机模拟实验证实了这两种策略的有效性：最有效的策略是针锋相对策略，而次佳的是冷酷策略。当然，这两个策略获胜所基于的是总分现值，而不是每个单场值。

3. 冷酷策略如何促进合作

这里以重复市场交易情形为例对冷酷策略展开讨论：其中，$U_a < U_d < U_h$，δ 是体现跨时贴现率的贴现因子（$0 < \delta < 1$），贴现因子越小表示贴现率越大。其阶段博弈如图 3-3 所示的博弈矩阵：

甲		乙	
		合作	机会主义
	合作	U_d, U_d	U_l, U_h
	机会主义	U_h, U_l	U_a, U_a

图 3-3 冷酷策略博弈

假设博弈方甲宣布，当对方选择合作策略时，他也选择合作策略；而一旦对方选择机会主义策略，他将在以后永远选择机会主义策略。这时，博弈方乙选择合作策略所得的总效用现值为：

$S_1 = U_d(1 + \delta + \delta^2 + \cdots + \delta^T) = U_d(1 - \delta^{T+1})/(1 - \delta)$；当 $T \to \infty$ 时，$S_1 = U_d/(1 - \delta)$

相反，如果博弈方乙在第一阶段选择机会主义策略，则他得到的总效用现值为：

$S_2 = U_h + \delta(1 + \delta + \delta^2 + \cdots + \delta^{T-1})U_a = U_h + \delta U_a/(1 - \delta)$

显然，当 $\delta > (U_h - U_d)/(U_h - U_a)$，这时 $S_1 > S_2$，相互合作将是最优策略。

同时，根据 $U_a < U_d < U_h$，因此有：

$$(U_h - U_d)/(U_h - U_a) < 1$$

可见，在跨时贴现率不是很大的情况下，这意味着 $\delta \to 1$，那么就有：$S_1 > S_2$，这时就可以得到相互合作的收益，这也就是子博弈完美均衡。

随着贴现因子大小的变化，可能会有许多其他的完美均衡。特别是，在合适的贴现率下，对于生成博弈纳什均衡的任何可行的帕累托改进的结果，都可以通过无穷次重复该生成博弈而达到。也就是说，在无限次重复博弈中，如果博弈方有足够的耐心（即 δ 足够大），那么，任何满足个人理性的可行支付向量都可以通过一个特定的子博弈精炼均衡得到，这就是民间定理（Fork Theorem）的基本含义。

4. 对方约束的有效性

事实上，如果博弈者之间缺乏直接的信息沟通，每个博弈者就有必要选择某种博弈策略以实现合作解，这就需要借助于对方约束。不过，对方约束的有效性往往取决于两大因素。①受到行为互动双方的机会主义和有限理性的影响：一般来说，信息越不完全，机会主义倾向越大，有限理性程度越低，对方约束的有效性也就越差。②对方制约的程度，这主要与行为互动双方的力量对比有关：如果行为互动双方的力量是不对等的，那么力量大者为其行为承担的损失风险就很小，因此，他就缺乏限制自己行为的约束力。可见，即使是信息较为完全的，机会主义也较弱，如果存在力量的不对等，也会造成对方约束的失效。一般来说，行为互动双方的力量对比越大，对方约束的有效性就越差。此外，有效的对方约束还取决于双方的互动频率，只有在频率较高的互动中，未来收益对现在而言才是足够重要的，才能形成稳定的合作关系。

当然，冷酷策略有效的关键在于：①博弈者的标签是清晰的，否则很可能因开始的随机性而造成永久不合作；②互动是多次重复进行的，否则机会主义者很容易转换其交易对象。同样，针锋相对策略也就是"以牙还牙"策略，它并不能在一个零和博弈中击败对方，因为它的最好结果是跟对手打成平局。迪克西特和奈尔伯夫说，假如当初艾克斯罗德是按照"赢者通吃"的原则打分，以牙还牙策略的得分怎么也不会超过 0.5，也不可能取得最后的胜利。事实上，以牙还牙策略是一个有缺陷的策略：任何一个错误都会反复出现，一方对另一方的背叛行为进行惩罚，从而引发连锁反应；同时，对手受到惩罚之后，不甘示弱，进行反击。例如，以色列由于巴勒斯坦发动袭击而进行惩罚，巴勒斯坦拒绝忍气吞声，而采取报复行动；进而形成一个循环，惩罚与报复就这样自动而永久地持续下去。也就是说，只要有一丁点儿发生误解的可能性，以牙还牙策略的胜利就会土崩瓦解。

因此，将以牙还牙策略用于解决现实世界的问题，误解往往难以避免，结局很可能是灾难性的。例如，1987 年，美国就苏联侦察和窃听美国驻莫斯科大使馆一事做出回应，宣布减少在美国工作的苏联外交官人数。苏联的回应是调走苏联在美国驻莫斯科大使馆的后勤人员，同时对美国外交使团的规模作出更加严格的限制，结果导致双方都难以开展各自的外交工作。再如，1988 年，当时加拿大发现前来访问的苏联外交官从事侦察活动，当即宣布缩小苏联外交使团的规模，而苏联则以缩小加拿大在苏联的外交使团的规模作为回报。最后，两国关系恶化，此后的外交合作更是难上加难。为此，迪克西特和奈尔伯夫认为，以牙还牙策略在惩罚一个有过合作历史的人时显得过于急躁了一些，这一策略应在背叛只是偶尔为之时显得宽容一些，而在背叛成为一种惯常行为时又能果断地实施惩罚。

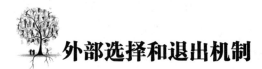# 外部选择和退出机制

1. 缘起：中国农村合作社的解体

　　林毅夫曾对中国 20 世纪 50 年代后期农村合作社的失败原因做了考察和分析。林毅夫发现，合作化的初期是谨慎和渐进的，农民被鼓励和被积极地诱导加入各种以自愿为基础的合作社，从而使经济取得了巨大增长；但在 1958 年以后，合作化变成了强制性的运动，从而也就导致了随后的经济灾难。为此，林毅夫用博弈论来解释这一变化：合作化运动从早期成功到突然滑坡主要源于 1958 年秋的强制集体，这种强制使得博弈的性质从重复博弈变成了一次性博弈，人们就不能用退出来保护自己或以此来防止其他成员可能的偷懒动机。在很大程度上，也正是基于这一自由退出的思维，中国的《农民专业合作社法》就特别注重退出自由问题，其第二条对农民专业合作社的定义就是：在家庭承包经营的基础上，从事同类或者相关农产品的生产经营者，依据加入自愿、退出自由、民主管理、盈余返还的原则，按照章程进行共同生产、经营、服务活动的互助性经济组织。

　　这里引出了博弈互动中的另一重要机制：外部选择和自由退出。实际上，前面所介绍的冷酷策略往往依赖这样一个条件：博弈方还存在比不交易更好的选项，否则必然会承受更大的损失。

2. 促进合作的两大机制

一般地，如果存在一种外部选项，当博弈方参与交易时因对方的机会主义非但无所收获反而有所损失时，它就可以且必须退出而不再与对方进行交易，这也是对机会主义者的一种惩罚。实际上，现实生活中就存在大量的类似退出机制。例如，股票市场就提供了人们投资的很好退出场所：当人们对公司的业绩预期不佳时，就选择在股市上用脚投票。同样，开放式基金、开放式俱乐部等也都是如此。显然，现实经验也表明，一个社会的市场机制越不完善、社会的信任度越低，股票的换手率就越高，换手率意味着退出率，它实际上反映了外部选择中选的概率。

就一个组织的维系和发展而言，著名的发展经济学家赫希曼（Albert Otto Hirschman）指出，主要有两大机制对背信者进行约束和惩罚：①积极的呼吁机制，通过一定的制度来强迫机会主义改变行为，这是依赖法律及第三者监督的显性制约机制；②消极的退出机制，不再与机会主义进行交易，这是存在外部选择机制的隐性惩罚机制。事实上，消极的惩罚机制就是设立一个外生标准，以对协调收益的底线进行限制：允许一个博弈方选择一个肯定的结果，而且这个确定的外部选择项足够高以至于超过了协调博弈中一个策略的收益，那么博弈方就不会选择劣于外部选择的策略。

在某种程度上，外部选择的存在给博弈双方对行为互动的最低收益提供了某种预期，从而对博弈各方的行为就产生了制约，也就更容易达成合作。

当然，无论是体现为退出的消极惩罚还是呼吁的积极惩罚，它们的有效性也都受到严格的条件制约。消极的退出惩罚方式的弱点在于：它往往会造成"集体行动的困境"。例如，美国在无限制的"华尔街用脚投票法则"的支配下，造成了行为的短期和近视化。而更明显也可能更有力的惩罚方式则是积极的惩罚，它的条件恰与上面的相反：要求没有外部选择项，也就是说，要求增加退出成本，从而使得"以牙还牙"的惩罚性威胁能够构成"子博弈完美均衡"，这也就是麦克洛伊德提出的"退出成本"理论。

3. 库珀的两个实验

为了理解退出机制对行为和博弈结果的影响，我们可以看看库珀

（Cooper）所做的两个实验。

实验 1 在图 3-4 所示的危险的分级协调博弈中，无效的（1，1）均衡是风险占优的，也更能吸引博弈参与者。库珀等的实验也证明了这一点：有 97% 的人选择了（1，1）均衡，而没有人选择得以占优均衡（2，2）。但是，如果博弈方 A 存在一个外部选择，结果就很不同了。图 3-5 的实验结果表明，在外部选择为 900 时，在博弈方 A 决定参与博弈的情况下，有 77% 的结果是帕累托最优均衡，而只有 2% 的结果是（800，800），这显然与前向递推是一致的；即使在外部选择是劣于矩阵策略的 700 时，它也发生了作用。

博弈	外部选项	(1, 1)	(2, 2)	(1, 2)/(2, 1)
原始的分级协调博弈	—	160 (97%)	0 (0%)	5 (3%)
A 的外部选择为 900	65	2 (2%)	77 (77%)	21 (21%)
A 的外部选择为 700	20	119 (82%)	0 (0%)	26 (18%)

A		B	
		1	2
	1	800, 800	800, 0
	2	0, 800	1000, 1000

图 3-4　危险的分级协调博弈

图 3-5　危险的分级协调博弈的实验结果：最后 11 期

其实，当 A 的外部选择为 900，那么，图 3-4 所示的博弈矩阵就可用图 3-6 所示的博弈树表示。显然，在该博弈树中，根据向前递推的逻辑，如果 A 不选取外部选择 E，则意味着他预期是更高的收益，也就必然会采取策略 2。这样，博弈双方在博弈协调中必然都预期选择策略 2，从而达到帕累托优化，库珀等人的实验证明了这一点。当然，向前递推的预计相反的是，在 40% 的情况下外部选择中选，这反映了博弈方 A 对 B 缺乏信心。一般来说，一个社会的机会主义、相对主义越严重，那么，外部中选的可能性就越大。

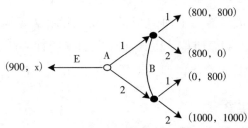

图 3-6　具有外部选择的分级协调博弈展开式

　　实验 2　在图 3-7 所示的性别博弈中，存在三个均衡：两个纯策略均衡和一个混合策略均衡，因此，实际博弈结果是不确定的，而且不协调的行动结果往往会导致混合策略。事实上，库珀等的实验也证明了这一点：有 59% 的实验中受试者的协调失败，这与混合策略的均衡预测 62.5% 非常接近。但是，如果存在外部选择时，结果就发生了明显的变化。当博弈方 A 的外部选择为 300 时，博弈方 B 就会推测，A 只有在预期收益会得到 600 时才会放弃外部选项，基于这一预期，博弈方 B 就会选择 2；博弈方 A 也会赞同这种理论，不过也可能担心博弈方 B 没有考虑这么多，从而也可能会选择确定性的 300 而不是冒可能的风险。不过，当博弈方 A 的外部选择为 100 时，弃用该外部选项不能显示任何关于博弈方 A 对性别战博弈结果的信念，从而导致选择外部选项的人数大大下降了，见图 3-8。

A		B	
		1	2
	1	0, 0	200, 600
	2	600, 200	0, 0

图 3-7　性别战博弈

博弈	外部选项	(1, 2)	(2, 1)	(1, 1)/(2, 2)
原始性别战	—	37 (22%)	31 (19%)	97 (59%)
A 的外部选择为 300	33	0 (0)	119 (90%)	13 (10%)
A 的外部选择为 100	3	5 (3%)	102 (63%)	55 (34%)

图 3-8　性别战博弈的实验结果：最后 11 期

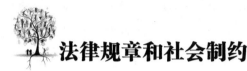 # 法律规章和社会制约

1. 缘起：两个捕虾人的遭遇

美国桑塔菲学派重要成员鲍尔斯（S.Bowles）比较了两个地区的捕虾人的遭遇：美国罗得岛的捕虾没有限制，以致目前近海岸的渔业资源枯竭，捕虾人索林如今要将圈套设在离海岸 70 英里远处；澳大利亚林肯港的捕虾需要获得政府执照，但捕虾人斯宾塞拥有 60 个圈套所赚得的钱比索林 800 个圈套还要多。这个例子反映出，对背信行为进行约束和惩罚还有另一来源：第三方约束，它是指行为互动双方外的第三方对两方施加的约束行为，不管哪方违反了规则都要受到惩罚。

博弈论专家博厄德（R.Boyd）就认为，包括"以牙还牙"在内的任何互惠策略都不足以解释大型群体间的协作行为，因为大型群体间成功协作的策略要求个体对哪怕是偶然出现的欺骗行为都严惩不贷，否则那些不劳而获的人将迅速横行于世；而如果一种机制既能惩罚欺骗者又能惩罚放任欺骗的人，那么互惠协作就一定能得以发展。尤其是，随着社会信任的下降，人们将越来越不愿意承担风险，而会实施更多的自我保护行为以应付别人可能的背叛；问题是，相互之间的提防往往会导致交易成本的上升，因而，要改变信任他人可能的风险，就必须有一种社会机制对违反信任原则的人进行制裁。

2. 法律约束的博弈分析

事实上，任何个体的理性程度都或多或少具有短视性，而基于有限理性的行为互动都将或多或少地陷入囚徒困境之中，从而就需要借助第三方的力量对博弈各方的行为进行制约。霍布斯指出，"不带剑的契约不过是一纸空文。它毫无力量去保障一个人的安全"，因此，"在一切政体中，最坏的政体并不是专制而是无政府状态。"第三方可以是个人，也可以是团体。一般来说，第三方必须是中立的、有威信的。随着社会的发展，第三方从早期的自愿组织、行业协会发展为越来越多地由国家通过法制来施行，因而第三方约束往往又被称为国家约束或法制约束。

在图 3-9 所示的无约束博弈矩阵中，纯策略的纳什均衡是（背信，背信），结果谁也得不到合作的剩余收益。但是，如果存在着外在的约束，譬如说，法律将对违诺的人处以惩罚，并补偿守信的人一定的损失，则博弈的收益结构就会发生变化。我们假设：规定对违诺方处以 8 的惩罚，而补助损失方 2 的收益，该博弈就变为图 3-10 所示的博弈矩阵。在这种情况下，博弈的均衡结果显然也将发生变化，变为（承诺，承诺）。

	守信	违诺
守信	5，5	-2，6
违诺	6，-2	0，0

图 3-9　外在约束的承诺博弈

	守信	违诺
守信	5，5	0，-2
违诺	-2，0	-6，-6

图 3-10　法律干预下的承诺博弈

3. 人类文明的演化

文明的发展是习俗演进的产物，符合某种社会进化论的观点，但是，我们却不能简单地将达尔文的"弱肉强食"法则从自然界搬到人类社会。究其原因，文明考虑的是人类长期的、整体的利益，而在竞争中获得暂时优胜的文明并非一定是最优秀的。问题是，当前占世界主要地位的发达国家大多崇尚浮士德精神，其基本特征就是以军事实力为基础实行殖民扩张。在这种浮士德文明的指导下，世界文明演化的博弈矩阵就可表示为图 3-11。

显然，上述博弈演化的结果就是浮士德文明偏盛，而这种文明以屠杀、抢劫、贩卖为手段进行扩张、征服为代价，最终导致整个社会的损失。事实

发达国家	发展中国家	
	扩张对抗	和谐合作
扩张对抗	5, 0	12, −5
和谐合作	0, 8	10, 5

图 3–11　自发的文明演化博弈

发达国家	发展中国家	
	扩张对抗	和谐合作
扩张对抗	0, −5	7, 0
和谐合作	5, 3	10, 5

图 3–12　国际社会制约下的文明演化博弈

上，在人类文明演化的进程中，武力往往是成败的关键因素，因而那些即使文明程度高而武力弱势者也将在战争中败北。但是，人类的对抗并不是一次定终身的，而是一个不断加剧（改进武力）的过程，而且武力上的优势都具有暂时性，这样，就会不断推动着新一轮的竞争。事实上，如果一个拥有强壮体力的人可以迫使别人为他工作而无须给予补偿，从而成为他的奴隶，那么，今天的奴隶主也不能保证明天不会沦为奴隶。因此，文明社会的前提条件是把武力从社会关系中排除出去，从而建立起处理人与人之间关系只能依据理性的原则，即通过商讨、说服或资源而没有强制的协议来解决。因此，这种现存的文明并非就是有效的文明。

为此，整个国际社会就要制定一些规则来防止某些纳什均衡的出现，通过适当的国际联合对那些实行扩张对抗主义的国家实施惩罚。我们假设：存在一个联合国对对抗方处以 5 的惩罚，而补助损失方 5 的收益，那么，上述博弈变为图 3–12 所示的博弈矩阵。显然，通过引入社会制约机制，博弈的均衡结果就会发生变化，从而实现（合作，合作）均衡。因此，博弈均衡结果往往与社会制约机制有关。

4. 法律约束的有效性

一般地，第三方约束的有效性主要在于：通过改变博弈者的收益结构来影响博弈结果；如果某方不履行契约，那么国家机关就会对之进行惩罚，这种惩罚是如此之大以致合作成为最好的选择策略。例如，在囚徒博弈或者寡头博弈中，如果存在一个外在的权威实施有约束力的合同就可以解决问题。

然而，第三方约束的有效性也取决于两个因素：①第三方的公正性和权威性。权威性主要是指它的法理性，其关键是被约束者的认同程度；一个实施社会规范的机构或政府，如果缺乏合法性，那么它执行这一功能的基础必然是脆弱的，会遭到行为互动双方或明或暗的反对。②第三方的威权性。威权性是指国家机关执行其命令的强制性，这与监督双方所花的成本和实施约束所花的成本有关。

显然，如果国家政府的法理基础不是非常牢固的话，它维持社会秩序的能力，往往要借助于其威权性；同时，如果国家的威权性不够强，实施约束所花的成本必然很高，从而会导致措施的失效。这有两方面的原因：第一，行为施加方就会采取其他手段来规避或对抗国家的约束；第二，行为承受方则会转而求助于其他的报复方式。而且，需要指出的是，尽管第三方约束具有规模经济和减少交易费用的好处，但第三方约束的施行必然会由于不可避免地实施统一和强制性规则而导致"一致性损失"，这种损失是无形的，也是巨大的。

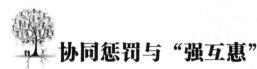

协同惩罚与"强互惠"

1. 缘起：允许第三方惩罚的两个实验

著名行为经济学家和实验经济学家、苏黎世大学的恩斯特·费尔（E.Fehr）等利用囚徒困境和独裁者博弈作了一系列第三方惩罚实验：

实验一是独裁者实验：第一阶段，A 被授予 100 分，并可以选择 0、10、20、30、40 或 50 分赠与 B；第二阶段，收益不受 A 之决策影响的 C 被赋予 50 分，他有权扣减 A 的分，且从 A 的得分中每扣除 3 分 C 就会消耗掉 1 分。实验结果表明：A 据为己有的超过 50 分的每一分都会被 C 以平均牺牲 0.28 分予以惩罚，使得 A 的每一额外被惩罚达到 0.84 分。这样，即使独裁者 A 试图将 100 分都据为己有，它实际获得的分数也只有 58 分。

实验二是囚徒困境实验：第一阶段，受试者 A 和 B 的初始禀赋是 10 分，它可以将之保留也可以转让给对方，而转让时实验者将三倍返还积分，这样，双方合作时各自可得 30 分，都不合作时则各得 10 分，一方合作时转让方得 0 分而背信者得 40 分。第二阶段，收益不受他们之决策影响的 C 被赋予 40 分，他有权扣减 A 或 B 的得分。实验结果表明：当一人背信而另一人合作时，背信者被 C 扣减的平均分数为 10.05；而如果两人都背信时，平均损失只有 1.75；同时，有 45.8% 的 C 会惩罚背叛合作者的受试者，而只有 20.8% 的 C 会惩罚背叛不合作者的受试者。

这些实验又说明了什么问题呢？它反映出，在博弈互动中，除了对方约束和（源自组织或法律的）第三方约束外，还存在一种对背信者进行约束的机制：无利益相关的个体对背信者进行惩罚。这就是"强互惠"（Strong Reciprocity）行为。

2."强互惠"行为的表现

"强互惠"表现为：人们倾向于与合作者进行合作，而对非合作者愿意花费一定成本进行惩罚。显然，"强互惠"行为的存在意味着，第三方的行为不符合经济人假设，因为他的惩罚使自己承担了成本却没有任何收益。

互惠有两种基本类型：积极的互惠（Positive Reciprocity），即选择一个有利的反应，奖励合作者；消极的互惠（Negative Reciprocity），即选择一个不利的反应，惩罚背信者。积极的互惠自不待说，这可以从大量的最后通牒博弈实验中窥见一斑：提议方的出价越公平，就越容易为回应方接受。消极的互惠也是司空见惯，如妻子往往会选择与拈花惹草的丈夫离婚，家族企业的继承者之间往往会打花费甚巨且旷日持久的诉讼官司，一个偶发性冒犯往往会引发街头械斗。

消极的互惠中一个重要类型就是"强互惠"，博弈方往往乐于与那些守信者进行合作而惩罚那些背信者。这里的惩罚对象并不是曾经损害自己的背信者，而是曾经损害他人的背信者。例如，银行往往不愿贷款给曾有过不良信用记录的人，日本企业往往也不愿与违背行业规范的企业做生意。"强互惠"是相对于"弱互惠"而言的，"弱互惠"是基于互惠利他主义或直接互惠主义之上，是源于自利个体之间的重复博弈行为所形成的均衡策略。显然，由于"强互惠"行为需要承担一定的私人成本，而收益却由所有人分享。但是，多数人的类似行为就形成了相互利他主义，最终也会有利于自身的长期利益。

事实上，"强互惠"是广泛存在的，无论是简单社会的人种学史文献、集体行动的历史解释、可控的行为实验还是日常生活的观察，都展示了"强互惠"现象大量存在的证据。在很大程度上，正是由于"强互惠"行为的普遍存在，有效地减少了欺骗和背信行为，促进了亲社会行为的扩散，衍生出了惩恶扬善的社会风气，促进了社会规范的完善，维护了协会或社会秩序，并促进了合作秩序的生成和扩展。例如，2009 年的诺贝尔经济学奖得主埃莉诺·奥斯特罗姆（Elinor Ostrom）等设计了一个受试者可以通过支付一定费用对其他受试者进行罚款的公共品投资博弈实验，发现受试者明显具有惩罚不合作者的行为；后来，实验又在受试者有权沟通但不能达成有约束力的协议下进行重复，结果导致了只有很少的制裁（4%）的情况下几乎实现了完美的合作（93%）。

在很大程度上，人类社会的合作都可以通过这种"强互惠"行为来解释，人们往往愿意遵循共同设立的规则。例如，金迪斯构建的一个模型就证明，当集体经常性地面临灭绝事件的威胁时，一般的互利主义往往无法激发自利的个体进行合作以避免灾难的发生，而当"强互惠"主义足够强大时就可以进行有效的合作以降低团体灭绝的可能性。显然，如果将"公地悲剧"视为集体行动中的这种灾难的话，那么，避免这种悲剧也需要依赖于"强互惠"行为；而现实生活中的公共资源之使用往往保持着非常高的效率，这也反映出"强互惠"行为的广泛存在。而且，Marlowe 等的实验证明，这种强互惠现象在大而复杂的社会中往往比在小规模的社会中更有意义，因为在更大规模的社会中，交往者之间的信息更不对称，而"强互惠"行为所施行的第三方惩罚有助于抑制这类欺骗和背信行为。那么，大规模社会中的"强互惠"行为是如何形成的？在很大程度上，正是这种社会网络关系的存在为"强互惠"行为提供了社会基础，从而提高了整个社会的生存能力；同时，这种社会网络关系本身是不断扩展的，大社会的网络关系是有效社会的网络关系扩展而来，"强互惠"行为也会在社会中进行扩展和传承。

3."强互惠"行为的证据

首先，就实践中的经验证据而言。在群体行动中，大多数个体都愿意承担一定的成本对那些不友好对待他们的背信者进行惩罚，尽管他从中获得的好处往往小于其成本。譬如，在现实生活中，我们常常可以看到，参与工会罢工的工人们往往会将罢工的持续时间拉长到远大于其物质利益的获得的程度，其目的仅仅是为了对公司的"不公平"行为进行惩罚；参与政治运动的利益集团往往也会将游行示威的持续时间拉长到远大于其物质利益的获得的程度，其目的仅仅是为了对主政者的"不公平"行为进行惩罚。同样，一些群众往往会自发地抵制某些国家的商品，或者某些领导人的来访，尽管同时也损害了自身的物质利益，其原因仅仅在于：该国存在"不公正"竞争、"不友好"行为或者限制"人权"行为。

其次，就研究中的实验证据而言。大量的信任博弈、独裁者博弈、最后通牒博弈、公共品投资博弈等行为实验也都表明，在群体行动中，大多数个体都愿意承担一定的成本对那些不友好对待他们的背信者进行惩罚，尽管他从中获得的好处往往小于其成本。例如，卡尼曼（Daniel Kahneman）等就做了独裁者博弈实验：允许受试者支付 1 美元对不公平的分配者进行惩罚并奖励公平分配者，结果发现，74%的受试者都使用了这种惩罚。实验还显示，81%的受试者宁愿只获得与公平的分配者共享 10 美元而不愿与不公正的分配者共享 12 美元。

这里，我们再看一个公共品投资博弈：设置一个公共账户，四个匿名的受试者可以把任意数量的筹码投资于该公共账户，每一轮结束后，受试者都能得到公共账户中筹码总数的 40%，一共进行六轮。博弈开始时每个人都有 20 个筹码，这样，如果每个人都将自己的筹码全部投入公共账户，那么，第一轮后每个人能得到 32 个筹码，第三轮后则可以得到 51.2（即 $4 \times 32 \times 40\%$）个筹码，以此类推，全部六轮后将得到 210 个筹码。但是，假如存在一个从不向公共账户投资的搭便车者，则第一轮后，他将得到 44（即 $20 + 3 \times 20 \times 40\%$）个筹码，其他每个人得到 24（即 $3 \times 20 \times 40\%$）个筹码；六轮过后，"搭便车"者将得到 258 个筹码，其他每人大约只有 60 个筹码。根据主流博弈论的后向推理思维，每个人都不向公共账户投资是纳什均衡。然而，实验却表明，只有很少人符合这一推断。例如，费尔（E.Fehr）等的实验就显示，最初几轮中，投资的平均水平在 40%~60%之间，随着轮次的增加，投资额有所降低，最后一轮有 73%的个体拒绝投资，剩下的投资水平也大幅度下降。

这个实验反映出两点：①理性分析的理论结论并没有在实验中出现；②越接近结束，行为就越与理性人假设相符。当然，实验结束后的调查表明，之所以在博弈尾声的投资率大幅度下降，大部分人声称这样做是出于愤怒，而通过减少投资来报复那些"搭便车"者。后来费尔等设计了一个允许对"搭便车"者进行惩罚的实验，受试者可以支付一定的成本来罚没某个人的筹码。在这种情况下，惩罚可以增加公共福利却要个人支付成本，这就可能产生第二种意义上的搭便车：人人都希望别人来实施惩罚而自己坐享其成。但是，实验结果却显示，惩罚行为非常普遍，而且整个投资水平也明显提高。也就是说，现实世界中每个人或多或少地都希望通过互惠合作来最大化自身收益，甚至为此愿意花费成本来对那些机会主义行为进行惩罚。这反映了人类行为和动物行为之间的差异。

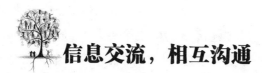# 信息交流，相互沟通

1. 缘起：奥斯特罗姆的公地实验

埃莉诺·奥斯特罗姆和她的同事做了模拟公地环境的一个实验：发给 8 名学生 25 张代用券，在 2 小时的实验结束后可以用来换取现金。这些学生可以用这些代用券以匿名方式通过电脑在两个证券市场上选择其中一个进行投资，一个交易市场按照固定的利率返还，一个交易市场按照参与测验的 8 名学生共同投注证券的多少进行返还。如果仅有少部分证券投注，则返还就多，远远高于第一个返还利率固定的市场，但投注越多返还就越低，直到受试者开始亏损为止。显然，如果每个人都采取克制的措施，就会有很好的回报，但如果他人都克制的同时有人却放纵私欲，那么这个不劳而获者将是最大的受益者。两小时的实验表明，在没有任何信息沟通的情况下，学生们只拿到本应该得到的最高收入的 21%。第二次实验则允许学生们在实验进行到一半的时候进行交流，讨论一次他们之间共同面临的问题，之后再进行匿名投注；结果学生们得到的回报激增至可得到最高收入的 55%，而不断让他们保持交流则获得的回报可高达 73%。而且，如果允许他们进行交流，共同协商对自私自利者的惩治措施时，学生们拿到了原本可以得到最高收入的 93%。

这个博弈实验说明了什么呢？针对那些具有帕累托改进的正和博弈，特别是对那些具有收益等级的协调博弈而言，通过信息沟通有助于取得更大的收益支付。

2. 信息沟通在合作中的作用

人类的交流和协商不仅对解决"公地悲剧"起着极为关键的作用，而且也有利于整个社会福利的改进。1972 年的诺贝尔经济学奖得主阿罗（Kenneth J.Arrow）提出了一个阿罗不可能定理：如果众多的社会成员具有不同的偏好，而社会又有多种备选方案，那么在民主的制度下不可能得到令所有人都满意的结果。事实上，信息沟通是树立信心，提高预期的最基本方面。而囚徒困境意味着行为失调，而在现实生活中行为失调的最主要原因就在于信息不完全。

1972 年的另一诺贝尔经济学奖得主希克斯（John Richard Hicks）在 1932 年指出，如果博弈各方完全掌握了对方的偏好等信息，则个人理性就不会造成冲突，因为完全信息保证了对可能冲突的预测，在这种情况下，冲突的发生只能是"谈判不完善的结果"。而在现实生活中，参与者之所以不能形成联盟而采取联合行动，在很大程度上正源于他们之间缺乏有效的信息交流。例如，在传统的中央计划体制中，决策的执行、知识的传送和接受等各个环节上都存在这种问题。这意味着，要提高互动的人们之间的协调性，关键在于要建立一种机制以便于各方的协商，特别是形成一种共同的知识。

关于共同的知识对协调人们行为的显著作用的一个经典分析就是脏脸故事（也称红帽子白帽子案例）。在这一案例中，一句看似废话的话却根本改变了受试者的判断信息，它使得"三个人中至少有一人的脸是脏的"这一信息的特点发生了改变：从"三人都具有的知识"转变为了"三人的共同知识"。而每个人都知道的知识并不必然是共同的知识，因为它不表明每个人都知道他人也知道这个知识。那么，如何将"都具有的知识"转变为"共同的知识"呢？这就需要建立一种廉价有效的协调机制。

要将默会的知识转变为共同的知识，人类社会中主要存在这样几个基本途径：一是直接进行沟通的显性信息交流，这种显性信息交流又可分为两个小类：①互动者之间的直接沟通，主要是通过对话；②依赖第三人的信息交流，中间人对两者行为加以协调、仲裁，这个中间人可以是企业的管理者、政府宏观经济的计划者，也可以是其他仲裁者。二是基于其他媒介所产生的隐性信息交流，这种隐性信息交流也可分为两个小类：①互动方经过多次互动而形成一种预期、习惯乃至惯例，这种预期的形成往往是基于共同生活背景以及互动的认同之上。也就是说，基于共同社会背景的默会知识容易成为"共同的知识"。②通过编码的方式将默会知识转变为明示知识以及通过立法的形式将非正式的规则、惯例确认为正式的法律制度，这就需要对默会知识的整理、编码（无论是由个人、企业还是政府来进行）以及法制的完善。

事实上，在很多场合中，人们都能够基于各种机制进行不同程度的信息交流，从而使得最后的结果比标准博弈论的囚徒困境更优。例如，在图3-13所示的公共品捐赠博弈中：捐赠的成本是 c，如果一个人捐赠的话，该公共品的价值为 P；如果两人捐赠的话，其价值为 $P+s$，而不捐赠者得到公共品的 $(1-e)$ 倍、其中，s 反映了捐赠所产生的协调效应，而 e 则体现了公共品对那些不捐赠者的排他效应，$1>e>0$。显然，当 $Pe+s>c>P$ 时，（捐赠，捐赠）和（不捐赠，不捐赠）就是两个纳什均衡。显然，西方社会有很多公共品都是依靠私人捐赠来维系的，那么，如何促使均衡从（不捐赠，不捐赠）到（捐赠，捐赠）的演化呢？这就涉及对其他人行为和动机的信息问题。

	捐赠	不捐赠
捐赠	$P+s-c$, $P+s-c$	$P-c$, $P(1-e)$
不捐赠	$P(1-e)$, $P-c$	0, 0

图3-13　公共品捐赠博弈

3. 信息沟通的有效性分析

首先，信息沟通的有效性取决于沟通成本，其条件是：信息传递无成本并且没有约束力，这类博弈通常也被称为廉价对话（Cheap Talk）。加州大学伯克利分校经济学教授法雷尔（Farrell）就强调，廉价对话能够在自然垄断行业的潜在进入者之间实现部分协调，廉价对话也有助于在对称的混合策略均衡中实现非对称的协调。不过，实际上的信息沟通成本往往非常高昂，有些行为可能就根本不能沟通。譬如，不同宗教信仰的人、不同意识形态下的人在许多行为上都是对立的，有些至少在短期内是难以协调的，这也是世界上不断爆发冲突的原因。正因如此，有些学者（如亨廷顿、斯宾格勒、汤因比等）甚至预言，今后世界的冲突是文明的冲突。而且，即使在信息沟通有效的情况下，要达成真正的合作也不是易事，因为功利主义的社会会滋生出大量的内生交易成本，建立在个体理性（特别是近视、短期的）之上的思维是滋生机会主义的土壤。例如，奥曼就指出，即使博弈方在事前能够进行交流，并且相互口头保证将采取合作的策略，也并不真正保证他们能够遵守自己的诺言。

信息沟通又分为单向沟通和双向沟通，两者都依赖于一定的条件。就单向沟通是否有效而言，法雷尔认为，它取决于这样两个条件：①遵守承诺对传递消息者事实上是最优行动；②他预期接受者会相信该信息。而在双向沟通中，法雷尔则假定：①如果双方的声明构成对第二阶段博弈的一个纯策略纳什均衡，那么每一个博弈方将采取他声明的策略；②如果博弈双方的声明不构成第二阶段博弈的一个纯策略纳什均衡，则每一个博弈方的行为就如同从未进行过沟通一样。一般地，单项沟通和双向沟通对不同的博弈情境所产生的效果是不同的，而且，即使在有的情境中双向沟通更有效率，但这种效率也是建立在简化的基础上，它没有考虑沟通的成本，而双向沟通的成本实际上要比单向沟通要高得多。因此，法雷尔进一步指出，信息交流并不能确保均衡的有效。关于这一点，可以看库珀等人的实验。

在图 3-14 所示的危险的分级协调博弈中，双向沟通对克服博弈中的协调问题就十分有效：在博弈矩阵的最后 11 阶段中，每对受试者都宣布选择方案 2，并且 91% 的结果确实也是 (2, 2) 均衡，但是，单向沟通的效果却并不非常明显，博弈方 A 中只有 87% 宣布策略 2，并且他们并不总是遵守承诺，而博弈方 B 也不采取策略 2，最后只有 53% 的结果实现了帕累托最优均衡（见图 3-16）。与此相反，在图 3-15 所示的性别博弈中，单向沟通却非常有效，95% 的人都宣称会选方案 2，而且，除一人外所有人的确都选了 2，而除 2 人外，所有博弈方 B 都跟着选了 1，但是，双向沟通的效率却非常低，无法匹配的比率达到了 42%（见图 3-17）。

A		B	
		1	2
	1	800, 800	800, 0
	2	0, 800	1000, 1000

图 3-14　危险的分级协调博弈

A		B	
		1	2
	1	0, 0	200, 600
	2	600, 200	0, 0

图 3-15　性别战博弈

博弈	(1, 1)	(2, 2)	(1, 2) / (2, 1)
危险的分级协调博弈	160 (97%)	0 (0%)	5 (3%)
单向沟通	26 (16%)	88 (53%)	51 (31%)
双向沟通	0 (0%)	150 (91%)	15 (9%)

图 3-16　危险的分级协调博弈实验

博弈	(1, 2)	(2, 1)	(1, 1) / (2, 2)
性别战博弈	37 (22%)	31 (19%)	97 (59%)
单向沟通	1 (1%)	158 (96%)	6 (4%)
双向沟通	49 (30%)	47 (28%)	69 (42%)

图 3-17　性别战博弈实验

　　为何会存在这种差异呢？其原因就在于，在性别战博弈中，主要问题是解决博弈方的偏好之间的不对称性，这种不对称性使他们的动机具有混合性。显然，单向沟通解决了这个问题，从而将效率从 40% 提高至接近 100%；但双向沟通却恢复了冲突，从而将整体效率拉回至 60%。相反，在分级协调博弈中，主要问题是提供博弈双方足够的保证来确信另一方会选择冒险但有效的行动。单向沟通提供了一半的保证，从而使效率升至 50%；双向沟通则提供了更为完满的保证，从而将效率进一步提升为 91%。

　　危险的协调博弈表明，在缺乏明确信息沟通和交流的情况下，博弈方之间很难达成高效率的行动，而在性别战博弈中，尽管博弈双方存在共同利益，但太多的信息交流所带来的博弈结果反而并不如意。这就对直接的信息交流机制提出了审视。凯莫勒（C. F. Camerer）写道："在一般概念中，协调博弈通过交流应该很容易被'解'。这种偏见无论在实践中还是理论上都是错的。在实践中（至少在实验中），交流通常情况下会改进协调，但并不总是有用的，而且交流经常导致低效率。理论上，交流并不是真正的解决办法，因为在许多大型社会活动中，参与者无法全部同时交谈（而大型公共宣言又不被置信），由少数不可互相交谈的参与者构成的简单协调实际上是反映这种大型社会活动的小型简约模型。"更不要说，在敌意的环境中，直接的信息交流和沟通就更为困难。谢林也说："有限战争要求具备某些有限条件……（而）有限条件要求战争双方之间至少存在某种程度的共识和默契。然而，这种共识或默契通常很难达到，原因不仅仅在于现实中存在很多不确定因素和双方利益的尖锐冲突，更重要的是在战争期间，甚至在战争爆发之前，战争双方都无法进行有效的沟通。而且，有时战争一方为了增加战争对另一方的威慑力，往往不愿意主动就有限条件进行相关谈判；甚至另一方或双方都担心自己的主动谈判意愿有可能被对方释义为妥协"，"因此，对默式谈判——谈判双方信息沟通不完全或无效情况下的谈判模式的研究具有非常重要的意义。"①

---

① 谢林：《冲突的战略》，赵华等译，华夏出版社 2006 年版，第 48 页。

社会习俗和聚点均衡

1. 缘起：谢林的实验发现

谢林曾经做过如下的一系列实验：

（1）在互不交流的情况下，让两个人同时选择硬币的正面或反面，如果选择相同则可赢得一笔奖金。结果，36个人选择了正面，6个人选择了反面。

（2）在互不交流的情况下，让两个人在数字7、100、13、261、99、555中选择一个，如果选择相同就获胜。结果，41人中有37人选择了前三项，7略微领先于100，13位于第3位。

（3）你将在纽约与某人会面，但你和对方没有事先约定会面的地点，而且也无法与对方进行联络。你将去哪儿见对方？结果，大多数学生选择了纽约中央火车站（服务台）会合。

（4）在上述实验中，你只知道会面的日期，但不知道会面的具体时间，你和对方必须设法约定时间在问题（3）中的地点会面。结果，几乎所有人都在中午12点实现会面。

（5）写下你认为吉祥的数字，如果你和同伴写下的数字相同就获胜。结果尽管出现了不同的答案，但40%的人选择了1。

（6）写下一笔金额的钱，如果你和同伴写下的金额相同就获胜。结果，41个人中有12个人选择1000000美元，只有3个人选择的数字不是10的幂数。

（7）让互不沟通的两人将100美元分成两份，如果相等则获得这100美元，如果不等则一无所获。结果，41 个人中有 36 人将之分成两份 50 美元。

这些实验表明，人们的日常行为往往有惊人的一致性。在谢林之后，其他学者也做了大量类似的实验，例如，当两个人骑自行车迎面遇上时，80%的日本人采取左偏以免发生冲撞；在被要求在一个号码集合中选一个号码时，29%的人选择了号码"1"；选择在伦敦见面的地点时，38%的人选择了特拉法加广场；另外，87%的人在 ｛正面，反面｝的集合中选择了"正面"，89%的人在山脉的集合中选择了珠穆朗玛峰，89%的人在汽车制造商中选择了福特。

事实上，现实生活中很多情境都缺乏有效沟通，从而也就根本不存在讨价还价的空间，那么，此时能否以及如何找到问题的最佳解决方法呢？谢林通过上述实验而提出，这在很大程度上取决于双方的直觉而非逻辑思维推理，或许依靠来自双方对相似事物之间的类比经验、先例、偶然巧遇、对称性、审美观或几何原理、诡辩原理以及当事人的自身条件和对彼此情况的了解。为此，谢林把在多重纳什均衡中实际更可能发生的均衡称为聚点均衡（Focus Point Equilibrium）概念，它表明，博弈方能够在大家长期以来达成的共识之上形成均衡，而这种信息被策略型矩阵省略掉了。

2. 聚点均衡的协调机制

习俗和惯例是在信息无效有效沟通的情况下，博弈双方为实现其共同利益而协调行为和提高预期的一个重要机制；习俗和惯例实际上就是靠自然演进的方式将默会知识转变为共同的知识，从而提高了博弈双方行动的协调性。一些博弈理论家甚至已经倾向于认为，所谓的均衡状态只不过是"惯例"。正是在习惯和惯例的基础上，谢林等引入了聚点信号的协调机制。谢林认为，人们通常只有在得知别人将作出和自己同样的行动时，才会与他人产生共鸣，达成共识，而且，在大多数情况下都会出现某些合作的契机，如某个"聚点"使双方成功地对彼此预期做出判断，从而达成某种默契。为了更好地理解聚点协调机制，这里以情侣博弈为例加以说明。

在图 3-18 所示的情侣博弈中，双方只有一起活动，才会得到各自效用的最大化。但这个博弈存在两种纯策略均衡和一个混合策略均衡，而且，大量的实验证据表明，在双盲实验中，近 60%的结果将会呈现出混合策略均衡。那么，在现实生活中，情侣们是如何协调成功而实现纯策略均衡的呢？尤其是，在两种可能的纯策略均衡组合中，究竟哪一个会成为聚点均衡呢？这与特定的形势有关。譬如说，在初恋时期，男孩为了赢得女孩的芳心，看到有芭蕾演出就买票邀女孩一起看；或者女孩特别喜欢某一个男孩，特地买了周末的足球票邀请男孩观看。而成了老夫老妻以后，妻子可能更愿意牺牲自己的喜好而陪先生看球赛。当然，更一般的情况是，他们可能形成一个惯例，譬如交叉轮流去看足球和芭蕾，或者一方在对方"喜庆日"而更加偏重于他（她）的爱好。显然，在实际生活中，只有形成这样的稳定规则，夫妻之间的关系才会融洽，才会有真正的相濡以沫、白头偕老。

女孩		男孩	
		芭蕾	足球
	芭蕾	10，5	0，0
	足球	0，0	5，10

图 3-18　情侣博弈

同样，在具有极强流动性的当前社会中，恋人和夫妻往往都会因学习、工作等原因分居两地，因而他们会尽量找机会和时间去探访对方。不过，由于存在旅途奔波和交通费用，探访者所获效用往往会低于留守者，因而这也是一个情侣博弈的例子。那些，这对恋人和夫妻如何安排他们的探访行程呢？这在很大程度上依赖于他们所处的环境，如果一方出差的机会多，那么他往往会利用出差时机顺势去探望对方；如果一方是教师，他也往往会成为探访者；如果父母和家人在一方所在地，另一方则会成为经常性的探访者，等等。再如，在大学宿舍制生活中，同一寝室的室友有人习惯早睡早起，有的则喜欢晚睡晚起。这也面临着一个情侣博弈的困境：如果全部人作息时间相同则能互不打扰而得到较好的休息，否则晚睡者将在晚上影响早睡者，早起者将在早上影响晚起者。为此，一部分人须改变自己的习惯，但他由此得到的效用就会小于另一部分人。那么，一个寝室如何解决这一困境呢？在很大程度上还是依据某种信息，这个信号就是上课时间表。

那么，聚点是如何形成的呢？是策略性的还是社会性的呢？大量的行为实验都显示，聚点现象存在强烈的"社会"因素，文化、宗教、社会规范和历史传统等都有助于聚点的形成。因此，聚点均衡实际上是基于社会习俗和惯例而自发采取的行为所达到的一种均衡状态。例如，工人的努力水平和企业主支付的工资之间、夫妻俩周末在足球和芭蕾之间的选择等，都是聚点均衡的典型例子。而且，聚点协调机制在社会政治和经济生活中的重要性无所不在，诸如有限战争或与此有关的问题，或有限竞争问题、司法管辖权的问题、交通堵车时的博弈情景，甚至包括如何与一个从未打过招呼的邻居，相处，等等，都涉及默式谈判，都涉及博弈方之间所共同拥有的文化价值和生活经验。

3. 聚点均衡引起的反思

聚点均衡表明，现实世界中，人类行为往往不是基于理性计算的，而是遵循一定的习惯、习俗和社会规范这个拇指原则。事实上，无论是凡勃伦的"集中意识"，还是康芒斯的"习俗"以及诺思的"规则"，都认为只有通过习惯，边际效用才能在现实生活中近似成立。而且，正是由于习惯、习俗等提供了指导共同行动的聚点和相关均衡，从而增进了个体行动的协调性，才有助于达致合作性均衡。例如，休谟在《人类理智研究》一书中就指出，人的理性不能解决因果的推论问题，唯有非理性的习惯原则才是沟通因果两极的桥梁，因此，"习惯是人生的伟大指南"，而《人性论》中则强调，理智是而且只应是感情的奴隶，它除了服务和服从情感之外永远不能自称有任何其他功能。

聚点均衡也对现代主流经济学思维提出了反思：按照主流经济学的理论，理性的经济人会敏锐地把握信息和时机从而灵活地调整策略，不会固守某种一成不变的规则。那么，固守规则果真是非理性的吗？譬如，在现代企业中，经理人员的努力水平是如何决定的，是基于所谓的激励机制吗？他们的行为会随时根据合同状况或信息状况而所有调整吗？聚点均衡给出了否定的答案。不仅在基于聚点的默式谈判中博弈协调不是基于理性算计，即使在基于直接信息沟通的显式谈判中博弈协调也主要不是基于理性算计。谢林指出，在讨价还价过程中，人们更倾向于使用简单的数学表达形式，如人们往往使用整位数字；在成本、利润分配等问题的旷日持久的谈判中，最终往往都以一些简单的解决方式结束，如简单地平均分配，或参照国民生产总值、人口、外汇逆差等常量按比例分配，或按照双方在以前谈判中达成的比例，尽管有时可能在逻辑上毫无联系。谢林甚至嘲笑说，用纯理论来预测参与者在博弈中如何行为，就像试图不把笑话讲出来就证明它是可笑的一样。

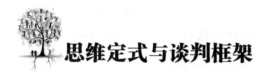

思维定式与谈判框架

1. 缘起：生活中的整数型惯行

人们在用微波炉加热食物时往往习惯上将加热时间设定为（数字按钮型的微波炉）：1.00、2.00、3.00……或者 1.30、2.30、3.30……（单位为分）或者 1.10、2.20、3.40……，却很少将加热时间设定为 1.11、2.22、3.33……事实上，后者与其他设定整数时间所获得的加热效果几乎没有什么差异，而且，这种时间设定还因省却了更换按钮的麻烦而节省了成本。那么，我们为何很少会做 1.11、2.22、3.33……这样的时间设定，而往往倾向于将时间设定为 1.00、2.00、3.00……呢？关键就在于，我们存在着一种思维定式和行为习惯，存在谢林所指出的那种整数型（Round）的惯性思维。所以，著名社会经济学家韦伯认为，这些看似理性的"意向性"取向的行为往往是根据以往习惯方式展开的反应，我们日常的传统行为都在不同程度或者不同意向地自觉保持习惯对自身行为的约束。

事实上，聚点均衡体现了对传统习俗和社会惯例的遵守，这主要体现在两大影响上：一是个人习惯对选择和行为的影响；二是社会先例对谈判结果和博弈均衡的影响。这里继续就这两方面加以阐述和分析。

2. 个人行为中的定式效应

就个人的行为和选择而言，它具有这样的特点：①或多或少地受个人过去经历和习惯的影响，如一个人上个月吸烟和吸毒的严重程度将会显著地影响他这个月是否继续吸毒或吸烟；②也或多或少地受社会习俗的影响，正是社会习俗影响了他的口味、偏好以及相关的成本。在很大程度上，社会个体之所以会有不同的效用函数，就在于他们"继承"了不同水平的个人资本和社会资本；同时，某个体的行为和选择之所以可能出现前后不一致，也主要在于个人资本存量和社会资本发生了变化。从这个意义上说，社会个体的行为或选择并不是"绝对自由"的，而是要受到历史上可能已经被人们遗忘的某些事件的影响，受到某些社会环境的约束，即使他们的利益与这些环境无关。

学术界往往把由一种特殊问题产生的独特的固定行为而支配个体其他行为的现象称为"定式效应"，思维定式效应在现实生活中广泛存在。例如，在图 3-19 所示的实验中，受试者被要求只用下述 A、B、C 三个罐子来灌水以获得指定的量，显然，除了第八个实验外，指定的量都可以通过从 B 中倒去一次 A 的容量及两次 C 的容量来得到，其中，实验一至实验五相对简单，而后面的相对复杂一些。实验表明，被试者在成功地将这一简单方法运用于实验一至实验五之后，大部分都坚持将它继续运用于实验六至实验十；结果，64%的受试者在实验八中都没有得到指定量的水，尽管实验八对任何水平的人来说都是一道非常简单的计算题。显然，这个缺乏效率的例子反映了这样一个事实：人们在遇到问题时并不是首先借助计算理性来解决，相反，经常愿意将过去实验成功的策略广泛应用到其他场合，尽管它们不是解决新问题的最佳方法。

罐子的容量				
实验	A	B	C	目标量
一	21	127	3	100
二	14	163	25	99
三	18	43	10	5
四	9	42	26	21
五	20	59	4	31
六	23	49	3	20
七	15	39	3	18
八	28	76	3	25
九	18	48	4	22
十	14	36	8	6

图 3-19 灌水实验

3. 社会惯例对博弈均衡的影响

就社会惯例对博弈均衡的影响而言，惯例往往提供某种决策的参照系，或者成为预期其他人行为的共同知识。这已经为大量的行为实验所证实。例如，在图 3-20 所示的"分水岭"博弈中：参与者从 1 至 14 选择号码，而其得益依赖于所有人可能选择的中位数。譬如，参与人选择 2，而中位数是 5，则其得益为 65；如果中位数为 9，那么其得益为 -52。这个实验可以做多轮，而每轮过后，你都知道中位数是几，然后计算从中的得益并进行下一次选择。显然，这一博弈结构具有这样的属性：当你认为其他多数人会选择较小数字时，你也应该选择较小数字；当你认为其他多数人会选择较大数字时，你也应该选择较大数字；而当你认为其他多数人的行为具有不确定性时，可以选择 6 或者 7 以规避风险。

选择	中位选择													
	1	2	3	4	5	6	7	8	9	10	11	12	13	14
1	45	49	52	55	56	55	46	−59	−88	−105	−117	−127	−135	−142
2	48	53	58	62	65	66	61	−27	−52	−67	−77	−86	−92	−98
3	48	54	60	66	70	74	72	1	−20	−32	−41	−48	−53	−58
4	43	51	58	65	71	77	80	26	8	−2	−9	−14	−19	−22
5	35	44	52	60	69	77	83	46	32	25	19	15	12	10
6	23	33	42	52	62	72	82	62	53	47	43	41	39	38
7	7	18	28	40	51	64	78	75	69	66	64	63	62	62
8	−13	−1	11	23	37	51	69	83	81	80	80	80	81	82
9	−37	−24	−11	3	18	35	57	88	89	91	92	94	96	98
10	−65	−51	−37	−21	−4	15	40	89	94	100	105	110	114	119
11	−97	−82	−66	−49	−31	−9	20	85	94	100	105	110	114	119
12	−133	−117	−100	−82	−61	−37	−5	78	91	99	106	112	118	123
13	−173	−15	−137	−118	−96	−69	−33	67	83	94	103	110	117	123
14	−217	−198	−179	−158	−134	−105	−65	52	72	85	95	104	112	120

图 3-20　"分水岭"实验中的支付（以美元计）

同时，这一博弈结构具有这样的属性：如果你猜测其中位数略低于 7 时，你的最佳反应是选择一个比该中位数略小的号码。譬如，如果你认为中位数是 7，你的最佳选择是 5。这样，对该中位数的反应就会将中位数拉得更低直至到达 3，而 3 成为一个均衡的最优反应点。相应地，如果你猜测其中位数为 8 或以上时，你的最佳反应是选择一个比该中位数略大的号码。譬如，如果你认为中位数是 9，你的最佳选择是 10 或 11。这样，对该中位数的反应就会将中位数拉得更高直至到达 12，而 12 成为另一个均衡的最优反应点。因此，这个博弈是一个协调博弈，它存在两个纳什均衡：其中 7 以下的中位数是一个收敛于均衡 3 的 "吸引域"；高于 8 的中位数是一个收敛于均衡 12 的 "吸引域"，从而被称为 "分水岭" 博弈。Huyck 等分 10 组，每组作了 15 次实验，实验证实了两位分离均衡的存在，结果如图 3-21 所示。

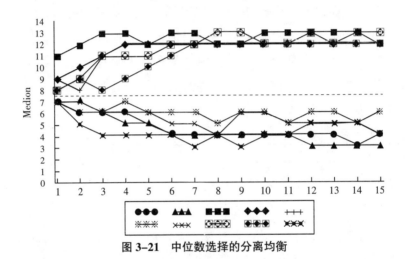

图 3-21　中位数选择的分离均衡

问题是，该协调博弈的均衡如何确定呢？显然，纯粹逻辑根本无法预测究竟会发生哪种均衡。但是，该实验有两个重要发现：①即使收敛于低收益的参与者只能得到一半的收益，他们也不总是收敛于高收益均衡；②历史性的趋势足够强大，造成了结果对 "初始敏感性条件" 的依赖。例如，参与者就发现，如果他们当中有两三个人认为 7 是他们的幸运号并在第一轮选择 7 时，结果就会卷入到 3 的均衡；相反，一两个中国参与者则往往会给该组带来更高的收益，因为 8 是中国人的吉祥数，从而引向了 12 的均衡。正因为人类行为存在思维定式效应，协调博弈的谈判往往就被限定在某一框架下，社会习惯风俗、参与者特性等都会对谈判和结果产生影响。

4. 先例往往成为谈判的基础

在现实社会中，显式谈判往往会围绕某个焦点方案进行，这个焦点方案产生的结果十分明确，也更有说服力。因此焦点式方案往往体现了博弈双方的原则性问题，而双方在原则性问题上都难以作出微小的让步。如果谈判一方坚持的条件是 50%，那么，即使失败了，他也不会接受对方 47%的条件，因为一个微小的让步意味着彻底的失败。谢林写道："协议的关键点往往取决于其协议自身的特点，即不允许妥协的存在，即使是非常无关紧要的让步。一方也许会在某个边界划一条线或将自己的立场建立在不断重复的原则上，'如果不是条件，还会有其他条件！一方立场越强烈，妥协的可能性就越小，焦点的说服力就越大"，"焦点的确定对双方也是一个挑战或大胆的举动或拒绝行为，即要么迫使对方做出必要的让步或者自己做出必要的让步。……有时，博弈双方将其作为一种战术人为地加以利用；而在其他情况下，这只是提示双方避免妥协的客观符号而已。"①

同时，由于思维定式下的这种框架体现了过去心态的延续，因而先例往往成为谈判中的焦点式方案。事实上，由于习惯和习俗都体现了过去生活对当前选择的影响，因而先例在谈判中也起到关键性作用。谢林写道："先例所产生的影响也许远大于逻辑的重要性和法律效力。一个成功解决罢工事件或国际债务问题的先例往往会在以后的谈判中被谈判人员不假思索地原本引用。……同样的道理，调解人通常拥有决定是否达成协议或决定协议内容的权力。他们的解决方案之所以能够被人们所接受，很大程度上不是因为方案多么公正合理，而是由于当事人的接受和认可"，"同样，人们总是乐于安于现状或接受自然形成的界线，以至于一条条纬线最近也向人们展示了其作为实现协作关键点的强大生命力。不管怎么说，人们之所将小河作为他们双方部队停火的分界线或仍然使用原有的分界线，自然有其合理的依据，无论他们现在能够发挥多大的作用。"②

---

① 谢林：《冲突的战略》，赵华等译，华夏出版社 2006 年版，第 98 页。
② 谢林：《冲突的战略》，赵华等译，华夏出版社 2006 年版，第 62 页。

信号设置和相关均衡

1. 缘起：美餐后谁洗碗

在两人世界的现代家庭中，时常会面临一个重要的抉择：一顿美餐之后谁去厨房洗碗？我们假设：如果夫妻双方都去洗碗，则丧失了分工效益；如果夫妻都不去洗碗，就会导致厨房环境恶劣，这是夫妻双方更不愿看到的；而最佳的策略选择则是轮流洗碗。该博弈矩阵可如图 3-22 所示。

妻子	丈夫		
		洗碗	不洗
	洗碗	5, 5	0, 10
	不洗	10, 0	–5, –5

图 3-22　洗碗博弈

那么，如何决定洗碗次序呢？这往往可以从以下几方面考虑：首先，可以遵循一般的社会惯例，如果遇到一方的特殊日子，那么，就应该由另一方操劳，如"三八妇女节"就应该丈夫洗碗。问题是，这样的节日毕竟太少了，因而它构成不了普遍规则。其次，可以设立一个简单的一般规则：如分单双日来决定谁洗碗，这在一定程度上也是有效的；问题是，并不是所有日子里夫妻都在一起吃饭，因而这种规则也必然可能引起某一方的抱怨。最后，我们可以确立一条就事论事的规则，从而达成一致。譬如，我们在大学时室友之间就形成的一个简单的翻书规则：翻一本书看页码的个位数字，最小者或最大者洗碗，这就是相关均衡的含义。

2. 两类信息节约机制

事实上，信息沟通成本的存在要求寻找信息节约的沟通机制，敌意环境的信息交流困境则需要借助其他信号。正因如此，现代博弈论发展了另外两大机制以解释博弈均衡问题。①聚点均衡。聚点均衡是 2005 年的诺贝尔经济学奖得主谢林在 1960 年首先提出的，后来 2012 年的诺贝尔经济学奖得主罗斯（Alvin Roth）等都对此作了探索。实际上，聚点是人们基于社会习俗和惯例而自发采取的行为所达到的一种均衡，如工人的努力水平和企业主支付的工资之间的均衡，夫妻俩周末在足球和芭蕾之间的选择等，都是聚点均衡的典型例子。②相关均衡。相关均衡是指通过"相关装置"，使局中人获得更多的信息，从而协调博弈各方的行动。它是 2005 年的另一诺贝尔经济学奖得主奥曼在 1974 年首先提出的概念，随后，2007 年的诺贝尔经济学奖得主迈尔森（Roger Myerson）等作了进一步发展，并发展出了机制设计理论。实际上，相关均衡在现实中就体现为各种市场信号的创造，如某一著名品牌的商品，市场则以高价交易；毕业于著名学府的学生，企业则愿意以高薪聘佣等。

尽管人类社会存在很多聚点协调，但是聚点并不能成为普遍的协调方式。主要理由如下：①聚点往往并不是明确的，在不同文化下的人们之间进行博弈时尤其如此；②聚点往往不是普遍的，只有将习俗和惯例明示化以后才能形成聚点；③基于演化的聚点往往可能因"锁定效应"而导向一个低收益水平的纳什均衡，如历史上低效率的制度就普遍且长期存在。为此，奥曼率先提出了相关均衡概念，其基本思想是，博弈方通过一个大家都能观测到的共同信号来选择行动，从而实现行为的均衡。而且，奥曼还证明，如果每个博弈方根据所收到的不同但相关的信号而采取行动，那么，每个人就可以得到更高的预期支付。随后，迈尔森将相关均衡转化成为一种实现某种有利均衡的制度安排。

相关均衡是指通过"相关装置"而使博弈方获得更多的信息，从而协调博弈各方的行动。这种"相关装置"在现实生活中非常普遍，如交通信号灯就是不同方向车辆行走的"相关装置"，法律规章就是人们日常行为的"相关装置"，上课铃声就是学生安排作息时间的"相关装置"。同样，在前面的聚点均衡中，天气状况显然是影响人们会见的地点选择的重要因素，天气从而也成为一个相关装置。推而广之，在企业组织中，管理者的指挥就是一种协调活动，他有助于引导团队生产者之间的行动协调和分工；在龙舟比赛中，擂鼓也是设立的一种相关装置，它有助于协调每位队员的行动一致。在战争中，则通过旌旗金鼓等来统一指挥、统一行动，孙武在《孙子兵法·军事》指出："夫金鼓旌旗者，所以一人之耳目也。人既专一，则勇者不得独进，怯者不得独退，此用众之法也。"而且，对这种相关均衡的分析也用在经济分析上，如新太阳黑子说，这是因为太阳黑子的随机出现通过相关均衡或博弈方之间的赌注造成宏观经济的变化。

3. 相关均衡的解说

相关装置是协调人类行为的一个重要机制，因而我们在现实生活中已经接触到许多相关均衡例子。①早期战争中就存在"兵对兵、将对将"的对抗惯例，而且往往是将领之间先行决斗，落败者一方的士兵就投降胜利者一方，将领之间胜败就是一个"相关装置"。一个众所周知的事例就是《特洛伊·木马屠城》这部经典影片的开头所展示的：先是由守城的特洛伊军队和攻城的希腊军队各推选出一名勇士展开决斗，败者一方将选择投降或撤退。②在地面战争中，号角和旗帜往往非常重要，主要是起到了体现双方力量消长的"相关装置"功能；诸葛亮曾对此使用旗帜的策略，楚汉相争中韩信使用的"四面楚歌"策略则是利用"乡音"这一"相关装置"，而电影《集结号》中则因为"相关装置"的失灵而导致全军覆没。③在当今世界，打传统战争的那些国家一般不再使用一些特定的策略种类，如细菌战、核武器、轰炸平民人口集中地区等，像地雷这类武器的使用也遭到国际社会的禁止。其原因就在于，战争各方都知道，如果他们引入这样的战术，在未来的战争爆发时，与将来战争相应得益的现值将非常低，以至于他们在打眼下战争时放弃使用那些战术要比使用它们更好。根据这种思路，现代国家往往更趋向于使用更具战略性的武器，从而做到不战而屈人之兵，这就是相关均衡的现实运用。

为了进一步解释相关均衡，这里以图 3-23 所示的三人博弈作一说明。该博弈的唯一纳什均衡是（D，r，A），收益为（2，2，2），但这显然不是一个理想状态。为了获得更高的收益，现在设计一个信号装置以使博弈方相关地选择自己的策略。这个信号装置借助投币来进行，它提供的信息是：如果是正面，则甲取 R，乙取 r；而如果是反面，则甲取 D，乙取 d；丙则总是取 B。借助于这样的信息装置，甲、乙、丙就可以达成（R，r，B）和（D，d，B）均衡，从而优化各自的效用。

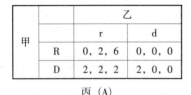

甲	乙			乙		乙	
	r	d	r	d	r	d
R	0, 2, 6	0, 0, 0	4, 4, 4	0, 0, 0	0, 2, 0	0, 0, 0
D	2, 2, 2	2, 0, 0	4, 4, 0	4, 4, 4	2, 2, 0	2, 0, 6

丙（A）　　　　　　　丙（B）　　　　　　　丙（C）

图 3-23　三人相关均衡博弈

相关均衡的一个重要变体就是外部制定（External Assignment），它表明，如果存在一个外界仲裁者推荐的均衡，那么，博弈方就会自我驱使地使用这一组策略。例如，在 17 世纪英国斯图亚特王朝的詹姆斯二世时期，英国存在辉格党和托利党两个主要政党，詹姆斯二世先是与托利党相勾结削弱辉格党的政治影响力，随后又将矛头转向托利党。这一行为使得两个原本利益不相容的政党开始协调合作，将詹姆斯二世赶下台并扶植了新国王威廉。为了防止国王侵权行为再次发生，两党还达成协议，将它们所不能容许的国王对自由权的侵害行为在《权利宣言》中加以列举，宣布一旦发现国王未经议会同意擅自终止法律或者征税以及拘捕臣民等，两党就联合起来共同废除国王。实质上，这就体现了相关均衡的精神，国王的行为成为两大政党之间博弈的信号，这也就是所谓的光荣革命。

4. 交通信号灯的意义

这里再以交通博弈为例加以说明。如图 3-24 所示，有两辆在一条道路上相向行驶的车 C 和 D 同时到达一个十字路口 A，此时 C 要左转而 D 要直行，那么，如何解决他们之间的矛盾呢？其实，这一问题可以写成图 3-25 所示的博弈矩阵形式。显然，帕累托最优的状态发生在矩阵的非对角线上，并且需要存在一定的协调机制。问题是，如何进行协调呢？

按照目前流行的产权学派理论，应该建立一个市场以出售使用路口的权利，并且需要存在一个站在路口中间的拍卖者，快速地从两个司机那里接受

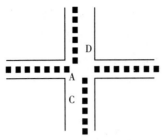

图 3-24　十字路口的行车冲突

司机 D	司机 C	
	等待	前行
等待	-3，-3	-2，7
前行	5，0	-4，-4

图 3-25　十字路口的交通博弈

出价，然后再将优先使用权卖给出价较高者（显然，这里的价格将设在 5~7 之间，并且向左转的车将得到使用路口的优先权）。然而，在现实中，这是非常罕见的情形，即使出现，这种机制也可能是既麻烦又高成本的。因此，这里就出现了另外的方法：颁布一个交通规则，并且强迫每个人都在被允许开车上街之前学习它。谢林写道，"发明交通信号的人一定有化繁为简的天赋。他认识到在两条街道的交叉处，因为人们互相影响而会出现混乱和时间损耗；也许出于个人的经验，他发现行人的自律和相互礼让无法解决这一通行问题，在这里，即使那些很礼貌的人也会因为相互等待而耽搁时间。而一旦人们对自己过马路的时间判断错误，就会引起碰撞事故"；"交通信号提醒我们，尽管计划管理往往与控制联系在一起，协调通常才是关键因素"。

 # 信号传递和接收机制

1. 缘起：谢林的夜盗困境

谢林在《冲突的战略》中提到一个夜盗故事。一天，一个持枪的夜盗进入了一所房子，房屋主人在听到楼下的响动之后也持枪一步步向楼下走来，危机和冲突就发生了。这一危机潜含着多种结果：①夜盗平静地空手离开房子，这是最理想的结果；②主人担心夜盗盗窃财物而首先向夜盗射击，致使夜盗身亡；③夜盗担心主人会开枪射击而首先射击主人，导致主人身亡，这对房屋主人而言是最糟糕的。当然，无论是夜盗先开枪还是房屋主人先开枪，都是出于对对方先开枪的恐惧而决定采取的先发制人措施，这种心理使得每一方都力图先开枪。但这并不是最佳结果，因为主人往往"只想把夜盗赶走"，而不是冒险与夜盗对峙，同样，夜盗也只有图财的念头，而无意害命的打算。

双方如何将自己的想法传递出去，从而避免互相射击产生的悲剧呢？这就涉及信息的传递和接收机制。显然，如果两人在行动前先在黑暗中静静观察，如主人发现夜盗的手中并没有枪，那么他不用开枪威胁夜盗离开；同样，如果夜盗发现主人是毫无准备地冲下楼的，那么他不用开枪就可以迫使主人交出财物。但是，如果双方都了解对方持枪的事实，那么，主人向夜盗传递"只是想把夜盗赶走"的信息，或者夜盗向主人传递"只想图财"的信息，就变得十分重要。此时，主人可以待在屋内并弄出声响以警示夜盗他已经被发现了。这里的关键是如何将信息传递出去以及对方如何领会信息。

2. 信息传递的协调作用

前面介绍了促进不博弈协调的相关装置，而相关装置实际上是一种信号传递（Signaling）机制，人类社会中存在着丰富的信号传递机制。例如，在伸手不见五指的夜路上，一个人看到对面来了一个提灯笼的人，走近一看却是个瞎子，于是他问瞎子："为什么要多此一举呢？"瞎子说："我提灯而行，是要你们看见我。"显然，瞎子点灯并非多此一举。

关于信息传递在策略选择中的作用，这里看小学语文教材里出现过的"笨拙的请客者"故事。有一个不善言辞的人请了四个人到家里吃饭，可是一个客人迟迟未到，于是，他就说了"怎么搞的，该来的怎么还不来。"结果，已经到达的一个客人听了，心想："该来的没来，那我岂不是不该来的？"所以就悄悄地走了。请客者看到走了一个，就着急地说了句："怎么不该走的客人，反倒走了呢？"结果，另一位客人听到后，又想："走了的是不该走的，那我们这些没走的倒是该走的了！"所以也走了。当迟到的客人到达时刚好看到这种尴尬的场面，就劝请客者以后说话注意点，请客者却再次口误说："我又不是说他们。"结果，迟到者以为说是自己不该来，所以也走了。这里尴尬的结果之所以产生，正是由于信息传递和接收机制出了问题。

事实上，信息对社会互动和经济交易都是极其重要的，在很大程度上，正是由于信息交流不畅，导致了不少误会和困局，甚至改变了历史。例如，1930年4月，阎锡山、冯玉祥结成反蒋联盟后发动了中原大战，阎、冯两部本想在豫、晋交界处的沁阳会师，而后一举歼灭盘踞在河南的蒋介石。但是，冯玉祥的参谋在拟制作战命令时错将沁阳的"沁"字写成了"泌"字，沁阳位于河南省西北部，北依太行，南眺黄河，战略位置十分重要，泌阳则位于河南省南部，两个地方一北一南相差200多公里。结果，就因为多了这一撇，冯玉祥带兵误入泌阳，贻误了聚歼蒋军的有利时机，使得阎、冯联军在战争中处处陷入被动，最终惨败。所以，晋葛洪《抱朴子·遐览》就说，"书三写，鱼成鲁，虚成虎。"《吕氏春秋·察传》也记有："有读史记者曰：'晋师三豕涉河。'子夏曰：'非也，是己亥也。夫己与三相近，豕与亥相似。'"这里的鲁鱼豕亥也是源于信息传递机制不畅。

在很大程度上，社会信息具有强烈的不确定和不对称性，无论是避免陷人行为冲突的困境，还是在冲突中获取更大的利益，因而几乎所有的博弈方都努力获取其他博弈方所传递出来的信号，交易的完成也是建立在这些信号之间。例如，在朝鲜核问题中，朝鲜发展核武器就是希望给出一种信号：它将尽一切努力保卫自己的国家，而一旦美国接收到了朝鲜拥有了核武这一信号，也就不敢随意入侵了。

当然，传递的信号要具有可信度，需要具备两个条件：①信号必须是特定某类人能够承担得起的，对于这类人，如果"接受者"破解了信号，信号的成本就能够被结果的收益所抵偿。例如，在劳动市场上，教育往往成为传递智力的信号给未来的雇主，受教育者能够得到更好的工作，教育投入是值得的；在柠檬市场，一张便宜的保修单传递给消费者该产品性能的信号，保修单能够带来更多的顾客；在社会关系中，送鲜花和小礼品意味着你关心她（或他），从而会获得相应的感情回报；在有组织的犯罪团伙中，一个人如果愿意惩罚或杀死违规的亲人，就传递他对组织的忠诚甚于血亲的信号，从而换来在组织中的安全和地位。②信号必须对于错误类型的人来说是过于昂贵的。一个智力欠缺或讨厌学习的人无法忍受长期的学校教育生活，街头摆摊卖假货的人提供不起保修单，逢节必送鲜花对于一般关系来说就显得过于昂贵，一个对组织不忠诚的人宁愿退出也不愿杀死自己的亲人。正是基于这两大条件，人们就可以将买了信号的人和没有买信号的人区分为不同的类型，从而采取不同的策略。

3. 信号传递模型的分析

信号传递模型是指由于存在信息的非对称性，缺乏信息的一方对拥有信息的一方缺乏信任，而可能致使契约难以达成，因此，拥有信息的一方为了赢得对方的信心，选择某种信息向对方显示自己的类型，对方则根据收到的信号来加以识别，最终达成协议。例如，在保险市场中，低风险的投保人就有激励间接地向保险公司发出显示其低风险的信号。在市场经济中，这种协调博弈的相关装置就体现为各种市场信号的创造：某一著名公司的或具有高品牌价值的商品，在市场上往往以高价交易；毕业于著名学府的学生，企业则愿意以高薪聘用，等等。现实生活中存在着大量的信息显示机制，这也就是所谓的信号，这些信号包括教育文凭、工作经验、家庭背景、学习成绩、是否曾失业、保证书、许可证、连锁店、种族、国籍、品牌以及承诺等。阿罗（Kenneth J.Arrow）指出，文凭是个人的能力甄别机制，只有那些有较高的能力，从而能以较低的成本来完成获得文凭所需的要求的人才会进行这方面的投资。

在图 3-26 所示的基于信号传递—接收的雇佣博弈中，假设市场中员工类型为低能力的先验概率为 1/3，为高能力的先验概率为 2/3。员工在观察到自己的类型后可以采取跳过教育和投资教育两个选项，而雇主观察不到员工的类型而可以观察到他是否投资教育，并在观察后决定安排他从事不需要太多技能的单调性工作或需要技能的挑战性工作。显然，由于教育信号的存在，雇主就可以直接安排低能力员工从事不需要太多技能的单调性工作，而将高能力员工安排到需要太多技能的挑战性工作岗位上，从而可以获得 125 的收益，否则就只能获得 75 的收益。

雇主定岗	员工信号选择			
	低能力		高能力	
	跳过教育	投资教育	跳过教育	教育投资
单调性工作	125, 60	125, 20	75, 20	75, 60
挑战性工作	75, 140	75, 100	25, 120	125, 140

图 3-26 信号传递—接收的雇佣博弈

事实上，由于市场信息的不确定性，买主在购买产品时往往不能确切地了解每件商品的具体质量，如果没有其他信息可利用，那么，市场出清价格必然是影响到某些高质量产品的市场价格的加权平均数，以致高质量产品的卖主不愿进入市场。这对柠檬市场尤其明显：由于存在严重的信息不对称，从而导致明显的逆向选择，此时，高质量产品就难以成交，甚至可能导致整个市场的崩溃。尽管如此，在绝大多数市场上，买卖双方都可以通过市场发出传递产品质量信息的信号，从而使交易顺利进行。柠檬市场就是一个存在传递产品质量信号的经典场所。分析如下：

假设，在一个二手车市场，二手车的质量 q 均匀地分布在 0 和 q 之间；对一个质量为 q 的车来说，正常市场的均衡价格为 p_q，此时买卖双方达成均衡。但是，由于是柠檬市场，买主要确切地辨认市场上产品的质量是困难的，这导致所有外表相同的汽车都以同样的价格交易；特别是，买主偶然买到高质量汽车所愿意支付的价格，又影响到其他低质量汽车的买主的预期，从而进一步促使那些低质量汽车的卖主不愿意以较低的价格出售。在这种情况下，买主往往只能以根据市场上二手车在 0 和 q 之间的平均质量判断出价，从而只愿意出 $p_q/2$；相应地，质量介于 q/2 和 q 之间的二手车卖主是不愿意提供汽车的，而那些质量低于 q/2 的汽车则大量供应。如果买主考虑到这一情况，那么，他就只愿出 $p_q/4$ 的价，而质量介于 q/4 和 q/2 之间的二手车的卖主又继续退出，买主就只能买到平均质量为 q/8 的车……

既然不对称信息理论上可能会导致二手车市场的崩溃，那么，为何现实生活中二手车市场还会大量存在呢？根本上就在于存在一些能够传递产品质量信息的信号机制，这个信号显示机制可以是空口声明，如打广告，也可以是一些制约自身收益的行动，如保修条款。现实世界中的各种市场上都存在大量这种信号。例如，保险公司的保险条款规定：合同生效的一定期限内如果风险发生，那么保险公司只赔偿有限的金额，因此，接受这种条款的投保人在一定程度上也就向保险公司承诺了他的健康状况，并避免了在自杀前夕去买寿险等逆向选择行为，甚至也可以有效预防故意破坏等道德风险。

信号筛选和甄别机制

1. 缘起：所罗门判案

《旧约·列王记上》记载，有两个妇人围绕一个死孩子和一个活孩子在所罗门王面前进行争论。A 妇人说："活孩子是我的，死孩子是你的。"B 妇人则说："不对，死孩子是你的，活孩子是我的。"所罗门王就说："既然如此，那就拿刀来，将活孩子劈成两半，一半给 A 妇人，一半给 B 妇人。"活孩子的母亲 A 妇人心疼自己的孩子，就说："求我主将活孩子给 B 妇人吧，万不可杀他！"B 妇人则说："这孩子也不归我，也不归你，把他劈了吧！"于是，所罗门王说："将活孩子给 A 妇人，万不可杀他，A 妇人是他的母亲。"以色列众人听见所罗门王这样判断，就都敬畏他，因为见他心里有神的智慧，能以断案。

所罗门判案的故事可以看出，尽管在社会经济活动中人们常常隐蔽自己的真实信息，但我们还是可以从一些蛛丝马迹中提取和甄别信息。在这里，所罗门王玩的是心理战术，充分利用了假母亲的妒忌心和真母亲的爱心制定了一个信息甄别机制。类似的故事也可见《西游记》中，一个妖怪变成唐僧的模样，而唐僧的徒弟谁也分不清哪一个是真的，于是，有个人就出了一个主意：要求两个唐僧一起念紧箍咒。这时，其中一人面露难色，表现出非常心疼的样子，而另一人则表现出暗爽的神态。这样，孙悟空很快识别出真假，并朝"假唐僧"打去，因为真师傅是不忍心让徒弟受苦的。

2. 信息非对称下的行为选择

在现实社会中，由于人们获得信息的能力不同，导致了信息非对称的普遍存在。例如，委托人和代理人之间虽然签订一个自由契约，但代理人可以很方便地获得信息，而委托人却不能。因此，基本的信息非对称是以人们获取信息能力的非对称性为基础的，而这种能力的不同根本上又起因于社会劳动分工和专业化。市场中存在严重的信息非对称，导致了机会主义行为的广泛存在。

市场机会主义行为主要有两大类型：隐藏行动（Hidden Action）和隐藏信息（Hidden Knowledge）。隐藏行动指非对称信息的发生是由于当事人的行动只被他自己知道，或只被一个契约中所有的签约人知道，而局外人不能观察到；隐藏信息是指非对称的发生主要是由于信息分布的不平衡，签约一方对他本人的知识知道得很清楚，而其他人不知道或知之甚少，或者可能影响契约的自然状态的知识某个人知道而另外的人不知道。按照发生的时间，不对称信息又可分为：事前非对称和事后非对称。其中，研究事前当事人之间的博弈的信息非对称的模型叫作逆向选择模型，研究事后非对称的模型则叫作道德风险模型。

逆向选择（Adverse Selection），是指代理人利用事前信息的非对称性等所进行的不利于委托人的决策选择。一般来说，投保人与承保人对保险业务的信息总是处于非对称状态，即投保人较为了解自己的类型与倾向，而承保人则难以区分投保人的风险类型。因此，保险公司不能对不同风险的投保人给出不同的保险费率，只能给出以风险的平均概率为基础的保险费率。这样，在保险费率给定的价格水平上，高风险者将购买更多的保险，而低风险者将购买更少的保险，从而导致风险承担均衡分配的无效率。

道德风险（Moral Hazard），是指代理人借事后信息的非对称性、不确定性以及契约的不完全性而采取的不利于委托人的行为。这在日常的各类保险如火灾保险中表现得最为明显。由于保险公司难以观察和监督投保人的行为，在许多场合无法确定火灾事故在多大程度上与投保人的疏忽等行为有关，因而火灾投保人一般会因为有了保险而变得懈怠，缺乏动力采取投保前那样的提防措施，结果增大了失火的概率，给保险公司的利益造成损害。

就上述两种分类非对称信息的关系而言，隐藏信息主要与逆向选择有关，典型的例子有：雇员的才能相对于雇主，债务人的投资决策相对于债权人，投保人的健康状况相对于保险公司，等等，对它的研究主要涉及如何降低信息成本问题，隐藏行动则主要与道德风险有关，对它的研究主要涉及如何降低激励成本。当然，有时也将道德风险区分为：隐藏行动的道德风险和隐藏信息的道德风险。典型的隐藏行动的道德风险的例子有：佃农的努力行为相对于地主，投保人的行为相对于保险公司，政府官员的行为相对于公民，经理行为相对于股东或员工行为相对于经理等，典型的隐藏信息的道德风险的例子有：债务人的项目风险相对于债权人、雇员任务难易及能力大小相对于雇主等。

为理解上述概念，我们以雇主作为委托人雇用工人（代理人）为例加以说明：如果雇主了解工人的能力而不知道他的努力水平，这就是隐藏行动的道德风险问题；如果雇主和工人都不知道工人的能力，但当工人开始工作时了解到自己的能力，则为隐藏知识的道德风险问题；如果工人开始时就知道自己的能力而雇主却不了解，则为逆向选择问题；如果工人不但开始时知道自己的能力，而且在与雇主签约之前能够取得有关他的能力的证明，则为信号传递问题；如果工人为回应雇主所提供的工资而取得能力证明，则为信息甄别问题。张维迎就对非对称信息的基本类型作一概括，见表3-1：

表 3-1　非对称信息下的行为

	隐藏行动	隐藏信息
事前逆向选择		逆向选择、信号传递、信息筛选
事后道德风险	隐藏行动的道德风险	隐藏信息的道德风险

3. 信息披露和甄别机制

由于不对称信息环境中存在大量的道德风险和逆向选择行为，从而导致委托—代理关系的瓦解；为此，就往往需要存在有效的信息披露和甄别机制，使互动的人们能够作出正确的选择。其中，信息不对称引发的主要问题是逆向选择。迈尔森（Roger Myerson）就建议将所有由参与人选择错误行动引起的问题称为道德风险，将所有由参与人报告错误信息引起的问题称为逆向选择。一般地，解决由信息不对称引起的逆向选择问题主要有两个基本模型：

信号传递（Signaling）模型和信息甄别（Screening）模型。信息甄别模型也就是信息筛选模型，它是指缺乏信息一方提供多种契约方式，拥有信息一方则根据自己的特征类型来选择最适合自己的契约方式。例如，厂商可以提供一系列合同，规定工人的学历和工资，然后，工人根据自己努力自主选择适合的合约，这样就能够甄别出不同工人的能力差异。

同时，为了有效筛选和甄别信息，人类社会在漫长的岁月中还积累和设计了一系列的有效机制。例如，克拉克（Edward Clarke）和格罗夫斯（Theodore Groves）设计了显示偏好的征税机制，即克拉克—格罗夫斯制度：首先把其他所有投票人的收益选票加总，再将某个投票人 i 的收益选票加上，比较两者对投票结果的差异；如果没有变化，那么投票人 i 就无须纳税，如果有变化则需要支付税款；税款的大小等于预期在缺少他这一票时，其他人从获胜议案中得到的净收益。可见，只有当他的这一票对改变结果有决定性作用时，投票人 i 才需要纳税；而且，此时他支付的税款就不是他公布的数额，而是用于平衡两个议案时公布的收益差额所必需的数量。

在表 3-2 所示的投票方案中，考察议案 P 和 S 之间的集体选择，从议案 P 的获胜中，投票人 A 可得到收益 30 元，投票人 C 可得到收益 20 元，而从议案 S 的获胜中，投票人 B 可得到收益 40 元。选举胜者的过程首先要求每个投票人公布他预期从所赞同的议案获胜中获得多少收益，而后将这些数字相加，宣布利益最大化的提案为胜者。因此，议案 P 将获胜。此时，如果没有 A，S 有 40 元的票数而 P 只有 20 元的票数，因此，A 的票数对结果具有决定性作用，并且对其他人造成了 20 元的净成本，这也就是 A 的纳税额；同样，C 的纳税额为 10 元；而 B 的选票对结果不产生影响，因此不需要纳税。在这种征税机制下，每个投票人都具有显示真实偏好的动机。

表 3-2　克拉克—格罗夫斯征税机制

投票人	议案		
	P	S	税
A	30		20
B		40	0
C	20		10
合计	50	40	30

　　此外，现代市场中也存在各种竞争筛选机制以区分就职者的能力水平，从而保障了市场运行的效率。例如，竞争的经理市场上，首先，对经理偷懒行为的约束依赖于来自企业内部试图取代现任管理阶层的成员的竞争；其次，经营者之间还存在监督，每个经营者都关心其上面和下面的经营者的业绩；再次，还受到其他经理团体的市场竞争。由此产生了一种高强度的"标尺竞争"（Yardstick Competition）：经理市场的竞争能产生一种非契约式的"隐含激励"。究其原因，经理人员的能力只有在竞争中才能体现出来，经理市场的竞争为经理人员的能力提供了信誉认可，没有经过竞争锻炼的经营者，其能力认可是极为有限的；为了在竞争中体现自己的能力，竞争者的理性选择只能是高努力多投入。这样，经理市场的竞争可以使经理人员的能力与努力程度的信息更加充分公开，从而使企业经理得到有效的监督与激励。如在企业中，股东往往同时监督两个以上同类部门的经理，产生利润的高低也就反映了两者的努力程度。

信号搜寻和广告功能

1. 缘起：三人成虎和曾母投杼

信息传递过程中往往面临着失真和扭曲现象，例如，我们日常生活中进行的传口令游戏或画画游戏中，尽管每个人都理性地模仿前者的声音或形体，但传到最后一位时往往与开始的状态有"虎犬"之别，这些都反映了信息传递中的信息耗散现象。显然，中国谚语中的三人成虎、曾母投杼、凿井得人等都揭示了这些道理。

（1）《韩非子·内储说上》："庞恭与太子质于邯郸，谓魏王曰：'今一人言市有虎，王信之乎？'王曰：'否。''二人言市有虎，王信之乎？'王曰：'寡人疑之矣。''三人言市有虎，王信之乎？'王曰：'寡人信之矣。'庞恭曰：'夫市之无虎明矣，然而三人言而成虎。今邯郸去大梁也远于市，而议臣者过于三人，愿王察之。'王曰：'寡人自为知。'于是辞行，而谗言先至。后太子罢质，果不得见。"为此，刘向在《战国策·魏策二》中说："夫市之无虎明矣，然而三人言而成虎。今邯郸去大梁也远于市，而议臣者过于三人矣。"

（2）《战国策·秦策二》："昔者曾子处费，费人有与曾参同名族者，而杀人，人告曾子母曰：'曾参杀人！'曾子之母曰：'吾子不杀人。'织自若。有顷焉，人又曰：'曾参杀人！'其母尚织自若也。顷之，一人又告之曰：'曾参杀人！'其母惧，投杼逾墙而走。夫以曾参之贤与其母之信也，而三人疑之，则慈母不能信也。今臣之贤不若曾参，王之信臣又不如曾参之母信曾参也，疑臣者非特三人，臣恐大王之投杼也。"

（3）《吕氏春秋·慎行览·察传》："宋之丁氏，家无井而出溉汲，常一人居外。及其家穿井，告人曰：'吾家穿井得一人。'有闻而传之者，曰：'丁氏穿井得一人。'国人道之，闻之于宋君。宋君令人问之于丁氏。丁氏对曰：'得一人之使，非得一人于井中也。'求闻之若此，不若无闻也。"

2. 信息搜寻的意义和方式

在很大程度上，正是信息传递机制的不完善或缺陷引起的资源配置失误，这就是所谓的信息约束。上海财经大学的杜恂诚教授就曾对当前我国金融业中的信息约束作了归纳：①银行对企业的甄别过程中，银行主要是听取中介机构的意见，但现在的许多会计、审计等中介机构为了保持业务关系而常常根据被审计对象的要求来做账；②有业务关系的银企之间，由于银行对企业缺乏必要的监督机制，企业往往借资产重组之机实行资产转移；③商业银行的总分行之间，分支行往往会"报喜不报忧"，隐瞒高风险资产的实际状况，甚至收受贿赂而加大银行资产的风险；④中央银行和商业银行之间，中央银行由于不了解商业银行的真实情况，往往会导致政策的失效，也难以对商业银行实行真正有效的监督；⑤监管机构和上市公司之间，信息约束是导致资本市场不规范的内在根本原因。据有报道称，一些上市公司有"五本账"：对主管部门一本账，用以邀功；对税务部门一本账，用以逃税；对股民一本账，用以吸引投资；对内一本小金库账，用以账外分配；对同行一本账，用以自我吹嘘。

正是由于信息传递过程中往往面临着失真和扭曲现象，因此，为了更好地避免这种现象，就需要采取主动行动，对信号进行搜寻和甄别。信息搜寻起因于市场信号的离散，主要表现形式为价格和工资的离散。一般认为，商品价格的离散程度主要在于商品的异质性（质量的离散）以及销售条件的不同和市场的变化，但即使产品是同质的，价格也会存在某种程度的离散，因为存在信息的搜寻成本。同样，即使组织得很好的劳动市场，也存在工资率的离散。正是因为存在信号离散，才促使市场参与者进行一定程度的信息搜寻，如走访商店、交易区域化、专业化贸易商、簇群的发展、广告、共享信息、咨询等。

　　信息搜寻方式的主要有这样几种：①交易区域化，这是最为古老的搜寻方式。譬如，西周时的"市"一般都设在王宫的后面或主要的交通大道上，所谓"市有候馆，候馆有积"；交易的时间分为三类：以商贾间买卖为主的"朝市"、以一般消费者购买为主的"大市"、以贩夫贩妇为主的"夕市"。在现代社会中，定期召开的贸易洽谈会如广州商品交易会、巴黎时装博览会等就是现代形式的交易区域化的信息搜寻方式。②专业化贸易商，潜在的买卖者通过专业化贸易商的集中化专业贸易活动得到相互需求的市场信息。譬如，一个一年转卖1000辆汽车的旧车贸易商，也许会碰到2000~3000次的买、卖喊价，从而使得贸易活动高度集中化。此时，每个贸易商面对买主报价的分布，能够灵活地改变他的售价，从而对买卖产生相应的影响。③广告，特别是分类广告时相互交换信息的现代方式。此外，共享信息、直接走访也是常见的搜寻方式，其他求助于专业化的信息机构以及通讯搜寻如电话咨询等也都是搜寻的具体方式。

3. 广告作为信息的重要机制

　　上面几节已经分析了信息不对称下解决逆向选择的两大机制：信号传递—接收机制以及信号筛选—甄别机制：其中，信号传递—接收机制中拥有信息的一方是行为主动者，信号筛选—甄别机制中缺乏信息的一方则是行为主动者。不过，无论是信号传递—接收机制还是信号筛选—甄别机制，往往又是建立在大量信息比较的基础上。显然，广告就提供了信号传递和筛选的有效信息，而广告本身又属于更为广义的信息搜寻机制的一种，因此，这里继续对信息搜寻机制和广告作用作一阐述。

　　广告是市场信号的特殊组成部分，它既是委托人和代理人为消除或减少逆向选择的工具，也是非价格竞争的信息手段。广告的作用是双重的：①它提高了产品的市场价格，因为相互之间的广告竞争会促使价格上升；②提供了传递产品质量的保证，因为广告对高质量商品生产者比低质量商品生产者更有价值。事实上，广告本身开支巨大，只有通过信息发布赢得消费者的多次交易才划算。显然，高质量商品的生产者更希望能够进行长期交易，也更能够借助广告而赢得长期交易；低质量商品的生产者则希望和不得不从事一锤子买卖，因而也就不会花费巨额广告开支。

同时，广告在一定程度上约束了市场价格的离散程度，因为信息性广告在市场上传播产品价格、质量、性能等知识而使得市场信息在厂商与消费者之间的分布更为均匀，提高了信息的对称性，不过，它由于无法在有效时间内使所有需求广告信息的消费者都接收到广告信息而依旧存在价格离散现象，这意味着同样存在广告中的信息搜寻。显然，广告作为一种集中搜寻的方式，与逐家逐户的搜寻相比，登广告在广告搜寻中实现的经济相当可观：不仅买主或卖主通过广告信息的传播能够以较小的成本获得较高的宣传效果，消费者也可以借助刊登的广告信息以更小的成本获得各种所需的市场信息。因此，广告往往成为市场中最基本的信息传递机制。

广告也存在着两种类型：信息型和劝说型。其中，信息型广告固然对传递真实信息非常重要，但劝说型的广告却常常传递虚假信息，而且，受市场崇尚的追求自利的动机支配下，劝说型的广告越来越普遍。商品也可以分成两种：①在购买时就可以确定或评价其质量的商品称为可鉴别商品，如衣服的质量等；②只有在使用后才能确定或评价其质量的商品称为经验性商品。一般地，对可鉴别商品而言，广告往往是告诉消费者哪种商品更好；而对经验性商品而言，广告通常告诉消费者有这类商品和质量如何。也即，可鉴别商品的广告属于信息性广告，而经验性商品的广告属于诱导性广告。不过，当消费者购买的商品属于经验性商品时，消费者在使用后就能了解该商品的质量，因此，如果此类商品做广告，那些低质量商品往往只获得一次性的交易，其收益往往抵不上广告费用，因而这样的广告是不经济的。

婚姻困境与媒婆角色

1. 缘起：中国古代的媒婆

古代中国社会的婚姻中介被称作"媒妁"，《礼记》云：男女无媒不交，无币不相见。其中，媒，谋也，谋合二姓者也；妁，酌也，斟酌二姓者也。而郑玄对《礼记·曲礼》的笺注是：媒者，通二姓之言，定人家室之道。而且，媒婆制度也是普遍存在于古代西方社会中婚姻市场上的一个主要制度，著名精神分析心理学家弗洛姆就写道："在英国维多利亚时代，正如在许多传统文化中一样，爱情往往不是自然地导向婚姻的经历。相反，婚姻是通过男女双方的家庭、媒人撮合或者在没有中间撮合者的情况下由习俗缔结。"

那么，古代婚姻中为什么需要媒婆这样的角色呢？关键就在于媒婆起到了信息沟通的桥梁作用。上篇分析了信息传递在博弈协调中的作用，这里以媒婆在婚姻中所扮演的角色为例来对信号传递机制加以说明。

2. 一次性博弈的恋爱困境

假设，一个多情之男真诚地思慕一个怀春之女，而怀春之女子也非常希望获得纯洁的爱情；那么，他们是否可以相互行动而结合呢？这里我们做如下两点假设：①信息沟通机制不畅，因而社会信息具有很强的偏在性；②物质主义盛行，每个人都在努力通过隐藏信息而获得最大化收益。这样，怀春男女如何采取行动往往会遇到这样的困境：①由于功利主义盛行，多情之男不知道怀春之女是否重视爱情，并相信他的真诚而愿意接受他的求爱，从而难以决定是否表达爱慕之意；②由于世道轻浮，怀春之女不能确定多情之男是否真诚，是否能够给她真正的幸福，从而也难以决定是否接受他的求爱。那么，在这种情况下，最终又会出现怎样的后果呢？

博弈均衡往往取决于收益支付结构，因此，我们对对双方的收益支付结构作进一步的假设：①如果男子求婚而女方接受，那么他们将获得永恒的幸福；②如果因为缺乏有效的沟通信息，男方不求婚而女方也不接受，那么他们将错过这段美满的婚姻，这对在这种浮华社会风气中期待真正爱情的双方来说，都因没有争取这一机会而产生了损失；③如果男方求婚而女方不接受，双方除了错过真正的爱情外，对女方来说，因主动错过这个机会而损失的机会成本加大（心理效用意义上的机会成本，如以后可能懊悔不堪，这在日常生活中是非常常见的），而对男子来说，因面子和自尊心受到了损害而损失更大；④如果女方期待并接受男子的求婚，但男子却没有勇气求婚，从而也错过了真正的爱情，此时，对男方来说，因主动错过这个机会而损失的机会成本加大，而对女方来说，由于期望的热情被浪费而损失更大（如产生忧郁之情）。因此，他们面临的处境就可以用图 3-27 所示的博弈矩阵表示：

淑洁者女		真诚者男	
		求婚	不求婚
	接受	10, 10	−15, −10
	不接受	−10, −15	−5, −5

图 3-27　求婚博弈

显然，如果婚姻市场是一次性的，结婚之后就不允许离婚，这比较接近古代社会，那么，在信息不完全的情况下，这一次性静态博弈将会出现混合策略均衡 {(1/3，2/3)，(1/3，2/3)}，其收益为 (−20/3，−20/3)。显然，这个结果甚至比 (不求婚，不接受) 的结果还要糟糕。因此，在不能离婚的一次性婚姻市场中，希望追求真爱的男女往往无法结合。特别是，如果世风并不太好，也即世风浮华是一个共同知识，那么，(不求婚，不接受) 很可能就是一个现实的纳什均衡。

实际上，这种情形在当前很多儒家社会中也得到明显的展示：一方面，重视性和贞操的传统儒家文化还影响深远，不会在试错中寻找最终的真爱；

另一方面，西方功利主义的传入又使得社会日益浮华，越来越多的男士在求偶时考虑的不是今后的责任而是暂时的愉悦。结果，"男荒"和"女剩"现象就大量地出现，尤其是那些受到高等教育的女孩，因为已经跳出了物质需求的羁绊，对真正的爱情更加憧憬，但同时在现代社会中对不确定也更为担心，从而出现大量的"高知剩女"。

3. 较少次数的重复博弈情境

当然，在现代社会中，婚姻并不是绝对一次性的，而是一个自由且可重复的博弈过程。不过，这种自由又是相对的，因为婚姻的开始和结束面临很多成本，如离婚的物质成本、社会心理成本等，从而又是一个有限次重复博弈的过程。因此，我们这里较为现实地考虑只允许结婚、离婚两次的婚姻市场情况，第二次博弈中形成的结果将是他们永远的结局。这种假设可以是基于各种成本的考量，如社会舆论对频繁离婚具有严重的歧视，也可以是一国的法律规定，如中东和非洲一些国家和地区对女性离婚有很多限制。

这种情形比较贴近传统社会的实际生活。譬如，东正教教会虽然允许俗人再婚，却把再婚和第一次有效的婚姻区别开来：①教会限制再婚的次数只能有三次，如利奥六世第四次结婚时，尽管这次婚姻对国家和王朝非常必要，但教会还是长久地不承认这次婚姻的有效性，为此，教会与国家进行了旷日持久的对抗，最后以正式规定今后禁止第四次婚姻的法律条款而告结束；②在很长时期教会不仅禁止再婚者举行婚礼，甚至还禁止神职人员出席婚筵，后来尽管教会也会为再婚举行宗教仪式，但这种仪式较隆重的初婚仪式来说更像是忏悔仪式；③东正教教会的法规还把再婚者视为罪人，并在第二次婚姻时给予一年或两年的宗教惩罚，对第三次婚姻的人则要给予三年甚至四年的宗教惩罚。

那么，在二次重复博弈中，又会出现怎样的结局呢？显然，运用后向归纳法可知，在第二回合的博弈中，由于纳什均衡是（不求婚，不接受），那么，将每个博弈方在第二回合的盈利加到第一回合就是将两阶段的盈利加总，考虑到折扣因子，我们可以得到图 3-28 所示的得益矩阵。显然，这种博弈矩阵具有初始矩阵相类似的结构，结果也是确定的（不求婚，不接受），希望追求真爱的男女依然鲜能结合。

淑洁者女		真诚者男	
		求婚	不求婚
	接受	$10+(-5)\delta,\ 10+(-5)\delta$	$-15+(-5)\delta,\ -10+(-5)\delta$
	不接受	$-10+(-5)\delta,\ -15+(-5)\delta$	$-5+(-5)\delta,\ -5+(-5)\delta$

图 3-28 叠加的求婚博弈

上述情形与当前较为传统的国家或地区的情况更为接近：尽管妇女离婚已经开始被接受，但多次离婚仍然会受到社会的各种鄙视。正因如此，中国女性在面对结婚时仍然非常慎重，以致婚姻市场要比西方社会显得萎缩，社会上也出现更多无法获得性结合的郁男怨女。尤其是重男轻女等陋习的存在，对女性的贞操依然看得比较重，使女性在婚姻市场上面临的决策成本更大，这导致"剩女"现象往往更为严重。从某种意义上说，女性在婚姻市场上所拥有的实际博弈机会要比男性少得多，女性往往也不愿轻易离婚。有俗言就称："一次离婚，可能是对方的错，但二次或更多次离婚，那么就必然是女性的错"。而且，对那些高知女性更是如此，因为高知女性不仅面临着社会舆论的压力，而且离婚后能够遇到并选择更高层次男性的概率更少，正因如此，高知女性在婚姻抉择时往往更为慎重，以致"高知剩女"现象也更为突出。

当然，上述分析基于两个基本前提假设：①世俗浮华，很多人对待婚姻的态度都是功利主义的。譬如，在都铎王朝时期，亨利八世的长女伊丽莎白在恶劣的国内外政治环境中以少女之资继位，面临着众多各怀领土野心的求婚者，如西班牙国王腓力二世、法国国王的弟弟奥尔良公爵、俄罗斯的伊凡雷帝等，正是在这种环境中，伊丽莎白为了英国终生未嫁，并公开与西班牙决裂，打赢了无敌舰队之役，从而为后来英国的霸权奠定了基础。当然，由于她没有子嗣，继位的是外甥詹姆斯一世，从此英国开始斯图亚特王朝统治时期。②性关系还很保守，尤其是对女性的贞操看得比较重，女性在面临婚姻抉择时就会更为慎重，更不能确定男性求婚的真诚心。

4. 上述分析的两点说明

第一，上述两类分析都是在信息不对称、不确性的情况下得出的，因为一次性博弈或少量次数的重复博弈往往无法显现出博弈双方的信息。显然，如果信息是完全且对称的，往往就会出现完全不同的博弈结果：①怀春之女了解多情之男的真诚，当然也就会接受；②多情之男清楚怀春之女的纯洁，当然也就乐于求婚。因此，这里的问题就在于信息的披露和传播，正是有了男女双方的信息，从而大大降低了郁男怨女的数量，事实上，人类社会中往往还是"有情人终成眷属"得多。那么，人类社会又是如何实现男女双方的信息披露的呢？

就传统社会而言，一方面，婚姻往往发生在邻近乡里，从而男女双方的品性也会被对方（家族）所了解。当然，婚姻往往不是由个人选择的，而是由父母乃至家族决定，父母和家族为适婚儿女会多方打探信息。另一方面，传统社会长期盛行着一种媒婆之约制度，媒婆成为各家族了解其他青年男女信息的中枢。事实上，尽管古代媒婆往往因《水浒传》中两个王婆以及其他文学作品的丑化而受到现代人的鄙视，古代社会的婚配却主要依靠媒婆这一中介才得以顺畅进行，几乎所有的婚姻程序里都离不开媒婆这个角色。所谓"取妻如何，匪媒不得"（《诗经·幽风·伐柯》），"不待父母之命，媒妁之言，钻穴隙相窥，逾墙相从，则父母国人皆贱之"（《孟子·滕文公下》）。而且，绝大多数媒婆为了生计会维护其信誉，会努力提供门当户对的重要信息，诸如谚语中的走马观花、瘸腿娶歪鼻都体现了媒婆的作用。

在现代社会，信息来源的渠道更多，不仅工作单位、同事、朋友等都成了信息的来源，而且传统的媒婆制度也转型为现代形式，如流行的所谓男女联谊会，这在韩国、日本非常普遍。当然，由于男性在寻偶过程中往往掌握主动权，而女性的主动则存在社会压力，因而女性更愿意采取集体行动的方式，以致参加这种联谊会的女性明显比男性多。

第二，上述分析是以重视女性贞操为前提的，如果贞操观已经淡化，也会促使更多人的结合。譬如，在现代社会中，青年男女在结婚前往往就会生活在一起，甚至还曾一度流行试婚的浪潮。显然，随着处女情结的淡却和贞操约束的缓和，男女之间的交往会变得更为自由和开放。相应地，愿意尝试结婚的男女的比例就越高，因为这种尝试的成本非常低，这基本上反映了西方社会的现实情形。事实上，在现代西方社会，婚姻市场（结婚、离婚）已经相当自由，传统的贞操观几乎已经消失得无影无踪。

构筑网络，增进联系

1. 缘起：声誉市场中的经理人

一般认为，经理市场的竞争会对经理施加有效的压力，如果一个经理业绩不佳，那么在经理市场上，其人力资本就会贬值，在未来谋职时就会遇上很多麻烦，因此，如果从动态而不是从静态的观点看问题，即使不考虑直接报酬的激励作用，代理费用也不会很大。经理人员之所以会努力工作，就在于经理市场无形中起到了监督和记录经理人员过去的业绩的作用，考虑到长久的声誉，经理人员不得不对自己的行为有所约束。

问题在于，声誉市场是如何起到监督约束的作用呢？因为如果交易互动不是发生在固定个人之间，那么，声誉的自动执行功能显然是值得怀疑的。事实上，参与交易的 x 可能对 y 实行了机会主义，但他并不一定对 z 也会实行机会主义，那么，z 在与 x 进行明显有利可图的交易时，为何要通过断绝交易而惩罚 x 曾经对 y 所犯下的机会主义行为呢？显然，由于对 x 的惩罚也往往意味着 z 自身收益的损失，这是不符合"经济人"的行为逻辑的。

实际上，这个例子对主流博弈论提出了挑战。因为主流博弈论认为，无穷次重复博弈将会导向互动双方之间的合作，而这种合作又主要由两种机理来保证：针锋相对策略和冷酷策略。问题是，在现实生活中，固定双方之间发生大量的直接互动的情况是不多见的，那么在这种情况下，促进合作的机制又何在呢？相类似的例子有：现代社会的消费信贷很发达，以至"今日用明日的钱"已经成为生活常态，那么，是什么机制保证了借款者在"明日"会履行契约还钱呢？现代经济学认为，声誉在其中充当了自我实施机制，因为每位借款者都明白，如果他这次赖账了，那么就失去了信誉，下次也就难以再获得透支了。进一步的问题是，为什么那些没有被欠账的贷款者也不愿对之提供信贷呢？

2. 强互惠行为的社会基础

美国马萨诸塞州桑塔菲学派的金迪斯（H.Gintis）和鲍尔斯（S.Bowles）等用"强互惠"行为机理取代主流经济学中的经济人假设来加以解释。根据这种"强互惠"理论，"强互惠"主义者倾向于通过维持或提高他的合作水平来对其他人的合作作出回应，并惩罚他人的不合作行为，即使这种惩罚行为也可能损害自身的收益，而且，当"强互惠主义"者来到一个新的社会环境时，他也倾向于采取合作态度，从而使得这种"强互惠"行为得以不断扩展而形成广泛的市场互利合作主义。问题是，这种"强互惠"机制是如何产生的？需要什么条件？这就涉及纵横交错的社会网络。这是现实中大量合作现象和利他行为背后的机理和逻辑基础，这里通过系列情形分解剖析。

首先，客户 a 依靠无抵押的信用方式向银行 A 获得了贷款却赖账不还，因而银行 A 决定对客户 a 采取"冷酷"策略的惩罚，这样，两者之间从此失去了交易关系：银行 A 不愿再贷款给客户 a，客户 a 也不再向银行 A 申请贷款。显然，如果市场中只有 A 这一家银行，那么，客户 a 没有其他选择而所有的贷款行为都只能发生在与银行 A 的互动中，这样，客户 a 和银行 A 之间发生的就是多次乃至无穷次的博弈，此时，银行 A 就可以运用胡萝卜加大棒（Carrot-and-Stick）式的以牙还牙策略（Tit-for-Tat Strategy）或者冷酷策略（Grim Strategy）来"迫使"客户 a 遵守契约，从而可以形成合作均衡，这也正是现代主流经济学所分析的情形。其交易关系可见图 3-29。

$$A \longrightarrow a$$

图 3-29　单个委托人与单个代理人的互动

但是，在现实的人类社会中，客户 a 所能获得贷款的银行并非 A 这一家，以致客户 a 和银行 A 之间的交易往往是少数性的，那么，他们之间的互动行为又如何达到合作均衡呢？

其次，我们假设市场中还有另一家银行B，那么，客户a在得不到银行A贷款的情况下，就会转向银行B申请贷款，如果社会交易之间的联系是割裂的，那么客户a和银行B之间就会重复客户a和银行A之间的那种博弈关系，这在某种意义上也是一种开环结构的重复博弈。事实上，在行为功利主义原则的思维下，只要与客户a的交易有利可图的，银行B显然不会因为银行A与客户a之间的契约状况而对客户a进行惩罚，特别是在客户a能够保证银行B获利的情况下更是如此。譬如，客户a此时向银行B申请的是抵押贷款，尽管这种抵押品很可能与银行A的贷款有关。这样，客户a对银行A所实行的机会主义行为就没有得到惩罚，这会导致客户a的不合作策略获得优胜。其交易关系可见图3-30。

图3-30　两个委托人与单个代理人的互动

此时银行B果真应该为获得这点交易利益而置银行A对客户a的惩罚呼吁于不顾吗？这就与银行B的功利主义行为是否会引发其他连锁反应有关，与银行A是否也会采取类似手段而损害银行B的利益有关。

再次，我们假设市场上还有另一客户b，他原先与银行B发生交易后也出现了违约行为，此时他同样采取转而向银行A申请贷款的策略。那么，基于类似的行为功利主义原则，银行A也应该采取类似于银行B的行为策略，这样使得客户b的机会主义行为也没有得到惩罚，反过来又损害了银行B的利益。显然，正是基于行为功利主义原则，两个银行的"经济人"行为最终反而损害了自身，并鼓励了社会上的机会主义行为，从而导致社会无法形成有效合作。在某种意义上讲，原本处于割裂状态的银行A和银行B就通过客户a和客户b这些媒介联系了起来，并且，它们基于行为功利主义的短视行为实际上产生了相互的机会主义，从而损害了双方及自身。显然，作为理性的行为者，就应该预见到这一点，在这种情况下，当曾经实施机会主义行为的客户a来向银行B申请贷款时，银行B应该拒绝，尽管这种策略可能损害自身的暂时利益。其交易关系可见图3-31。

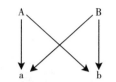

图 3-31 两个委托人与两个代理人的互动

进一步地，如果存在更多的银行，它们都会采取类似于银行 B 的行为，那么银行 B 的最佳行为就是采取有利于其他银行的惩罚措施，也即，间接惩罚可以促使银行 B 更乐于采取"强互惠"的合作行为，对那些甚至与己无关的机会主义行为实行惩罚。

再者，上面考虑的还是这样一类简单情形：银行 A 永远作为委托人，而客户 a 永远作为代理人。但在真实的人类社会中，处在不同时空下的行为主体所扮演的角色是多样的，因而往往可能同时兼有委托人和代理人的角色，如银行和企业间的交叉持股。譬如，客户 a 相对于银行 A 而言是代理人，但在另一场合 a 也可能借钱给 a′，从而又成为了委托人，在这种情况下，如果 a 对于银行 A 违约，没有归还贷款，那么，同样也存在 a′对于 a 违约的可能性。如果对 a 有违约行为的 a′再转向银行 A 进行抵押贷款，此时，银行 A 就可以采取不惩罚 a′的方式（即贷款给 a′），这样，就变相地鼓励了 a′对 a 的违约行为，从而间接使得 a 为其对银行 A 的违约付出了代价。显然，尽管银行 A 和客户 a 仅仅发生一次性交易，但通过 a′这一桥梁实际上也发生了另外更广泛的联系。其交易关系可见图 3-32。

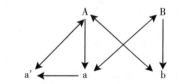

图 3-32 兼具委托人和代理人角色的互动

推而广之，如果这种间接媒介足够多（现实中正是如此），客户 a 和银行 A 实际上发生的就是多次重复博弈，这时，针锋相对策略或者冷酷策略就可以发挥效用了。

最后，需要指出的是，上面分析的仍是简化情形，仅仅说明了少量市场参与者的情形，但在现实社会中，存在着大量的互为委托人和代理人的客户和银行，他们之间通过借贷网络而千丝万缕地联系在一起。正因如此，现实生活中的每个成员在采取行为前就不得不考虑其他利益相关者的感受，既不会轻易地损害其他利益相关者的利益，也更愿意对那些明显的机会主义行为进行惩罚，尽管似乎从中并没有得到多少直接的利益甚至还会损害当前的利益。正因为任何成员的机会主义行为实际上都会损害所有成员的利益，并最终反过来损害自身利益，因此，人类社会中就会出现大量的强互惠现象，存在普遍性的合作关系。与此相适应，也就出现了社会共同治理的治理机制，它不是基于孤立的委托—代理的单向治理，而是依赖于一套共同的社会规范或行业规范，一个人的机会主义行为将受到其他所有成员的处罚。

社会共同治理模式可以用图3-33来加以表示，图中箭头表示利益的流向，如从A指向a就表示由于a对A实行机会主义而导致利益从A流向a，这里A可看成是传统意义上的委托人，a看成是传统意义上的代理人。同时，单向箭头表示利益的单向流动，而双向箭头表示互利行为。基于传统的狭义理解，交易仅仅是指直接交易，因而A与a之间发生的交易似乎是一次性的或少量性的，其交易关系为：A↔a；但是，如果考虑到B和b等作为媒介的存在，那么A与a之间就会存在其他诸多的间接联系：A↔b↔B↔a。此外，考虑到a作为潜在的委托人角色，那么同样存在A↔a'↔a的联系；进一步，如果考虑社会任何主体所充当的角色是千千万万的话，那么就构成了社会中密密麻麻的社会联系，如图中的虚线所表示的那样。

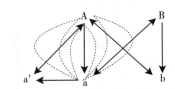

图3-33 社会共同治理的互动示意

上面的分析表明，本来貌似偶然性联系的个体性互动实质上暗含了普遍性的社会性互动。通过社会共同治理机制，就可以有效避免双边治理中因博弈次数较少而导致惩罚机制失效的问题。事实上，艾克斯罗德所设计的计算机对策游戏并不在固定的两个博弈方之间开展，相反，每个人是以自己的策略参与到群体的互动中，这就构成了类似上述的社会网络；在社会网络中，任何参与方都与其他参与方发生无数直接或间接的联系，从而更容易形成合作的结果。当然，这种合作的关键在于信息披露，这也是信息经济学家克莱因（Bengamin Klein）强调自动实施协议的基础，他说，"市场上过去的行为提供了有关这类交易者性质的有价值的信息。交易者将解除与违约者的关系而完全拒绝与过去违约的人打交道，因为他们从这些违约交易者那里知道了很多东西，或者因为他们不解除这关系将会导致市场上另外的交易者从他那里得到这些不利的信息"。

基于社会网络联系，我们就比较容易理解为什么人们往往愿意对那些曾有过机会主义行为的人进行惩罚，尽管这种惩罚往往需要花费一定的个人成本，同时，也就比较容易理解个体之间的自律行为和合作取向，容易理解促进合作的团体规范之形成。事实上，正是在这种网络化联系中，原本看似孤立的行为就成了重复性的互动，此时每个人的行为也就更容易受到奖励或惩罚，同时，在这种网络化联系更接近于罗尔斯所言的无知之幕，从而更容易形成一些一致同意的规则，而这进一步有助于稳定个体的形成。其实，尽管主流博弈论倾向于用无限次重复博弈来解释自利者之间的合作现象，但正如金迪斯和鲍尔斯等指出的，民间定理主要适用于两人互动的情形，而在 n 人的团体中就不适用了。①随着人数的增加，偶然的或有意识的背信数目就会增加，这样，"颤抖"就会急剧地增加惩罚背信者的成本；②在一个由异质个体组成的大集体中，大部分进行合作的利润往往会随着人数的增加而下降；③在这种情况下，就需要建立一系列合作和激励机制，如共同保险、信息分享以及有利于群体的社会规范之维持，等等。为此，金迪斯和鲍尔斯等结合人的特殊性而提出了"强互惠"机制，它反映出，现实社会中的个体往往愿意承担某种私人成本来惩罚那些曾实施不公正行为的人。

坚守承诺，引导预期

1. 缘起：玉戴生与三乌丛臣的故事

宋濂的《宋文宪公全集》记载了这样一个故事。玉戴生和三乌丛臣是朋友。玉戴生说："我辈应该自我激励，他日入朝（为官），权势人的门绝不涉足。"三乌丛臣说："这是我痛恨得咬牙烂心的行为，不如对这事发个誓？"玉戴生很高兴，就歃血盟誓道："二人同心，不徇私利，不为权位所诱，不趋附奸邪献媚的人而改变自己的行为（准则）。如有违背此盟誓，神明杀死他。"没多久，他们两人一起在晋国为官。玉戴生重申以前的誓言，三乌丛臣说："说过的誓言犹如还在耳畔，怎么敢忘记啊！"当时赵宣子在国王前得宠，各位大夫每天奔走于他家。三乌丛臣反悔（当初的誓言），又怕玉戴生知道他反悔，又不能不去（赵宣子家）。鸡一报晓，就前去侍候宣子。进门后，见在正屋前东边的走廊有个端正地坐在那里的人，举灯一照，是玉戴生。两人各自羞惭退去。

为此，宋濂评论说，"两人贫贱的时候，他们的盟誓很虔诚。等登上禄爵仕途，马上就改变初衷，为什么？利害（冲突）在心中挣扎，权位官势的危机在外部影响的原因啊！"为什么两人如此容易背弃承诺呢？就在于他们的信誓旦旦是没有成本的，属于博弈论中的空口声明，从而也就无法制约以后的行动。

2. 承诺贵在可信

事实上，信息交流在博弈协调中是很重要的，信息交流时博弈方也可以做出某些承诺，尤其是在长期互动中，行为者要赢得他人的合作，一个重要的措施是要树立起可信的威胁或承诺。谢林强调，"对于一个关系、许诺或威胁以及谈判地位来说，承诺要求放弃一些选择或机会，对自我进行约束"，而承诺的作用表现为，一方面，"通过改变一个合作者、敌对者，甚至是陌生人对自己行为或反应的预期而发生作用"；另一方面，"当人们在试图控制自己的行为时，只有当它们像对待别人一样，要求自己承诺遵守某种节制方案或行为表现时，它们对自己行为的控制才能常常取得成功。"问题在于，如何才能使得承诺让人可信呢？

信号博弈的一个重要类型是声明博弈：声明博弈中的声明方相当于信号发出方，接收方就是信号接收方。但是，如果声明博弈中信号发出方的行为既没有直接成本，也不会影响各方的实际利益，那么，这就是一种所谓的"空口声明"（Cheep Talk）。相反，一般信号博弈中信号发出方的行为本身往往都是有意义的现实行为，自身既有成本代价，同时对各方的利益也有直接的影响。例如，大学生毕业寻找工作时往往就通过教育经历、学位以及其他资格证来向可能的雇主传递自身素质能力方面的信息，但获得这些教育凭证却需要付出相当的代价。一个声明的成本越高，威胁的信息就越可信。在主流博弈论看来，廉价的空口声明对行动往往构成不了实质性的制约，从而是不可信的。

在图 3-34 所示的分级协调博弈中，有两个纳什均衡（1，1）和（2，2），而且，（1，1）要优于（2，2）。但是，如果考虑到风险问题，策略 2 却是最差情况中较好的支付，它又被称为最大最小策略，因而（2，2）均衡往往更为现实。当然，博弈方之间可以进行信息交流，相互承诺以保证（1，1）出现。但奥曼（Robert J.Aumann）指出，即使博弈方会面并保证采取策略（1，1），博弈方 A 也不应相信博弈方 B 的表面保证。究其原因，无论博弈方 B 自己如何行动，博弈方 A 采取策略 1 都会使博弈方 B 获益，因此，无论博弈方 B 计划如何行动，他都将告诉博弈方 A 他将采取策略 1。也就是说，博弈方的保证并不一定是可信的。

A		B	
		1	2
	1	9, 9	0, 8
	2	8, 0	7, 7

图 3-34　分级协调博弈

当然，上面的承诺之所以不可信，很大程度上在于博弈是一次性的，同时，每一方都试图在一次性博弈中获得最大利益。相反，如果博弈是多次的，那么从长远利益考虑，做出承诺并坚守承诺就是有利的。此时，如果博弈方发出的是没有可信度的空口声明，那么他就会预期到没有人会相信它。例如，法国的戴高乐在国际关系竞争中之所以成为一个强有力的参与者，就在于他往往率先行动，并以绝不妥协的风格著称。在第二次世界大战期间，作为一个战败且被占领的国家逃亡出来的自封领导人，戴高乐在与罗斯福、丘吉尔的谈判中一直坚持自己的立场；在 20 世纪 60 年代，戴高乐也曾两次说"不"，从而迫使欧洲经济共同体多次按照法国的意愿修改决策，甚至单方面宣布要将英国拒于欧共体之外，而其他国家不得不在接受戴高乐的否决票和分裂共同体两项中做出选择。

3. 承诺如何使人可信

要使得别人相信你的承诺，必须要为之付出成本，这里举"四知金"和"羊续悬鱼"的例子。

《后汉书·杨震传》记载：杨震新任东莱太守，"当之郡，道经昌邑，故所举荆州茂才王密为昌邑令，谒见，至夜怀金十斤以遗震。震曰：'故人知君，君不知故人，何也？'密曰：'暮夜无知者。'震曰：'天知，神知，我知，子知。何谓无知！'密愧而出。"

《后汉书·羊续传》记载：羊续为南阳太守时，"贼既清平，乃班宣政令，候民病利，百姓欢服。时权豪之家多尚奢丽，续深疾之，常敝衣薄食，车马羸败。府丞尝献其生鱼，续受而悬于庭；丞后又进之，续乃出前所悬者以杜其意。续妻后与子秘俱往郡舍，续闭门不内，妻自将秘行，其资藏唯有布衾、敝袛裯，盐、麦数斛而已，续谓秘曰：'吾自奉若此，何以资尔母乎？'使与母俱归。"

这两个故事反映了廉洁自持、不受非义馈赠的例子，正因为这种承诺，从而才赢得他人的尊重，树立了"季布一诺千金"的信誉。关于这两点，可以用固定参与者博弈模型加以说明。

在图 3-35 所示的博弈矩阵中，从静态纳什均衡看，策略 D 是博弈方 A 的占优策略，博弈方 B 显然也可以理解到这一点，从而将形成（D, r）均衡。但显然，（R, d）均衡对博弈 A、B 双方都是更有利的一种状态，那么，这种均衡能否实现，又如何实现呢？

A		B	
		r	d
	R	4, 0	10, 8
	D	8, 5	15, 3

图 3-35　固定参与者博弈模型

事实上，只要博弈方 A 有足够的耐心，并知道博弈方 B 将根据对其行动的预测，而采取最大化自己收益的策略，在这种思虑下，博弈方 A 就坚持采取 R 策略，从而引导博弈方 B 采取 d 策略，达致（R, d）均衡。这里最直观的行为机理就是，对 A 来说，要想增进自己的收益，就必须也能够增进对方的收益。因此，我们需要认真考虑双方的收益结构：A 的四个可能的收益选项是：4、8、10、15，B 的四个可能的收益选项是：0、3、5、8。显然，对 A 来说，最大的收益是 15，但他获得 15 的收益是以 B 的收益下降为代价的（只有 3），因而这种收益结构必然是不稳定的；相反，如果 A 选择 4 和 8 的收益时，这时他还可以继续增进自己的收益而不减少对方的收益。同样，对 B 来说也是如此。因此，最终相互互动的稳定的结果是（10，8）的收益组合。

显然，这个博弈模型表明，个体之间只要经历足够多的互动，就可以引导对方的预期和行为，从而实现合作均衡。博弈论大家弗登博格（Drew Fudenberg）就强调，"如果局中人有耐心，无论他最喜欢哪一种策略，他自己都会公开作出承诺以便他可以应用信誉效应得到同样的支付。其原因是，如果局中人在每一个阶段总是选择同样的行动，则最终他的对手预期他将在未来仍然采取该行动，同时，由于对手们均是短期的，因此他们会选择针对长期局中人的短期最优反应。"[①] 例如，贝克尔（Garys Becker）著名的"坏小子"定理就表明，那些被宠坏的配偶或小孩在利他主义者所坚守的强化机制的引导下也会展示出利他主义行为。究其原因，互动频率的提高有助于博弈双方心理的变化，增强信任感。正如鲍威尔（W.W.Powell）指出的："信任度与对它的使用成正比，而不是反比。也就是说，人们越多地使用信任，信任就会越牢固地树立起来。事实上，如果不被使用，信任就会枯竭。"[②] 而且，按照互动频率的要求，小规模的组织内部更容易产生合作，这也为大量的经验事实所证实，而且，按照互动频率要求，如果存在一个限制退出的机制，往往会有利于成员之间的合作，这也就是麦克洛伊德的理论。

---

① 弗登博格："重复博弈中对合作和承诺的解释"，载 J-J. 拉丰编：《经济理论的进展——国际经济计量学会第六届世界大会专集》（上），王国成等译，中国社会科学出版社 2001 年版。
② 鲍威尔："基于信任的管理形式"，载克雷默、泰勒主编：《组织中的信任》，管兵等译，中国城市出版社 2003 年版。

树立声誉，道德金律

1. 缘起：央视标王的盛衰

央视历年广告招标的标王如下：1995 年孔府宴酒 0.31 亿元，1996 年秦池酒 0.67 亿元，1997 年秦池酒 3.2 亿元，1998 年爱多 VCD 2.1 亿元，1999 年步步高 1.59 亿元，2000 年步步高 1.26 亿元，2001 年娃哈哈 0.22 亿元，2002 年娃哈哈 0.20 亿元，2003 年熊猫手机 1.09 亿元，2004 年蒙牛 3.1 亿元，2005 年宝洁 3.8 亿元，2006 年宝洁 3.94 亿元，2007 年宝洁 4.2 亿元，2008 年伊利 3.78 亿元，2009 年纳爱斯 3.05 亿元，2010 年蒙牛 2.04 亿元，2011 年蒙牛 2.31 亿元，2012 年茅台 4.43 亿元。

然而，有些企业以高额的价格中标，却并没有提供相应的质量，以致很快就从华山之巅跌入了万丈深渊。例如，名不见经传的孔府宴通过"喝孔府宴酒，做天下文章"的央视广告很快家喻户晓，夺标当年跨入全国白酒行业三甲，但它并没有提供足够的质量而盲目扩张，最终在 2002 年 6 月以"零价格"转让给山东联大集团。山东一县属小型国有企业的秦池 1996 年"称王"后并没有及时将经济效益转化为发展后劲，反而因"勾兑事件"在 1997 年初被曝光而一落千丈。

这些案例表明，如果将策略建立在成本—收益的理性分析之上，互动行为必然是短视的，从而也就难以实现长期而稳定的社会合作。实际上，广告的根本作用在于树立长期声誉，声誉是一种特殊的资本，可以带来长远的回报，如消费者会重复购买值得信赖的商品。同时，声誉的确立往往需要投入很高的成本，但破坏起来却非常容易，往往会毁于小的背信事件，而且，一旦丧失信誉，就可能丧失今后交易的机会，从而损失惨重。同时，声誉的树立很大程度是个体为实现其长远利益而有意识地进行投资的结果，信息经济学家克莱因（Bengamin Klein）等将它称为品牌资本。伦德纳（Radner）和鲁宾斯坦因（Rubbinstein）使用重复博弈模型证明，如果委托人和代理人之间保持长期的关系，并且双方都有足够的耐心（贴现因子足够大），那么帕累托一阶最优风险分担和激励就可以实现。

2. 声誉价值的模型说明

在长期的市场关系中，一些产品就形成了自己的品牌，用商标的形式显示其质量，如佐丹奴服饰、皮尔卡丹皮衣、海尔冰箱、松下电器等这些厂商的新产品往往就与老品牌相关联，其他如连锁店也具有与品牌相同的作用。阿克洛夫认为，名牌不仅可以显示产品的质量，而且可以在产品质量与预期不符时向消费者提供一种报复的手段。在很大程度上，上述那些标王之所以会遭遇市场滑铁卢，就在于它们过度注重短期的广告效应，而没有注重实质质量的提升，从而无法树立起可信的声誉。

这里借用一个简单模型加以说明：假设产品的价格为 p，如果是优质品则其成本为 C_e，而劣质品的成本为 C_w；相应地，优质品的利润为 $P - C_e$，劣质品的利润为 $P - C_w$。并且假设：市场交易是长期和重复的博弈过程，买主采取冷酷触发策略，一旦受骗，今后就不再与劣质品卖主交易，而优质品卖主则可以享受长期交易的好处。这样就有，

劣质品卖主所能得到的收益为：$P - C_w$

优质品卖主所能得到的收益为：$(P - C_e) + \zeta(P - C_e) + \zeta^2(P - C_e) + \zeta^3(P - C_e) + \cdots = (P - C_e)/(1 - \zeta)$

式中，ζ 是贴现因子。

显然，只要 $(P - C_e)/(1 - \zeta) > P - C_w$，即 $P > (C_e - C_w)(1 - \zeta)/\zeta + C_e$，厂商就不会生产劣质品。也就是说，只要 $P > (C_e - C_w)(1 - \zeta)/\zeta + C_e$，市场上基于冷酷触发策略的诚实交易就是子博弈精炼纳什均衡。

进一步地，如果 $\zeta \to 1$，即有 $P > C_e$，诚实交易的合作就是子博弈完美均

衡。这意味着，如果博弈无穷次且博弈方有足够的耐心，在任何短期的机会主义行为的所得都是微不足道的，博弈方有积极性为自己建立一个乐于合作的声誉，同时也有积极性惩罚对方的机会主义行为。

3. 声誉维护不能短视功利

经济学往往以相互交往的短期收益来分析声誉的价值，但建立在短期收益上的声誉机制有明显的局限。事实上，无论是以牙还牙策略还是冷酷策略，它们的有效性往往都依赖于这样两个条件：①相关人之间的关系是持久而确定的；②相关人之间的关系是透明的。但是，当卖主面对不同的买主时，买主往往难以使用这两种策略来制约卖主，而卖主则可以使用机会主义获胜。同时，对于发生在相同博弈方之间的重复博弈而言，这些策略的有效性也存在问题：①它是建立在利益比较的基础上，一旦违诺带来的收益超过了守诺所能带来的收益，这种协议也就不再能自动执行了；②如果信息不完全会导致声誉策略缺乏效率，触发策略的结果就很有可能是各博弈方一开始就选择机会主义，因而社会上泛滥的假冒伪劣产品交易也是一个子博弈精炼纳什均衡。

也就是说，基于工具理性的互动而实现的社会合作依赖于两个条件：①互动双方是无限重复进行的，从而使得目前的行动对今后的收益产生影响；②市场信息是充分的，从而使得每个交易者的特征在一次性交易后就为市场所有人所知。问题就在于，这两个条件往往是市场不能满足的，因此，"借助经济人的模型无法让这种自我约束具有可信性。

当然，一些旨在树立声誉的诚实交易商也会主动披露信息，这就导致了广告的出现。信息经济学认为，广告对高质量商品生产者比低质量商品生产者更有价值，因为高质量商品的生产者更希望能够进行长期交易，而低质量商品的生产者则希望和不得不从事一锤子买卖。特别是，如果消费者购买的商品属于经验性商品，消费者在使用后就能了解该商品的质量，那么，低质量商品做广告就只获得一次性的交易，这样的广告就是不经济的。但是，在市场不完善的社会中，企业主动披露的信息也并不一定就是可信的，相反，很多企业往往试图通过虚假广告而不是通过提升质量来获取超额利润。

4. 惩罚策略是为了树立声誉

使用"冷酷策略"和"以牙还牙策略"的主要目的并不是为了惩罚，而是为了在互动中树立某种声誉。事实上，坚守承诺也是树立了声誉，它向其他人宣布并提高自己威胁的可信度，从而将影响与人打交道时对方对自己行为的预期。例如，一个不惜代价进行复仇的人，很少有人愿意主动招惹他的；同样，一个心地善良的人，甚至强盗也不忍心伤害他。

例如，春秋中前期晋国正卿赵盾，执行的强权政治极大地推动了晋国霸权的延续，最大限度地抑制着日益强大的楚庄王，但这种强硬作风却引起了穷奢极欲而荒唐的晋灵公的不满，于是派遣杀手去行刺赵盾。结果，潜伏在屋内的杀手看到赵盾那么勤政，感动得自杀了。正是这种声誉导致协议产生自动执行效应，促进了合作。在很大程度上，声誉作为一种特殊的资本，可以带来长远的回报。不过，声誉建立起来之后，还必须花成本来极力维护，否则很可能毁于一旦。关于这一点，我们从世通公司、安然公司、安达信公司以及雷曼兄弟、巴林银行等的倒闭中可见一斑。

那么，良好的声誉有什么特征呢？《新约·路加福音》要求从"以其人之道还治其人之身"转化为"你们愿意人怎样待你们，你们也要怎样待人"；《论语·雍也》中也强调"夫仁者，己欲立而立人，己欲达而达人"。这就涉及社会伦理和人类文明的扩展和深化。人们往往把基于"以眼还眼、以牙还牙"的互惠原则称为"道德铁律"，这是互惠原则的最低层次，主要适应于霍布斯的野蛮丛林中的复仇法中，它通过"以牙还牙"的报复方式结束无休止的战争。但是，随着社会的进步，强迫执行这种法则不再受欢迎了，促使人们进行互惠合作的机制或方式需要提升。

一般来说，人类行为及其相应道德的发展有这样几个阶段或层次：首先，把基于有限复仇的"铁律"上升到"箔律"，即要求像别人应受的那样对待别人，这是要求关注对方行为的动机；其次，进一步上升到"银律"，即要求"己所不欲、勿施于人"，这是"道德黄金律"的消极形式；最后，是从消极形式上升到积极形式的"金律"，即要求"己所欲，施予人"。只有在最高层次"金律"互惠法则之下，才可以产生积极的善的需求，从而尽可能地缓和机会主义，形成持久、稳定的互惠协作关系。

精诚所至，金石为开

1. 缘起：冉·阿让的人生转变

在雨果的名著《悲惨世界》中，男主角冉·阿让从小就成了孤儿，17 岁时冉·阿让在一个冬天的夜晚用拳头砸开一家理发铺的窗子，拿回一块面包给姐姐那七个饿坏的孩子吃，并因此被判了五年徒刑；期间他四次越狱，被抓回来又加判了共 14 年刑期，结果为了一块面包坐了 19 年的牢。出狱之后，冉·阿让到处遭人白眼，没有工作，没有饭吃，他发誓一定要向社会复仇。这时，一个叫米里哀的神父救济了他，为他提供了温软的床。但晚上，冉·阿让却企图偷神父家的财物，神父发现后还打昏了神父，并偷走了他的银餐器。但是，在街上又被警察捉住，押回来见神父。神父非但没有斥责他，反而说"我不是将最值钱的那对银烛台也送给你了吗？你为什么忘了将它们一起带走了呢？"一句话使得冉·阿让免受二次入狱之苦，同时也感化了他。后来，冉·阿让成了富翁，他好善乐施，满怀仁爱之心，为贫穷的人提供就业机会，而且还被市民们选为市长。

那么，这个例子反映了什么道理呢？前面指出，诚信的声誉在社会交换和经济活动中起着非常积极的作用，有助于行为的协调和社会的合作。问题是，声誉的培养或诚信的建立往往需要花费相当大的前期成本的，特别是在交易频率较低，而信息流通又不畅通的环境中，收益往往不很及时和明显。这就需要我们的耐心。事实上，我们做任何事，只要持之以恒，最终就可以获得大收益，也即所谓的"守得云开见月明"。同样，在交往中，只要真情付出，必然会"精诚所至，金石为开"。这里举中国历史上的几个故事加以说明。

2. 齐桓公九合诸侯一匡天下

《吕氏春秋·离俗·贵信》记载：齐桓公伐鲁，鲁人不敢轻战，去（鲁）国五十里而封之，鲁请比关内侯以听，桓公许之。曹刿谓鲁庄公曰："君宁死而又死乎？其宁生而又生乎？"庄公曰："何谓也？"曹刿曰："听臣之言，国必扩大，身必安乐，是生而又生，不听臣之言，国必灭亡，身比危辱，是死而又死矣。"庄公曰："请从。"于是明日将盟，庄公与曹刿皆怀剑至于坛上，庄公左搏桓公，右抽剑以自承，曰："鲁国去境数百里，今去境五十里，亦无生矣。钧其死也，戮于君前。"管仲、鲍叔进，曹刿按剑当两阶之间曰："且二君将改图，毋或进者。"庄公曰："封于汶则可，不则请死。"管仲曰："以地卫君，非以君卫地，君其许之。"乃遂封于汶南，与之盟。归而欲勿予。管仲曰："不可，人特劫君而不盟，君不知，不可谓智；临难而不能勿听，不可谓勇；许之而不予，不可谓信。不智不勇不信，有此三者，不可以立功名。予之，虽亡地而得信。以四百里之地见信于天下，君犹得也。"为此，《吕氏春秋》的作者评论齐桓公时就说，"拂九合之而合，一匡之而听，从此生矣。"

当然，声誉和信任关系的建立往往不是一蹴而就的，而是一个长期经营的过程，需要时间和资源的投入。《论语》说齐桓公九合诸侯一匡天下，《谷梁传》则称齐桓公发动的衣裳之会有 11 次，兵车之会有四次。根据《春秋经》齐桓公在位时大的诸侯盟会有：公元前 681 年春齐宋陈蔡邾的北杏之会、公元前 680 年冬齐宋卫郑单的鄄之会、公元前 679 年春齐宋陈卫郑的鄄之会、公元前 678 年 12 月齐鲁宋陈卫郑许滑滕的幽之会、公元前 667 年 6 月齐鲁宋陈郑的幽之会、公元前 659 年 8 月齐鲁宋郑曹邾的柽之会、公元前 658 年 9 月齐宋江黄的贯之会、公元前 657 年秋齐宋江黄的阳谷之会、公元前 656 年夏齐楚鲁宋陈卫郑许曹的召陵之会、公元前 655 年夏周齐鲁宋陈卫郑许曹的首止之会、公元前 653 年 7 月齐鲁宋陈郑的宁母之会、公元前 652 年正月周齐鲁宋卫许曹陈郑的洮之会（兵车之会）、公元前 651 年夏周齐鲁宋卫郑许曹的葵丘之会、公元前 647 年夏齐鲁宋陈卫郑许曹的盐之会（兵车之会）、公元前 645 年 3 月齐鲁宋陈卫郑许曹的牡丘之会（兵车之会）、公元前 644 年 12 月齐鲁宋陈卫郑许邢曹的淮之会（兵车之会）。

3. 晋文公"攻原得卫"

《吕氏春秋·离俗·为欲》记载：晋文公伐原，与士期七日，七日原不下，命去之。（谍出）言曰："原将下矣。"师吏皆待之。公曰："信，国之宝也。得原失宝，吾不为也。"遂去之。明年复伐之，与士期必得原然后反，原人闻之，以文公之信为至矣，乃归文公。后卫人闻，曰："有君如彼其信也，客无从乎！"乃归文公。显然，这则历史故事表明，晋文公"攻原得卫"，孔子就闻而记之曰："攻原得卫者，信也。"事实上，晋文公和齐桓公之所以能够成为春秋时期最伟大的两个霸主，"无他，微诚信耳"。

当然，历史上的反例也比比皆是，这里举一例说明。历史上的白起被认为是了不起的大将，为秦国的一统天下立下了赫赫战功。但东晋的何晏曾评论说，"白起之降赵卒，诈而坑其四十万，岂徒酷暴之谓呼？后也难以重得其志矣。向使众人豫知降之必死，则张虚拳，犹可畏也。况于四十完披坚执锐哉？天下见降秦之将，头颅依山，骸积成丘，则后日之战，死当死耳，何众肯服？何城肯下乎……设使赵兵复合，马服复生，则后日之战，必非前日之对也。况今皆使天下为后日乎？其所以终不敢复加兵于邯郸者，非但忧平原之补缝，患诸侯之救至也，徒讳之而不言耳。"由此可见，对于秦国的统一事业而言，白起的背信行为实际上增加了统一的难度，提高了统一的成本，延缓了统一的进程。

4. 诚信作用的重复博弈分析

关于诚信的作用，同样可以用多次重复博弈加以说明。假设，一个固定交易者 A 在市场上与他人进行交易，尽管其他交易者不断变化，但博弈结构不变，其阶段博弈如图 3-36 所示矩阵，同时，假设，尽管其他市场交易者的策略不为人所知，但固定交易者 A 的决策一旦作出就立即为市场所知。显然，如果在一次性的交易中，在其他市场交易者采取机会主义的交易行为下，A 都只能采取合作的态度以达到均衡，否则，如果退出而不参与交易的话，将得不到任何收益，这也是纳什均衡解。但是，在多次或重复的交易中，A 是否会一直坚持合作的行为呢？在合作和报复两种选择中，A 究竟采取什么策略呢？

	其他交易者	
	机会主义	非机会主义（合作）
交易者A　合作（容忍或非机会主义）	1，3	2，2
报复（退出或机会主义）	0，0	3，1

图 3-36　市场多次交易博弈

一般认为，从短期来看，选择"合作"策略会好些，但从长期来看，A可能会选择"报复"，即退出，花费一定的代价来阻止对方在今后的交易中或今后其他交易人的机会主义行为。弗登博格（Drew Fudenberg）认为，如果博弈方有耐心，无论他最喜欢哪种策略，他都会公开作出承诺以便树立自己的信誉，最终获得信誉效益。

事实上，在上述重复博弈中，如果 A 不遵循上述的后向推理，就可以获得更大的收益。因为，凭直觉感到，除了最后少数几个阶段的策略不受其前的策略影响外，大多数阶段的策略选择受其前博弈策略的影响。这样，A 除了在最后几个阶段 100、99 等无条件选择合作策略外，在其他阶段则采取针锋相对的策略：如果对方采取机会主义的态度，他将选择退出策略；如果对方采取非机会主义的合作态度，他也将选择合作策略。这时，如果其他交易人相信并接受了 A 的这一威胁，那么他们的最佳策略是非机会主义的合作策略，而只是在最后几个阶段——我们假设 100、99、98 三个阶段——才采取机会主义的行为。这样，A 将获得 197 单位收益。即使在前面 97 次交易中，交易人对 A 的威胁存在不同层次的信任。

而且，在 97 次交易中，即使有 48 次因交易人的机会主义行为而交易没有实现，A 也可以获得 101 的总收益。而实际上，更可信的情况是，起初有几次交易——譬如说共 10 次——因交易人的机会主义行为而受到了 A 退出的惩罚，此后其他交易人得到教训而采取合作态度，这样 A 一共可获得 177 个单位收益。进一步，在阶段 98、99、100，交易人的机会主义倾向也有可能被 A 的威慑所阻止，这样可以进一步增大 A 的收益。因此，泽尔腾指出，从逻辑上讲，归纳推理无可避免地适用于博弈的各个阶段，但威慑理论的现实说服力却强得多。泽尔腾说："直到现在我也没有遇到过声称会根据归纳理论行动的人。我的经验表明，受过数学训练的人会认识到归纳理论的逻辑正确性，然而他们却并不以此来指导实际行动。"

将心比心，换位思考

1. 缘起：心理实验中的"拟奇想式"

两位心理学家特维斯基（Amos Tversky）和沙菲尔（Eldar Shafir）作了一个囚徒困境实验：①当实验者告知受试者对方选择背叛策略时，只有3%的人仍然选择合作；②当实验者告知受试者对方选择合作策略时，有16%的人选择合作作为回报；③而当受试者对对方的策略一无所知时，却只有37%的人选择了合作。

特维斯基和沙菲尔将这种现象称为"拟奇想式"：人们认为，通过采用某种行动能够影响对方的行动，一旦人们被告知对方的选择，反而会意识到自己不可能改变对方已经做出的决定，但是，如果对方的选择仍然悬而未决，那么他们就会假设自己的行为对对方产生一些影响，或者对方也正采取与自己相同的推理并得出相同的结论，从而会选择更优的合作策略。这就是行为的同理心问题。

"同理心"一词源自希腊文Empatheia（神入），原来是美学理论家用以形容理解他人主观经验的能力。20世纪20年代美国心理学家铁钦纳（E. B. Titchener）用它来指身体上模仿他人的痛苦而引发相同的痛苦感受，并将同理心与同情作区别，因同情并无感同身受之意。因此，同理心又叫作换位思考、神入、移情、共情，即通过自己对自己的认识来认识他人，通过设身处地、将心比心来理解他人。在社会互动中，就要求能够体会他人的情绪和想法、理解他人的立场和感受，并站在他人的角度思考和处理问题，这样，由于自己已经接纳了这种心理，从而也就接纳了别人这种心理，以致谅解此行为和事件的发生。显然，中国儒家的"己所不欲，勿施于人"就是同理心所说的"推己及人"：一方面，自己不喜欢或不愿意接受的东西千万不要强加给别人；另一方面，应该根据自己的喜好推及他人喜好的东西或愿意接受的待遇，并尽量与他人分享这些事物和待遇。

基于同理心对博弈策略选择及其均衡结果的影响，我们可以来分析两个基本博弈类型。

2. 囚徒博弈的重新解析

在图 3-37 所示的囚徒博弈中，纯策略的纳什均衡解为（坦白，坦白），这也是主流思维的占优策略均衡。但显然，这个均衡对任何囚徒来说都不是理想的。那么，囚徒是否存在某种机理而在互动中实现更好的均衡结果呢？这就要跳出理性经济人的思维。假设初始状态是（不坦白，不坦白），那么，按照经济人的思维，囚徒 A 的最佳行为是从不坦白转向坦白，此时他可以获得净收益 1；但当博弈状态转向（坦白，不坦白）后，囚徒 B 的最佳行为也是从不坦白转向坦白，此时他可以获得净收益 5。这样，均衡就是（坦白，坦白），这是经济人基于行为功利主义的互动结果。显然，主流博弈论在分析策略或行动的选择时都是以一次行为的结果为基准，但如果能够将两次行动或更多次行动组合起来考虑，那么就会有不同的结果。事实上，如果囚徒 A 足够理性，那么，他就可以预期到，他从不坦白到坦白的转向会促使囚徒 B 也发生相应的转向，从而最终会陷入（坦白，坦白）这一更坏的结果，考虑到这些，即使囚徒 A 有由不坦白向坦白转换的足够动机，他也缺乏转换的充分理由。

囚徒 A		囚徒 B	
		不坦白	坦白
	不坦白	-1, -1	-10, 0
	坦白	0, -10	-5, -5

图 3-37 囚徒博弈

其实，如果囚徒都能够充分认识到自身行为带来的后续影响，从而将策略转换的足够动机和充分理由区别开来，那么，（不坦白，不坦白）的初始状态就不会改变；相反，如果初始状态是（坦白，坦白），那么通过两个阶段的转变就可以达到（不坦白，不坦白）的结果。这也就是"为己利他"行为机理的思路：每个囚徒在进行策略选择时，必须考虑其策略给对方带来的影响，要避免自身行为给对方的伤害，否则对方必然也会改变策略，最终使自己反受其害。也即，当囚徒 A 试图选择坦白时，就必须料到这种行为将会损害囚徒 B 的利益，从而也必然会受到囚徒 B 的报复，因此，囚徒 A 就会有意识地放弃坦白策略，相应地，B 也是如此，从而有效地实现（不坦白，不坦白）均衡。W.Poundstone 写道："在囚徒困境中永远不要第一个选择背叛行为，这是一个博弈论观点。"实际上，在现实生活中，那些长期合作的犯罪团伙被抓获后一开始就招供的毕竟只有少数，大量的行为实验也表明，受试者往往能够避免陷入囚徒困境。

3. 性别战博弈的重新解析

在图 3-38 所示的性别战博弈矩阵中，有两个纯策略纳什均衡（球赛，球赛）、（歌舞，歌舞）和混合策略纳什均衡（1/5，4/5）、（4/5，1/5），其支付得益分别为（2，4）、（4，2）和（8/5，8/5）。问题是，现实生活中的夫妻会以（1/5，4/5）和（4/5，1/5）的概率随机地选择球赛和歌舞吗？基本上不会。因为他们的利益根本上是一体的，从而不会分开来独自决策，而且，混合策略的均衡收益往往要小于纯策略的均衡收益。同样，现实生活中的夫妻会固定不变地选择看球赛或歌舞吗？一般也不会。因为这种组合的收益分配具有非常强的不公平性，会造成等级现象，从而无法长期持续下去。那么，现实生活中的夫妻更为可能的行为又如何呢？一般来说，他们会交叉轮流地参加对方更为偏好的活动，从而每方可以获得 3 平均收益，这显然远大于混合策略下的收益 8/5。事实上，任何一方希望获得自身的最大利益，在决策时都必然要考虑另一方的利益，要考虑到收益分配的公平性，相应地，在某一方比较特别的日子里，两人往往会选择其更为偏好的活动。进一步地，如果不存在交叉轮流的行为方式，那么作为利益紧密联系的成员就会组建一个共同体，共同行动的收益由共同体成员所分享，这又引入了收入再分配的需要。

妻子	丈夫	
	球赛	歌舞
球赛	2，4	0，0
歌舞	1，1	4，2

图 3-38　性别之战

上述两个例子表明，如果博弈双方能够保持同理心并进行换位思考，就能够优化社会互动。因此，社会上就流传开了这样一些谚语："我怎么对待别人，别人就怎么对待我""想他人理解我，就要首先理解他人，将心比心，才会被人理解""别人眼中的自己，才是真正存在的自己。学会以别人的角度看问题，并据此改进自己在他们眼中的形象""只能修正自己，不能修正别人。想成功地与人相处，让别人尊重自己的想法，唯有先改变自己""真诚坦白的人，才是值得信任的人""真情流露的人，才能得到真情回报"。为此，康德提出了他的定言律令：你应该这样行动，使你的每个行为都能成为一切人的行为的普遍准则。

4. 同理心如何形成

首先，同理心是个心理学概念，依存于社会互动。

事实上，人类行为本身很大程度上就是受心理意识的驱动。例如，弗里德曼（Freedman）和弗拉瑟（Fraser）做了一个实验：询问一群住户：是否愿意在自家门前的草地上树一块相当大但不引人注目的有关促进安全驾驶的牌子时，仅有 17% 的住户表示同意；但是，当问及第二群住户时，首先问他们是否愿意在自家门前放一块小的倡导安全驾驶的牌子，几乎所有人都表示同意，几天后再问是否愿意放置一块与第一群人被问到的同样大的牌子时，有 76% 的人表示了同意。

同时，心理本身又是行为互动的产物，它往往依存于互动双方的信息状况，并随着信息的变化而不断渐变。维奇曼（Wichman）的实验表明：当女性被试者处于互相看不到也听不见另一方的情况时，她们之间的合作很少，而当她们非常接近并相互能看到听见对方时，合作便增多了。心理学家发现，无论在人际交往中发现什么问题，只要你坚持设身处地、将心比心，尽量了解并重视他人的想法，就比较容易找到解决问题的方法。尤其在发生冲突和误解时，当事人如果能够把自己放在对方的处境中想一想，也许就可以了解到对方的立场和初衷，进而求同存异、消除误会。

其次，同理心也是一个社会实践的产物，需要长期的培养。

一般来说，人类的心理发展往往经历这样几个过程：①很少从他人的角度思考问题，做事情很少考虑到他人的感受；沟通时讲客套话，无法引起对方的共鸣，对方也不愿意将自己的真实想法说出来；不愿意倾听；安排事务几乎不考虑下属的需要。②能够从别人的角度思考问题，做事情会考虑到他人的感受；与人沟通比较真诚，愿意将自己的一部分想法表露出来；能让人觉得被理解、被包容；学会倾听，工作中尽量考虑对方的需要。③能够站在对方的角度考虑问题，想对方之所想，急对方之所急；能够使人不知不觉地将内心的想法、感受说出来；能够让人觉得被理解、被包容；能够用心倾听；在安排事务时，尽量照顾到对方的需要，并愿意做出调整。④将心比心，设身处地地去感受和体谅别人，并以此作为工作依据；有优秀的洞察力与心理分析能力，能从别人的表情、语气判断他人的情绪，以对方适应的形式沟通。

在很大程度上，正是由于主流博弈论承袭了新古典经济学的先验理性经济人思维，缺乏感同身受的同理心意识，只是停留在第一个阶段，从而也就无法实现有效的沟通和合作。

自己活，也让别人活

1. 缘起：敌对士兵的战场联欢

第一次世界大战期间曾发生这样的事：1914 年 12 月后英德双方士兵深陷在巨大的堑壕网络中形成长达 3 年的阵地战对峙，堑壕的距离有的仅相隔约55 米，但不断升级的战争情形并没有出现，相反却出现了一些有意识的默契。例如，每天早餐时间双方士兵都在空中竖起一块木板，这块木板一竖起枪战便停止了，他们各自开始打水和取给养，而当木板倒下时战争又重新开始；又如，双方官兵还会各自聚集在堑壕前沿举行即兴音乐会，当歌声从一方阵地上飘到对方堑壕时还会引起对方士兵的一片掌声，甚至还被要求再来一次；英德官兵不仅唱颂歌、道问候、共度圣诞节，休战期间还在"无人地带"进行了多场足球赛。究其原因，相似的环境使英德两国官兵彼此间产生了同情之心，从而即使对方暴露在射程之内也不会射杀。艾克斯罗德写道："尽管高级军官尽力想阻止它；尽管有战斗激起的义愤或杀人或者被杀的军事逻辑，尽管上级的命令能够轻易地制止任何下属试图直接停战的努力，这个（自己活也让别人活）系统仍然存在和发展着。"

显然，上述情形可以表述为图 3–39 所示的博弈矩阵，（射击，射击）是该战争博弈的纯策略纳什均衡。但是，真实的战争却充满了反例。究其原因，人们并不是采取"你死我活"的最大最小原则，而是奉行了"自己活也让别人活"行为原则。

德国	英国		
		射击	不射击
	射击	−5, −5	10, −10
	不射击	−10, 10	0, 0

图 3–39　战争博弈

2. "自己活也让别人活"的社会现象

"自己活也让别人活"原则的应用并非是第一次世界大战中呈现出的一种孤立现象，而是人类互动的一种常态。

唐朝末年，黄巢起兵造反，镇守青州的平卢节度使宋威、曾元裕率兵进行围剿。但宋威私下与部将曾元裕说："过去庞勋造反，朝廷命康承训进剿，庞勋灭，康承训反而有罪。我们剿贼，即使成功了，功高震主，能够免祸吗？不如留着贼军，倒霉的事是皇帝的，我们可以继续当功臣！"所以，宋威的部队与起义军作战，总是"蹑贼一舍，完军顾望"，相距三十里，观望不前，避免正面交锋，一味保存实力。黄仁宇《中国大历史》评论说："……黄巢渡过长江四次，黄河两次。这位历史上空前绝后的流寇发现唐帝国中有无数的罅隙可供他自由来去。各处地方官员只顾本区的安全，从未构成一种有效的战略将他网罗。"

同样，在红军战略大转移的长征途中，长征经过的主要地区——西南六省虽然表面上归顺了中央政权，但都担心中央政权剿匪而染指地方利益。确实，蒋介石对这些拥有实力而又非自己嫡系的军阀，既要笼络又要排斥消灭，并将红军长征视为他扫除异己、扩展势力范围的一次难得的机会。正因如此，地方军阀都或者明打暗和，或者追而不击，或者甚至礼送出境。究其原因，他们都深谙"兔死狗烹"的道理，从而也奉守"自己活也让别人活"行为原则。

同时，这一原则也不仅呈现在战场中，也体现在日常生活中。例如，前面曾给出一个劫匪困境博弈，其纳什均衡将是（撕票，报警）。但是，在现实生活中尽管撕票现象时有发生（在人员流动极其频繁的地区更为明显些），但杀掉人质的案例往往只是少数，大多数劫匪还是会释放人质而获释的人质也很少去报警。这种现象不仅反映在电影中经常出现的绑票事件，而且一些明星在出道初期都曾受到过黑社会组织的胁迫（如刘嘉玲、利智、成龙、张国荣、刘德华、梁家辉等），大多数最后都是达成了"共赢"。那么，如何解释绝大多数劫匪宁愿冒着人质报警的风险而没有杀害人质呢？就在于人是有社会性的，他们对人质的承诺还是寄予了相当的信任，而不会因一点不确定而穷凶极恶地大开杀戒，更不会因一点小罪行可能曝光而从此走上不归路。同样，那些人质事后往往也很少选择报案，也在于他们会做这样推理：劫匪之所以选择释放我只因为他相信我会坚守承诺，如果我事后不守诺的话，劫匪现在也根本不会释放我。也就是说，他们体验到了"相忍为福"的箴言，认识到相互信任、相互合作的需要，尤其是从互动中识别出对方的特征以选择相应的合作策略。

3. "自己活也让别人活"的解说

在很大程度上，"自己活也让别人活"行为原则与"为己利他"行为机理是相通的，即通过利他的手段来实现自己的目的（利益最大化）。正是基于这种行为原则和机理，对立双方往往可以达成合作。

在图 3-40 所示的两阶段博弈中，（0，0）是纯策略纳什均衡，但显然，这对双方都不是最佳结果。相反，基于奉守"自己活也让别人活"行为原则：博弈方 1 希望最大化自身收益而不能损害博弈方 2 的收益，从而会选择 C 策略；同样，博弈方 2 希望最大化自身收益而不能损害博弈方 1 的收益，从而会选择 c 策略。这样，就可以得到更优的（1，1）均衡。为此，Dufwenberg 和 Kirchsteiger 解释说：如果均衡是基于传统博弈论来进行计算的，那么非优化的行为就会被预期。但问题似乎在于，在基于纳什均衡的主流博弈理论中，行为者并没有必然地优化他的均衡路径。因此，要解决这一问题，就需要寻求比传统博弈理论更复杂的理论：在连续型博弈中，人们在修正自己信念的同时也在修正关于其他博弈方类型的信念，那些受互惠影响的博弈方所关注的路径也与主流博弈论存在显著的不同。

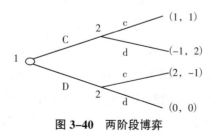

图 3-40 两阶段博弈

显然，如果博弈方 1 基于"为己利他"行为机理选择合作方式，那么受互惠的影响，博弈方 2 也很有可能会选择合作的方式。但是，如果博弈方 1 选择的行为是非合作的，那么又如何保障博弈方 2 会选择合作方式呢？而且，由于人类本身的社会性，人们往往愿意采取对方针对自身所采取的那种方式。在这种情况下，为了影响博弈方 2 的行为方式，博弈方 1 应该一开始就选择合作方式。为此，Dufwenberg 和 Kirchsteiger 提出了一个"连续互惠原理"，用来处理在连续博弈中信念如何改变以及如何影响互惠考虑这一问题。事实上，这种连续互惠原理也普遍存在于现实社会中，例如，阿克洛夫等就发展出一个公平工资努力模型：企业（博弈方 1）首先选择了以慷慨或者贪婪的工资支付，然后工人（博弈方 2）决定高或者低的努力程度。效率工资理论表明，企业主往往会选择支付一个高于市场出清的工资，而且工资水平越高，工人的努力程度往往也越大。

4. "为己利他"行为机理在政治领域的应用

"为己利他"行为机理还可以被用于政治领域，解释政治领域中的民主化过程：一般地，"为己利他"行为机理的实施程度很大程度体现了民主制度的健全程度。上面已经指出，"为己利他"行为机理的根本特点在于：它考察的是相关者之间的多次互动以及形成长期的互动关系，其中每一方能够关注和追求长期利益而并不会纠缠于每一次互动的利益得失，从而最终形成共时性或历时性的互惠合作关系。因此，在对政治权力的争夺中也不会采取像狗那样殊死搏斗直至一方被彻底打败的残酷方式，优胜者也不会对短期内被打败者赶尽杀绝，相反，他们更乐意采取"先让你干几年，下次再让我干几年"的合作方式，从而就会建立起一系列更为文明的竞争规则。

将"为己利他"行为机理运用到政治领域而实行真正民主制的典型例子是美国的国父们，他们在建国伊始对国家的未来走向、制度安排乃至国体政体都存在不同的看法，并为了实行自己的政治主张而展开竞争，但是，他们没有实行像狗类争抢那样的经济人行为方式，而是贯彻了真正人类的"为己利他"行为机理，建立起了通过竞选轮流上台施展政见的民主方式。例如，亚当斯和杰斐逊之间就是这样的一个典范，他们在独立战争期间形成了紧密的友谊，但独立后在国家走向上又充满对抗，不过，他们都能够将对公共利益的关注放在相互歧见之上，通过民主竞争规则而轮流施展其理念，最终又恢复和深化了彼此之间的友谊。相反，那些在政治人物之间实行狗一样竞争的社会中，往往不是出现不断恶性争斗的军阀体系，就是优胜者彻底消灭落败者的专制体系。前者在 1912~1927 年的中国社会表现得非常明显，而后者则在蒋介石政权以及以后年代都很明显。正因为基于"为己利他"行为机理可以有效地建立起民主体制，民主根本上应该与互惠合作而非收入转移联系在一起，从而更有助于展开有效的集体行动，促进"公地悲剧"向"公共福祉"的转变。

同情伦理和道德矩阵

1. 缘起：父母不愿意孩子有恶习

理性经济人学说认为，所有人的行为目标都是实现收益最大化，为此会实行马基雅维利式的机会主义。但是，我们常常可以看到这样的现象：当一个小孩偷窃了他人和社会的某个物品时，即使没有被人发现，并且将偷窃的东西拿来给父母，父母通常也会教训小孩不得再犯。

显然，这里，父母的批判不是基于是否会被抓住的功利标准，而是依据这一行为是不正确的道德标准。究其原因，现实世界中的每个人都具有一定的亲社会性，具有某种是非观，这就对现代主流经济学和主流博弈论的思维基础构成了反思。

2. 心理性制裁对行为的影响

从人类社会的演化史上看，人类社会出现了多种多样的制裁方式：①心理性制裁，主要是指舆论的道德谴责；②疏远性制裁，即交往的中断；③物质性制裁，即给予赔偿；④物理性制裁，即刑罚惩处。前面主要从对方约束和社会约束来剖析外来惩罚如何对博弈方的背信行为构成有效约束，但在充满伦理道德的社会中，我们看到很多行为都是自律性的。

从实质内涵上讲，自我约束也就是所谓的心理制裁，这包括两个方面：①由于羞愧带来的耻辱惩罚，鲍尔斯（S.Bowles）和金迪斯（H.Gintis）就指出，"羞耻是一种社会情感：当一个人因为违背一种社会价值或没有遵守一种行为规定时，他会因被他所处的社会群体的其他人贬低而感到痛苦"；②由于道德已经内化于个人的偏好中，因而主体也会因为没有达到这一道德要求而在内心产生负疚感。为此，人类社会的主要文明在其发展中都逐渐发展出了规范成员行为的各种劝诫和箴言，如儒家伦理一直强调，"君子喻于义""见利思义""居利思义""富以其道"等等。

显然，在心理制裁的支配下，互动者所面临的博弈矩阵不再是一个，而是分解为若干个客观的和主观的博弈矩阵。其中，客观博弈由行为人决策形势的客观特征构成，例如支付矩阵所表示的那些性质；主观博弈由客观博弈和行为人决策形成的主观特征构成，例如行为人关于支付矩阵的主观信念。相应地，两种博弈矩阵则分别具有客观解和主观解：客观解为行为人达成一种成功，取决于诸如支付之类的因素；主观解仅替他们指引达成那种成功的方向而不能保证其实现，取决于诸如偏好和理性的因素。正是对主观效用的引入，同一博弈的支付矩阵就会得到改变。

3. 引入伦理的两个博弈模型

例 1　博弈论专家宾默尔（Ken Binmore）设计了几种变体鹰鸽博弈。在图 3-41 所示的博弈矩阵中，（a）是标准型鹰鸽博弈，它有两个不确定的纯策略纳什均衡和一个混合纳什均衡，并且往往会导致（鹰，鹰）结果的出现。（b）表示博弈方相互承诺选择鸽策略，但这个承诺主要是依靠个人心理制裁来保障，每一个违约者将会遭受额外的效用损失 x，当 x 大于 1 时，就可以实现（鸽，鸽）均衡。（c）表示博弈方相互之间具有同情心，以至自己的效用与他人的效用密切相关，这些的相关度是 y，当 y 大于 1/2 时，就可以实现（鸽，鸽）均衡。

	标准型 (a)		心理制裁 (b)		同情关爱 (c)	
	鸽	鹰	鸽	鹰	鸽	鹰
鸽	2, 2	0, 3	2, 2	0, 3-x	2+2y, 2+2y	0+3y, 3+0y
鹰	3, 0	1, 1	3-x, 0	1-x, 1-x	3+0y, 0+3y	1+y, 1+y

图 3-41　变体鹰鸽博弈

例2 1998 年的诺贝尔经济学奖得主阿马蒂亚·森（Amartya Sen）设计了两种囚徒博弈的变体：信心博弈和其他相关博弈。在森看来，基于个人利益偏好保持不变所反映的仅仅是原始效用矩阵，但个人并不是根据原始矩阵行动，而是根据另一个效用矩阵，这个矩阵取决于"行为的道德密码"。其中，信心博弈是指，如果对方合作，个人就合作，而只有当对方不合作时才停止合作。譬如，根据这种心理进行博弈的囚徒就会这样想：如果我的同伙和我想的一样，那么入狱一年比出卖同伙更让人心安理得，如果同伙打算出卖我，我将报复他。其他相关矩阵则是建立在风气甚至更浓的利他主义之上：它假设个人总是合作的，即使其他人拒绝这样做也是如此。例如，在无条件的利他主义支配下，囚徒会这样想：出卖我的同伙比入狱 30 年更糟糕。

例如，从图 3-42 所示的博弈矩阵可以看出，在信心博弈的支配下，纯纳什均衡的策略组合就从原来的囚徒博弈中单一的坦白均衡发展为都坦白和都不坦白两种均衡组合。进一步地，在相互利他主义的支配下则可发展为单一的不坦白均衡，从而达到了帕累托优化。因此，森建议，社会可以发展这样一种传统：使其他相关矩阵的偏好最受赞扬，信心博弈次之，而囚徒博弈偏好最次。

	囚徒博弈		信心博弈		其他相关矩阵	
	合作	背信	合作	背信	合作	背信
合作	3, 3	1, 4	4, 4	1, 3	4, 4	3, 2
背信	4, 1	2, 2	3, 1	2, 2	2, 3	1, 1

图 3-42 基于绝对道德的博弈矩阵

显然，森在这里引入了信心博弈和利他主义更浓的道德矩阵来化解囚徒困境。实际上，他是在强调一种道德博弈，道德博弈中的合作倾向则源于自我约束。从各种约束机制所依赖的成本支付来看，自律约束的成本是最小的：①它是出自于行为施动者的内心，因而是不需要监督成本和约束实施成本的；②如果在有相对规范和统一的意识形态的支配下，这种约束具有相对确定性和规模经济的特点。正因如此，一般都认为，基于道德伦理的自我约束有助于加强博弈中的协调，从而提高博弈的合作性。

4. 道德矩阵面临的问题

在森的道德矩阵中有两个问题，信心博弈中的"信心"来自何处？道德矩阵中的"道德"来自何处？森对这些问题都没有给予充分有力的说明。宾默尔写道："我并不认为理性人不能或不应该相互信任，而是理性人不做没有正当理由的事情。例如，除非有理由使一个理性人相信他的邻居值得信任，否则他是不会信任他的邻居的。"[①] 在很大程度上，这两种博弈都是建立在抽象的绝对道德基础之上，从而也就缺乏来自社会经验的坚实基础，以致在实践应用中往往会遇到一系列的问题。这里，我们可以对森所引入的两个博弈作一简要说明。

一方面，就信心博弈而言，博弈均衡究竟如何取决于博弈者对另一方的信心。威廉姆斯（Bernard Williams）指出，在这种情况下，"双方都必须清楚对方是在'有保证的（即信心）博弈'中选择对策，必须知道对方对他（第一人）的选择了然于心；若办不到这一点，双方都认为有被对方出卖的风险，就会揣度如何规避，如何抢先制胜，因而就可能违背初衷而放弃双方约定。"但是，就现实而言，这种信息要求似乎很难得到满足，威廉姆斯就列举了现实生活中参与者在认知上所存在的四种局限：①其他人的选择偏好或对或然性的估计，人们不能够尽如人意地获取到这两方面信息；②局限性①得不到充分了解；③受各种因素影响，获取这些信息的可能性小而且代价高昂，特别困难的是，任何现实的探询步骤本身就可能引起参与者偏好的改变，破坏了信息，引发更多疑问，并使得问题更加扑朔迷离；④除了认知的缘故，社会因素也给推测带来不容小视的局限。

另一方面，就道德博弈而言，任何个体是否能够长期无条件地奉行这种利他主义行为是值得怀疑的，因而它的有效性同样也受到一定的制约。威廉姆斯认为，这种博弈的基础存在着"不受学习影响的一种偏好的重复表达"的局限，而现实中这种"关心他人"的"你我都不招"的对策却因频繁遇到"我不招你却招"的情形而受挫[②]。这表现为如下两方面：①自律的形成主要

---

① 宾默尔：《博弈论与社会契约（第1卷）：公平博弈》，王小卫、钱勇译，上海财经大学出版社2003年版，第145页。

② 威廉姆斯："形式结构与社会现实"，载郑也夫编译：《信任：合作关系的建立与破坏》，中国城市出版社2003年版。

是出于个人的价值取向，这可以是一个人的天性，如孟子所谓的"性善"说；也可以是受一个特定时代的意识形态等支配，如在新中国成立初期就出现了"夜不闭户"和"路不拾遗"的局面。其实，自律有效性往往取决于对方约束的有效性，因为从某种意义上说，自律是一种习惯性行为；而习惯会由于互动双方行为的刺激—反应作用而受到影响，在这种作用多次强化后，习惯也会发生改变，自律机制会因此而崩溃。②纯粹的利他主义还会消除人们之间存在的真正的仁爱和善意，因为它灌输的是这样一种观点：珍视他人需要无私的行为，这将被接受者置于乞讨者的地位，从对方的角度上说，则意味着受到侮辱和失去自尊。也就是说，这种纯粹的利他主义最终产生的反而是贬低人道的思潮。根据这种纯粹利他主义，帮助一个陌生人甚至是仇人比帮助自己所爱的人将更加体现利他性，但显然，这又是与社会事实相悖的；相反，在现实生活中，理性主义者总是要求人们的行为应该与自己的价值等级相一致，而不要牺牲大的价值来迎合小的价值。

因此，博弈协调可以从伦理机制上加以理解和解释，但这种伦理并不是绝对意义上的。宾默尔就写道：如果"将道德探究的领域限定在'定言命令'即类似东西的研究上——将迫使我同意尼采的观点，即不存在什么道德现象"[1]。其实，尽管阿马蒂亚·森通过引入信息或偏好等对基于理性经济人的标准博弈模型进行了修正，从而提出了两类"互惠合作性的"和"利他性的"合作博弈模型，但是，这两种合作博弈模型的基础还不坚实，还存在缺陷。①森提出的基于信心的合作博弈模型仅仅依赖于个体之间的信息和认知，这种基础显然是不充分的。相反，它把博弈理论特殊化和具体化了，仅仅适合于具体的案例探究。当然，如果把这种信息和认知推广为社会性的，那么，这种博弈互动就具有更强的互动性。也就是说，信心博弈主要不是体现在个体之间的具体案例上，而是可以对一个社会中的普遍互动行为进行考察。②森提出的基于道德的合作博弈模型仅仅依赖于个体的自我约束，这个条件太强了。究其原因，利他主义一般都不是无条件的，相反，往往要受各种因素的影响。在某种意义上，森的道德矩阵与康德的绝对道德以及罗尔斯的正义秩序是相通的，复旦大学的韦森认为，这种思路显然是一种道德理想主义。

---

① 宾默尔：《博弈论与社会契约（第1卷）：公平博弈》，王小卫、钱勇译，上海财经大学出版社2003年版，第17页。

利他主义的社会困境

1. 缘起：无效率的君子国

李汝珍在《镜花缘》里描述了一个君子国，君子国里的人个个都以自己吃亏而让人得利为乐事。例如，小说的第十一回里描写了君子国里的一名隶卒买物的情况：隶卒……手中拿着货物道："老兄如此高货，却讨这般低价，教小弟买去，如何能安！务求将价加增，方好遵教。若再过谦，那是有意不肯赏光交易了。"卖货人答道："既承照顾，敢不仰体！但适才妄讨大价，已觉厚颜，不意老兄反说货高价贱，岂不更教小弟惭愧？况货并非'言而无价'，其中颇有虚头。俗云'漫天要价，就地还钱'。今老兄不但不减，反要增加，如此克己，只好请到别家交易，小弟实难遵命。"只听隶卒又说道："老兄以高货讨贱价，反说小弟克己，岂不失了'忠恕之道'？凡事总要彼此无欺，方为公允。试问哪个腹中无算盘，小弟又安能受人之愚哩。"谈了许久，卖货人执意不增。隶卒赌气，照数讨价，拿了一半货物。刚要举步，卖货人哪里肯依，只说"价多货少"拦住不放。路旁走过两个老翁，作好作歹，从公评定，令隶卒照价拿了八折货物，这才交易而去。

这段描述反映出相互谦让所导致的却是交易的无效率，这反映了纯粹利他主义的社会困境。

一般地，基于绝对伦理发展出的道德矩阵所基于的利他主义行为，出于无私爱心的利他主义有助于减少争斗、增进合作，从而值得社会的提倡和发扬。但是，这种绝对的利他主义也存在明显的缺陷：①它在现实生活中的要求太高了，从而难以普遍实行：这种完全为他人着想的行为需要高度的道德感，并建立在高度自律性的基础之上，甚至不惜损害自己的利益，需要"俯首甘为孺子牛"和"杀身成仁"的精神。②要真正做到以"他人利益"为目的，也必须对他人的效用有充分的了解，否则，先验的利他主义行为在实践中也会像纯粹的利己主义一样造成困境。大量的社会例子和行为实验已经证明了这一点，比较有名的就是"先走悖论"，即如果每个人都坚持对方先走，反而会在十字路口造成堵塞。③先验利他主义行为也会因缺乏一些独特的个人信息而造成资源使用的低效和不经济，如君子国困境所表明的。

2. "麦琪的礼物"博弈

关于利他主义行为引发的困境，更为经典的例子是"麦琪的礼物"博弈。欧·亨利在小说《麦琪的礼物》中描述了这样一个爱情故事：新婚不久的吉姆和德拉很是穷困潦倒，除了德拉那一头美丽的金色长发，吉姆那一只祖传的金怀表，便再也没有什么东西可以让他们引以为傲了。不过，虽然生活很累很苦，他们却彼此相爱至深，每个人关心对方都胜过关心自己，都愿意为对方奉献和牺牲自己的一切。在圣诞节的前夜，小两口都身无余钱，但为了让爱人过得好一点，每个人还是想悄悄地准备一份礼物给对方。吉姆卖掉了心爱的怀表而买了一套漂亮发卡去配德拉那一头金色长发。德拉则剪掉心爱的长发卖了钱而为吉姆的怀表买了表链和表袋。最后，到了交换礼物的时刻，他们无可奈何地发现，自己如此珍视的东西已被对方作为礼物的代价而出卖了。其博弈矩阵见图 3-43，双方只有在为他人付出时才感到快乐，如果只接受对方的付出而自己没有付出，反而降低了快乐，从而导致了（卖发，卖表）结果。

		吉姆			
		标准博弈		利他博弈	
德拉		卖表	不卖	卖表	不卖
	卖发	-10, -10	5, 10	3, 3	5, 1
	不卖	10, 5	0, 0	1, 5	0, 0

图 3-43 麦琪的礼物博弈

为此，欧·亨利在小说中写道："聪明的人，送礼自然也很聪明。大约都是用自己有余的物事，来交换送礼的好处。然而，我讲的这个平平淡淡的故事里，两个住公寓的傻孩子，却是笨到极点，彼此为了对方，白白牺牲了他们屋檐下最珍贵的财富。"

美国肥皂剧《老友记》中也有这样一个情节：罗斯和艾米丽是一对相爱很深的异地恋情侣，罗斯住在纽约，而艾米丽住在伦敦。现在，他们都想向对方表白，而每个人都有两个选择：去对方的城市表白或者留在自己的城市等待对方过来表白。电视剧中的结果与麦琪的礼物博弈的结果相同，罗斯和艾米丽都跑到了对方的城市：罗斯去了伦敦，而艾米丽去了纽约，最终两个人没有见到面。尽管两个人的利益是一致的，但是策略的相互影响却给双方都带来了不便和伤害。

其实，在"麦琪的礼物"博弈中，如果德拉和吉姆真的非常怜惜对方，而且这种相互怜惜是共同知识，那么，他们就应该意识到，为了给对方买一份礼物，两人都可能卖掉他的心爱之物，结果将是一个悲剧。因此，两人都应该三思，留下自己的东西等待对方的礼物。不过，如果两人都这么想，那么，就会出现另一个合成谬误，两人都不愿意出卖自己的东西。为此，大多数人想到的就是信息交流和沟通，问题是，在这种情况下，任何直接的信息交流和沟通都会使得结局变得索然无味，是比不协调更坏的结果。那么，如何突破这种困境呢？很大程度上只能依赖由密切关系形成的心心相印，或者由长期互动形成的生活惯例。

3. 利他主义悖论的现实分析

从利他主义悖论中，我们可以反思目前中国社会出现的一个怪现象：在北京、上海、广州、深圳乃至其他一些二线城市中，初等教育（包括幼儿园和小学）的社会收费甚至已经远远高于了高等教育（本科或者研究生）的收费。譬如，下棋、绘画、舞蹈、音乐、打球、英语、奥数以及其他一些职能或情趣培训班的收费高达 60~200 元/小时（甚至更高），而且这些辅导老师往往同时招收 10~20 名学生，这是绝大多数大学教授的课酬也无法相比的。为什么会出现这种知识报酬反差现象呢？究其原因，大学生在面临付酬听课时有根据自身需求和偏好进行选择的权利，因而会把握好自己的每一分金钱所带来的效用，相反，幼儿参与各种兴趣班完全是家长利他主义的结果，而家长往往不知道儿童需要什么，也根本不知道是否有真正的效果，只是在热衷攀比的社会大环境中觉得要尽自己的义务和心力，于是就会助长这些兴趣班的收费。

总是由单方面付出的利他行为并不妥当，有生命力的利他主义往往依赖所有成员的共同努力和相互支持。亚里士多德就强调，人类友爱的共同特点就是对等：快乐的朋友相互喜欢，善良的朋友相互砥砺，利用的朋友相互利用。在很大程度上，利他主义行为在个体生活中就表现为私人间的轮流惯例，在社会生活中就表现为一种社会风气。例如，朋友间在困难时生活上的"相互救济"，同行间在困难时资金上的"相互调剂"，社会上对老人的优待和小孩的照顾。芝加哥经济学派创始人奈特（Frank H.Knight）指出，"个人在自由主义的旗帜下常常想要承担起这种（改进社会的道德）责任，这种倾向表现出人在智力和道德上的自负，这是不道德的。道德—社会的变革只能通过真正平等和互利的个人间达成的真正道德一致来实现，而不能由哪个人来引起，让其他人来响应"。布坎南则进一步强调，"任何个人或是团体，假设要独自承担起照顾他人的责任，而没有他人在互利互惠基础上达成一致同意，让奈特担心的道德自负就会出现"[①]。

同时，纯粹的利他主义对社会秩序的扩展也不一定是最优的，因为纯粹的利他主义毕竟是稀有的，从而可能抑制其他人的跟随，并导致原先的利他主义者退却。森曾指出，一部伦理学的准则法典能够阻止那种孤立怪论：即如果其他人也做好事的话，那么每一个人都愿意做好事，但是，如果他害怕成为唯一的道德主义者，他就不会去做好事了。尤其在中国社会，由于传统文化突出的特点之一就是人们不愿显得与众不同，以致孤立的利他主义往往难以长期存在。正因如此，如果过分推崇那种纯粹的道德主义行为，反而适得其反。为了维持社会道德伦理的扩展而不衰退，使得社会道德为更多人所遵守，就需要给予遵循道德的人一定的激励，要避免因这种道德行为而带来自身收益的损失。这一点，孔子很早就曾指出。

[①] M.布坎南："由内观外"，载曾伯格编：《经济学大师的人生哲学》，侯玲、欧阳俊、王荣军译，商务印书馆 2001 年版。

4. "子路受牛而劝德"博弈

《吕氏春秋·察微》记载:"鲁国之法:鲁人为人臣妾於诸侯,有能赎之者,取其金於府。子贡赎鲁人於诸侯,来而让,不取其金。孔子曰:'赐失之矣。自今以往,鲁人不赎人矣。'取其金,则无损於行;不取其金,则不复赎人矣。子路拯溺者,其人拜之以牛,子路受之。孔子曰:'鲁人必拯溺者矣。'孔子见之以细,观化远也。"

显然,孔子对子路受牛和子贡拒金所表达出的态度是不同的:他称赞子路拯弱而受牛谢的行为,认为这给鲁国人树立了好榜样,使得鲁国人更加偏好于救人于患;同时,他批评子贡赎人而不受金于府的行为,认为这给鲁国人树立了坏榜样,使得鲁国人今后不再愿意赎人。因此,两人行为的效果是不同的:子路受而劝德,子贡让而止善。在孔子看来,尽管子贡具有超高的道德标准和巨大的资金财力,从而可以不在乎这笔赎金,但绝大多数人是没有如此的道德水平的,而且普通的生活也承担不起这种赎金,因此,子贡的这种行为只能在小范围内得到施行,而无法扩展成为社会的普遍道德。

这里用三阶段的子路博弈(我们暂且如此命名)对上述现象加以说明,其扩展型博弈树如图3-44所示。第一阶段,子路遇到一个处于危难之中的鲁人,他面临两种策略选择:见义勇为和漠然置之,见义勇为行为需要付出成本 x;第二阶段,鲁人在受到帮助后也面临两种策略选择:酬谢和不酬谢,酬谢需要付出成本 y;第三阶段,子路再次面临两种策略选择:接受酬谢和不接受酬谢。显然,尽管鲁人可以不酬谢,子路也可以不接受鲁人的酬谢,但这种互动的结果却是将导致见义勇为的行为日渐消逝。

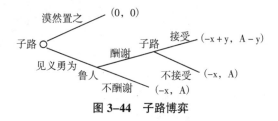

图3-44 子路博弈

心理学家霍夫曼(Martin L. Hoffman)就指出,早期人类种族得以生存是必须通过对那些优秀者进行褒奖而实现的,没有褒奖,社会中的利他主义也会枯萎。正因如此，很多国家和社会都存在成文的或不成文的酬谢制度，受助者将其收益的 10%作为酬金。例如，日本法律规定，接受物品返还的人应向拾得者给予不少于物品价格 5%~20%的酬金。德国民法典规定，在遗失物价值不低于 100 德国马克时有权获得报酬。瑞士民法典规定，遗失物交与失主的拾得人有请求赔偿全部费用及适当报酬的权利。

移情伦理和为己利他

1. 缘起：老虎和美女的选择

从前有个国王，他惩罚罪犯时有个古怪的习惯：把罪犯送进竞技场，竞技场的一端有两扇一模一样的门，门后分别关着一只凶猛的老虎和一位美女。国王让犯人自己挑一扇门，如果选中老虎就可能被老虎吃掉，如果选中少女就可以抱得美人归。一天，国王发现有位英俊潇洒的臣子与公主私通，一怒之下就将这个臣子送到竞技场处以传统的惩罚。事前，公主已经知道哪扇门背后藏的是什么，因而相当苦恼，不知该把爱人送入虎口，还是送到另一个女人的怀抱？在命运攸关的这一天来临时，这位臣子在竞技场上望了公主一眼，公主示意他选择右边那扇门，那么，他应该照公主的示意做吗？

实际上，这个例子涉及了博弈方之间的通感和移情。这个臣子要考虑到公主的内心挣扎，判断公主应该会作出有利她自己的决定，再据此作出自己的决策。那么，究竟哪种更符合公主的利益呢？这里就要撇开主流博弈论的抽象计算，具体考虑他们之间的真实关系：如果他们的关系是建立在相互爱慕和相互关怀之上，那么，臣子就应该听从公主的指引；相反，如果他们的关系是建立在相互利用和相互占有之上，那么，臣子就不应该听从公主的指引。进一步地，双方之间的关系往往是在长期的交往中产生的：互动越频繁，就越容易产生心心相印的感受，就越能够站在对方的角度考虑问题，从而也就越容易形成合作，这就是"移情伦理"的作用。移情伦理是相对于先验伦理而言的，它建立在坚实的日常生活和实践基础之上。

2. 亲社会性与移情伦理

事实上，任何个体都处于社会关系之中，从而产生了亲社会性。亲社会性一般是指，有助于促进合作行为的生理的和心理的反应，它主要体现为羞愧、内疚、移情以及对社会性制裁的敏感，等等。正是这种亲社会性的存在，使得个体不会感到自身被赋予了可以利用的优势议价地位，这产生了公正分享的规范。例如，一些标准的最后通牒博弈实验、独裁者博弈实验就表明，受试者往往能够与那些没有话语权的回应方分享蛋糕。多人最后通牒博弈实验更显示出，受试者甚至愿意承担一定的成本来惩罚那些不公平的行为者。同样，现实生活中绝大多数人都会主动交税，大部分人都会去投票，甚至企业在追求利润时往往也会关注公平性，而不倾向于以降低工资来应对经济困境。正是由于这种亲社会性，人们往往希望惩罚规则的违反者，从而降低"搭便车"现象，从而就产生了"强互惠"行为。

同时，亲社会性使得"己"的内涵和外延都发生了变化，个体无法简单地被孤立出来，而总是要从一定的社会关系中来探究其行为。也就是说，任何个体的行为都不是抽象的，而与其相关联的他人或社会密切联系在一起。例如，基督教神学思想家别尔嘉耶夫（Nicolas Berdyaev）就指出，社会的真实性不是特殊的"我"，而是"我们"，"我"与他人的交会发生在"我们"之中；"我们"是"我"的质的内涵，是"我"的社会的超越。正是基于"我"不仅与"你"发生关系，也与"我们"发生关系，所以"我"才是社会真实性的生存的核心；而"将'我'脱离了任何其他人，脱离了任何'你'而孤立起来，这就是自我毁灭"。也就是说，亲社会性使得现实个体或多或少地认识到生命对整个社会的共同意义，从而倾向于关注议价结果的效率，并在很大程度上愿意放弃自己的收益以换取社会福利的实质增长。个体心理学的开创者阿德勒（Alfred Adler）指出，所有真正"生命意义"的标志在于：它们都是共同的意义——是他人能够分享的意义，也是他人能够接受的意义。因此，具有社会性的个体往往关注其他人的感受，甚至会因其所在群体的收入分配不平衡而承受一种心理损失，从而关心收益分配的公平状况。

此外，亲社会性与社会互动有关，互动频率越高，私人关系越紧密，衍生的亲社会性也越强，这样，就产生出人类个体的差序式行为，这也体现为利他行为的强度也不是始终如一的。大量的心理学证据表明，人类的大多数利他主义行为都不是平面式的：人们不会平等一致地帮助其他人，而会根据他人的行为特征以及需求程度而定，这就是道德的相对性和利他主义的差序性。其中，家庭成员之间往往具有更强烈的相互信任关系，从而更容易产生利他主义行为，更容易实现互惠合作。究其原因，家庭成员之间存在天然的血缘联系，存在频繁的日常互动，这样，他们之间不但形成了相似的心理背景，而且造成了紧密相连的利益共同体，从而更容易站在对方的角度看待问题，这就是移情。霍夫曼历经30多年的研究发现，移情是打开亲情社会道德发展之门的一把钥匙。显然，基于移情的道德就不是绝对主义的，而是相对主义的，它根基于个体利益与他人和社会共同利益之间的关系，而且，只有将自身利益也考虑进去，这种利他主义才可以持续下去，这种伦理道德才可以不断扩展。

因此，源于长期互动的移情和同感就倾向于设身处地感受他人的利益，从而将社会性偏好内在化，尤其是移情效应本身萌生于社会互动，而这种互动又会提高个体的社会性。事实上，任何社会个体从来都不是孤立的，都与其交往对象之间存在密切的联系。在很大程度上，孤独的人必然缺乏社会性，从而也就没有任何交易。250年前，休谟就提出，由于人们在构成上的类似性，有类似的生活体验，当一个人想象到自己处于他人的位置上时，就会把他人的处境转变成心理意象，从而在自己身上引起同样的感受，相应地，就出现了把他人的利益当成自己的利益来考虑。也就是说，产生了"己"和"他"的交融。显然，移情是一种亲社会动机，它与个体强大的自我中心动机相抵触，当移情与互惠原则相结合，并根植于道德法则中得到最小化时，就可以成为利他主义发展的一个强大力量。因此，要对现实生活中的互惠合作现象进行解释，并由此构建一个促进人类合作和博弈协调的持久稳定之行为机理，就不应诉诸虚幻而又苛刻的纯道德主义，而是要从人类的根本利益出发，寻找那种有助于把个体利益和他人（集体）利益沟通起来的切实可行的行为机理。

3. 亲社会性与"为己利他"行为机理

基于移情引发的互惠和利他行为也就体现了"为己利他"行为机理，它强调，通过利他的手段来实现自己的目的。正是在这种"为己利他"行为机理的基础之上，社会上才会出现大量的"强互惠"现象，同时，我们才能解释和理解为何人们会为了省几美元而宁愿开几十公里车去买便宜货，而不愿就近购买较贵的商品，虽然这样他们会节省一些钱（汽油费等）。例如，美国西北大学经济学教授戈登（Robert J.Gordon）就说，他往往开车半个多小时去更便宜的杂货店而不在附近食品店购物，尽管便宜下来的总额不超过5美元。事实上，森也曾隐含地提及，建立在"为己利他"契约协议上的行为可以是囚徒共同选择最佳策略，如他说，"拿极端的例子来看，如果两个囚徒都试图尽量增加另一个人的福利，那他们都不会坦白……所以每个人试图增加另一个人的福利结果也导致了他自己更好的福利"。正因如此，他在上述设计的道德矩阵中实际上已经倾向于一种通过"利他的手段"来达到"为己的目的"。

事实上，前面的分析表明，社会合作往往不能依赖于先验的道德自律和纯粹的利他行为，相反，人类的道德伦理在生活中首先体现为职业伦理和责任伦理，如果每个人都能够认识并坚持自己的职业要求和责任，那么整个社会也就更容易走上分工合作。从这个意义上说，"为己利他"行为机理在日常生活中就显得更为可行且合理。社会学大师涂尔干指出，"遵守道德就意味着履行责任，任何责任都是有限的，都会受到其他责任的限定：如果我们为他人所做的牺牲太多，就不免自暴自弃；如果我们过分地发展自己的人格，就不免自私自利"。同样，新自然法学派主要代表、哈佛大学法理学教授富勒（L.L.Fuller）将人类的道德分为愿望的道德和义务的道德，其中，愿望的道德体现了人们对德性的追求，而义务的道德往往源自人类互动中产生的互惠关系，而法律就是在两者之间的分界线："在其下，人们将因失败而受谴责，却不会因成功而受褒扬；在其上，人们会因成功而受嘉许，而失败却顶多会导致怜悯"。当然，这种义务的道德是最低层次的道德，现实生活中人们的行为道德往往要等于或高于这个义务道德，从而也就体现了人们之间互惠合作的关系，而人类社会分工的产生以及协作系统的形成就是"为己利他"行为机理在现实生活中得以应用的结果。

　　当然，"为己利他"行为衍生于移情效应，而移情本身在不同的伦理关系下往往会产生不同的结果：积极的效应是产生互利主义行为，它的相互强化有助于实现博弈协调，从而带来收益的增进；而消极效应则是产生冷淡主义乃至自私主义行为，它的相互强化只会破坏博弈协调，甚至出现比纳什均衡还要糟糕的结果。譬如，在社会公共伦理沦丧而个体功利盛行的社会中，小偷可以明目张胆地进行偷盗，而那些旁观者却明哲保身地不敢吭声，这必然导致偷盗行为的猖獗；相反，如果旁观者通过移情而设身处地地思考：当自己处于被偷盗的处境，是否希望别人也能够伸出仗义之手？究竟哪种效应占主导，往往依赖于社会文化。宾默尔指出："任何条件下，博弈论都不会宣称理性人彼此不能信任，他们只是认为不能无条件地信任。"确实，在现实生活中，人们之间的信任都不是无条件的，而是与对方的了解结合在一起，这种了解又与对方所受的文化熏陶、教育水平等联系在一起，也与互动双方之间的私人关系、互动频率等联系在一起，同时也与互动发生的社会背景和支付结构密切相关。为此，社会要形成积极的合作，就需要充盈积极的移情效应，这会激励出大量的见义勇为行为。同时，积极移情的滋生和蔓延，在很大程度上又有赖于一系列的社会制度和舆论的引导。

为己利他的实验证据

1. 缘起："为己利他"行为的可行性

基于"为己利他"行为机理，我们可以对诸多博弈类型的均衡结果做出更好的解释和预测：它不仅可以有效解释大量存在的不同层次的社会合作现象，而且有助于促进社会合作的实现。在很大程度上，"为己利他"行为机理也与博弈思维的基本要求更相适应，因为博弈论根本上就是研究互动行为的学问，尤其是研究现实生活中人类互动以及在互动中实现收益最大化的机制。为此，"为己利他"行为机理也就是博弈论所要努力阐发的人类行为机理。显然，一方面，每个人都知道自己在特定时间、特定地点、特定背景下的偏好以及效用大小，每个人可以更好地设定自己的目标，因而"为己"目的本质上是确定的；另一方面，为了更好地达到这种目的，具有社会性的人根本的行为方式就是与人合作，有时甚至不惜牺牲自己的短期利益。因此，这种"为己利他"的行为机理不但具有合理性，而且具有现实性，它体现了本能和社会性的结合。美国学者 L.S.Stavrianos 就指出，"人类组成了血族社会才是脱离动物界的标志。在血族社会中人与人的关系已经由合作代替了搏斗和竞争，在获得食物和性伴侣中出现了不同于动物的规律，这种规律实际上便是道德的最初形态"[1]。

---

[1] 转引自茅于轼：《中国人的道德前景》，暨南大学出版社 1997 年版，第 67 页。

2. "为己利他"行为机理的博弈解释

"为己利他"行为机理强调，个人在进行决策时必须考虑自身行为和策略对其他人的影响以及由此引起的他人行为之反动，从而通过有意识地增进其他人的利益以最终实现自身利益。也就是说，不能只孤立地考虑一次性行为，而是要将所有行为组合起来考虑，从而追求长期利益的最大化。这样，基于"为己利他"行为机理采取行动或策略，那么就会得出与主流博弈论截然不同的结论。这里举几例加以说明。

例 1 在如图 3-45 所示的博弈矩阵中，存在两个纳什均衡：（D，r）和（R，d）。但是，对 A 来说，D 是弱劣策略，因而根据主流博弈理论，实现（R，d）均衡的概率更高。事实上，在博弈方 B 采取 r 策略时，A 就会对策略 R 和 D 表现出无所谓的态度，特别是在机会主义盛行的环境中，博弈方 A 反而更有可能选择 R；基于这种考虑，B 可能一开始就选择策略 d，从而达成（R，d）均衡。但是，对博弈的任何一方来说，（D，r）均衡都是比（R，d）均衡更为理想的结果，那么，怎样才能达致（D，r）均衡呢？

A		B	
		r	d
	R	10, 0	5, 5
	D	10, 5	0, 0

图 3-45　多重纳什均衡博弈

这里基于"为己利他"行为机理就可以实现这一目的。对博弈方 A 来说，他要最大化自己的收益，就必须通过利他的手段，要在增进其他人收益的基础上实现自己的目的；因此，在相等收益的情况下他应该采取策略 D，B 也基于同样的考虑采取行动，结果就可以形成（D，r）均衡。显然，从这个博弈我们可以看出，主流博弈论中的"占优策略"并不就是人们在日常生活中的选择策略；相反，如果遵行"为己利他"行为机理，博弈各方都可能获得更高的收益，从而实现博弈协调。

例 2 在如图 3-46 所示的博弈矩阵中，没有纯策略博弈均衡，而只有混合策略纳什均衡：（15/28，13/28）、（15/28，13/28），其支付得益为（865/28，865/28）。那么，现实生活中，该博弈的均衡是否果真如此不确定呢？

A		B	
		r	d
	R	23, 10	40, 23
	D	10, 55	55, 40

图 3-46　无纯策略纳什均衡博弈

事实上，基于"为己利他"行为机理，博弈结果就很容易获得解释和判断。根据"为己利他"行为机理，任何博弈方要想增进自己的收益，首先必须增进对方的收益，而损害他人利益的人也会反受其害，最终结局就是两败俱伤。因此，分析博弈结果就必须剖析各方的收益结构。B 的四个可能收益选项是：10、23、40、55，那么，他最可能的收益有多大呢？首先看收益55，它的取得以 A 的收益减少（从 55 减少为 10）为代价，从而必然会引起 A 的策略反弹（从 D 转向 R），因而这种收益是不稳定的。其次看收益 40：①它的取得不会损害反而可以增进 A 的收益；②在给定 B 选择策略 d 的情况下，A 的最佳选择也是 D。因此，这种收益是有保障的，相应的策略也就是可行的。同样，剖析 A 的四个可能收益选项是：10、23、40、55，显然，A 取得 55 这个收益可以增进 B 的收益（从 23 上升到 40），从而这一收益是有保障的且稳定可行的。正因如此，（55，40）就是基于"为己利他"行为机理的稳定均衡。

这个例子表明，那些在主流博弈论看来没有纯策略均衡的博弈，如果基于"为己利他"行为机理进行分析也存在相对稳定的纯策略均衡，而且，这个纯策略均衡的收益帕累托优于混合策略的纳什均衡。既然如此，主流博弈论为何会得出没有纯策略均衡这一结论呢？关键在于，主流博弈论所依赖的是有限理性或短视理性，它只考虑一次性或较少阶段的行为变动带来的收益，而缺乏通盘地考虑整个博弈进程，这样，它就无法将策略改变的足够动机和充分理由区分开来，无法以更长远的眼光审视（55，40）的稳定性。一般地，人类理性的根本特性就在于它能够从长远利益的角度来审视和选择行为：一个人所考虑的互动进程更长，考虑的利益关系更全面，那么，他的理性程度也越高；同时，当理性程度越高的两个人相遇时，就越容易实现帕累托增进的稳定均衡。为此，宾默尔等借用移情偏好来表达海萨尼的扩展同情偏好，他认为，经济人必须具有一定程度的移情能力，他对别人的体验必须达到能站在他们的角度、从他们的观点出发来看待问题，否则，就不能预测他们的行为，并难以作出最优反应。

3. "为己利他" 行为机理的实验证据

基于"为己利他"行为机理不仅可以从理论上分析大量的合作现象，而且也为大量的社会经验和行为实验所证实。

譬如，阿克洛夫等人的系列理论文章就表明，公平性可以为"工资为何会高于市场出清水平"以及导致非自愿失业的出现提供可能的解释；而且，劳动经济学大量的调查问卷也表明，刚性工资的主要原因就在于雇主往往不愿意削减工资。同样，大量的最后通牒博弈实验表明，提议者的出价大多在40%~50%，而低于20%的出价几乎很少被回应者所接受；大量的独裁者博弈实验也表明，独裁者一般都不会全部占有可分配金额，而是会留下20%以上的份额给接受者。而且，如果对提议方的选项进行限制，那么，受试者一般都会选择更为公平的结果，这如双向独裁者博弈中的分配就比单向独裁者博弈中更加公平，这也已经为大量的实验所证实。例如，在卡尼曼等早期所做的独裁者博弈实验中，在面临（18，2）和（10，10）两个可选择分配方案时，76%的提议者都选择更公平的分配方案。显然，这些行为实验为以"为己利他"行为机理来重构博弈理论提供了事实基础。

这里再举霍夫曼等做的一个例子加以说明，其博弈实验如图3-47和图3-48所示：两个实验的子博弈完美纳什均衡都是（40，40），因为只要轮到博弈方2行动，它选择下面策略后，（40，40）就是简单的占优策略均衡。事实上，在实验（一）中，如果博弈方2选择上面策略，尽管存在（50，50）更优的对称结果，但博弈方1不会选择（50，50）而结束博弈，而是会迫使博

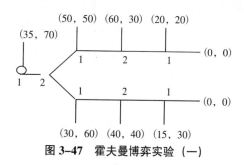

图3-47　霍夫曼博弈实验（一）

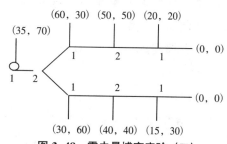

图3-48　霍夫曼博弈实验（二）

弈方 2 选择 (60, 30)。同样，在实验 (二) 中，如果博弈方 2 选择上面策略，尽管存在 (50, 50) 更优的对称结果，但博弈方 1 会直接选择 (60, 30) 而结束博弈，从而造成博弈方 2 的损失。那么，非合作的 (40, 40) 果真更具现实性吗？

其实，人的行为不是孤立而抽象的，而是与他人的行为有关，如果采取了某些不公平的机会主义行为，很有可能会遭到对方的惩罚。例如，在实验 (一) 中，如果博弈方 2 选择上面策略，而博弈方 1 不是选择 (50, 50) 而是迫使博弈方 2 选择 (60, 30)，但博弈方 1 行为也很可能会遭到博弈者 2 也不选择 (60, 30) 的惩罚，结果反而遭受更大的损失，基于这种考虑，那么博弈方 1 更可能会选择合作的 (50, 50)。即使在实验 (二) 中，尽管在博弈方 2 选择上面策略后，(60, 30) 是博弈方 1 的占优策略，而且也没有面临惩罚的风险，但是，如果考虑个体本身的社会性，具有关注社会公平的情感，那么，博弈方 1 的行为也会抵抗住选择 (60, 30) 的诱惑，而很可能会让博弈方 2 选择 (50, 50) 而结束博弈。这就是 "为己利他" 行为机理的结果。

该实验的结果也证实了上述 "为己利他" 行为机理。在实验 (一) 中，当博弈方 2 行动时，有一半人 (26 人中的 13 个) 选择了上面策略，轮到博弈者 1 行动时，有 77% (13 人中的 10 个) 选择了 (50, 50) 而结束博弈，并且，当其中 3 个博弈方采取迫使博弈方 2 的行动时，有 67% (3 人中的 2 个) 接受了这种要挟而选择了 (60, 30)，但 33% (另 1 人) 的博弈方 2 选择了惩罚博弈方 1 的行动，最后博弈方 1 只能接受 (20, 20) 的结果。而当另一半人博弈方 2 选择下面策略时，有 92% (13 人中的 12 个) 的概率实现子博弈完美纳什均衡 (40, 40)，只有一个实验的结果是 (15, 30)。而且，实验表明，当博弈方 2 选择上面策略时，可获得的平均期望支付是 44.6；而在博弈方 2 选择上面策略后，博弈方 1 试图不选择 (50, 50) 而迫使博弈方 2 选择更有利于博弈方 1 的 (60, 30) 时，结果它的期望收益只有 46.7。同时，以所有人都实现 (50, 50) 这一合作均衡收益为基准，发现所有博弈的平均有效率达 85.5%，而子博弈完美纳什均衡的有效率只有 80%，这也显示出从合作动机中可以获得更高的净收益。实验 (二) 也有类似的结果，当然，由于博弈方 1 的行动相对不受博弈方 2 的惩罚，因而博弈方 1 直接选择 (60, 30) 的概率更高，相应地博弈方 2 直接选择下面策略的概率也相对较高。具体实验结果见表3-3：

表3-3　霍夫曼的实验结果

实验	单一性实验一	单一性实验二	重复性实验一	或有性实验一
上策略	13/26=0.5	12/26 = 0.462	204/353 = 0.580	9/23 = 0.391
50，50	10/13=0.769	6/12 = 0.5	133/204 = 0.652	8/9 = 0.889
60，30	2/3=0.667	6/6 = 1	33/71 = 0.549	1/9 = 0.111
20，20	1/1=1	0	36/36 = 1	0
下策略	13/26=0.5	14/26 = 0.538	148/352 = 0.420	14/23 = 0.609
30，60	0/13=0	0/14 = 0	9/148 = 0.061	3/14 = 0.214
40，40	12/13=0.92	14/14 = 1	138/139 = 0.993	11/11 = 1
15，30	1/1=1	0	0/1 = 0	0
E（P2｜上）	44.6	40.0	41.5	47.8
E（P1｜右）	46.7	—	42.0	60
有效性%	85.5	86.9	85.1	88.7

注：单一性实验是指所有实验配对仅仅参与一次（或者博弈者1角色，或者博弈者2角色）；重复性实验是指每个参与者分别承担博弈者1和博弈者2的角色各1次；或有性实验（contingent game）是指每个博弈者在其行动节点宣告其选择。

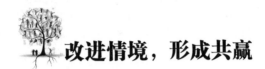

改进情境，形成共赢

1. 缘起：宋就缔造梁楚之欢

《新序·杂事第四》记载：梁国有一位叫宋就的大夫，曾经做过一个边境县的县令，这个县和楚国相邻界。梁国的边境兵营和楚国的边境兵营都种瓜。梁国戍边的人勤劳努力，经常浇灌他们的瓜田，所以瓜长得很好；楚国士兵懒惰，很少去浇灌他们的瓜，所以瓜长得不好。楚国县令怒责楚国士兵没有把瓜种好。楚国士兵心里忌恨梁国士兵，于是夜晚偷偷去翻动他们的瓜，导致梁国的瓜枯死。梁国士兵发现了这件事，于是请求县尉，也想偷偷前去报复，翻动楚营的瓜。县尉拿这件事向宋就请示，宋就说："唉！这怎么行呢？结下了仇怨，是惹祸的根苗呀。人家使坏你也跟着使坏，怎么心胸狭小得这样厉害！要让我教给你办法，一定要每晚都派人过去，偷偷地浇灌他们的瓜田，不要让他们知道。"于是梁国士兵就在每天夜间偷偷地去浇灌楚兵的瓜田。楚国士兵早晨去瓜田巡视，就发现都已经浇过水了，瓜也一天比一天长得好了。楚国士兵感到奇怪，就注意查看，才知是梁国士兵干的。楚国县令听说这件事很高兴，于是详细地把这件事报告给楚王。楚王听了之后，又忧愁又惭愧，把这事当成自己的心病（忧虑）。于是告诉主管官吏说："调查一下那些到人家瓜田里捣乱的人，他们莫非还有其他罪过吗？这是梁国人在暗中责备我们呀。"于是拿出丰厚的礼物，向宋就表示歉意，并请求与梁王结交。楚王时常称赞梁王，认为他能守信用。所以说，梁楚两国的友好关系，是从宋就开始的。古语说："把失败的情况转向成功，把灾祸转变成幸福。"《老子》说："用恩惠来回报别人的仇怨。"别人已经做错了事，哪里值得效仿呢！

在这个例子中，梁大夫宋就以"浇瓜之惠"解决梁、楚的边亭之怨，从而将小事化于无形之中，没有因小事引起大纷争。这个例子告诉我们，在处理人际关系和各种社会关系中，凡事要宽容大度，以大局为重，"退一步海阔天空"的做法绝不是怯懦，而是以退为进，将冲突的可能化解掉，从而把矛盾和对立的紧张局势转化为对双方有利的和平共处局面。

2. 从零和博弈到非零和博弈的转化

事实上，尽管前面强调"为己利他"行为机理有助于合作的生成和扩展，但相对于主流博弈论的理性经济人思维而言，"为己利他"行为机理更加适用于对非零和博弈的分析，因为非零和博弈情境为博弈参与者提供了合作的空间。而且，由于人类社会中的绝大多数互动行为都是非零和博弈的，都存在明显的互利空间，从而才为基于"为己利他"行为机理来分析现实行为提供了坚实的社会基础。同时，在面临零和博弈情境时，关键是要能够将零和博弈转化成正和博弈，才能有效促进合作。"卑梁之衅"的故事是将零和博弈转化为负和博弈的典型例子，而这里的"梁楚之欢"故事则是将零和博弈转化为正和博弈的绝佳例子。

从博弈结构看，博弈有两种基本类型：零和博弈和非零和博弈。其中：零和博弈是指在博弈中，无论博弈方采取什么策略，全体博弈方的得失总和为一个常数。也就是说，一方之所得，就是另一方之所失。非零和博弈则是指，每种结果之下所有博弈方的得益之和并不总是一个常数，不同的策略组合会导致整体总福利额增加或减少。显然，零和博弈在很大程度上是纯分配性的，不同组合的收益变动相当于再分配，从而蕴含了利益的完全对抗性，也就难以达致合作均衡。非零和博弈则可以通过合作而获得更多的合作剩余，从而会引发合作的动机，也就成为探究跳出囚徒困境的主要情境。当然，零和博弈和非零和博弈之间往往可以相互转化，之所以如此，就在于两者往往是基于不同的视角。例如，从消费剩余角度上说，两个国家之间的贸易体现为非零和博弈，因而自由贸易对两者是有利的，但是，如果从收支平衡角度上说，一国的贸易盈余往往意味着另一国的贸易赤字，为了追求贸易盈余，两国很可能掀起贸易保护主义。

在现实生活中，如何发挥我们的聪明才智将零和博弈转化成正和博弈就是非常重要的。有这样一个故事：有人问一位传教士天堂与地狱有什么区别，教士把他领进一间房子，只见一群人围坐在一口大锅旁相互叫嚷着，他们每人都拿着一把汤勺，但因勺柄太长他们无法将盛起的汤送到嘴里，所以都只能眼睁睁地看着锅里的珍馐饿肚子。教士又把他领进另一间屋子，同样的锅和同样的勺子，但所有的人却都吃得津津有味，原来他们是在用长长的汤勺喂着对方吃。教士此时回答说："刚才你看到的那里就是地狱，而这里便是天堂。"不仅人类如此，自然界也存在大量的此类现象，如企鹅会聚在一起保暖，牛会紧紧地挤在一起以减少被叮咬的表面，知更鸟、画眉和山雀等发出报警鸣叫向其他个体提示危险的来临，狼群的成员会分别追赶驯鹿和伏击驯鹿，狼群甚至会和狮子联合狩猎。所以，孟子说，"君子未尝不欲利，但专以为利，则有害。为仁义，则不求利而未尝不利也"（《孟子·梁惠王上》），这也就是儒家"义以生利""见利思义"的主张。

然而，主流博弈理论继承了新古典经济学的基本思维：①行为方式是个体主义和自然主义的，它把人与人之间的关系视为普遍的，从而参与者与他人的交易或互动也是随机的；②面对的基本情形是基于稀缺性资源的争夺，这种稀缺性资源给定了一个零和博弈的框架。正是基于对零和博弈中随机化战略的研究，每个博弈者在选择策略和采取行为时往往不会考虑今后的互动关系，而将避免（最小化）风险视为最基本策略考量，从而更愿意采取随机化策略以避免对方掌握自己的行为规律而损害自身的利益，以致得出了囚徒困境这一普遍性结论。但是，现实生活中绝大多数是非零和博弈，此时由于存在协调和合作的潜在要求，参与方并不是要想尽办法掩蔽自己的策略，而是努力使对方准确无误地预测自己的策略，在这种情况下，参与者的行为不但不是随机性的，反而呈现出某种规律性。同时，任何个体都属于一些特定的群体，他与该群体成员的联系更为密切，同时，他的行为也不会只是考虑一次性的利益，而是会重视长期利益，从而导致合作及一定程度的信任可以得到发展。事实上，普鲁提（Pruitt）和金莫尔（Kimmel）的囚徒困境实验就表明：如果受试者们相信在实验结束后他们还需要与对方接触，那么在实验中的暂时隔离就显得无关紧要了，他们的行为也会变得更有合作性。

收入再分配下的合作

1. 缘起：无帕累托均衡的合作博弈

尽管在非零和博弈中，由于社会总福利发生了改变，从而存在帕累托改进的可能，此时通过合作就可以取得更高的收益。但是，很多"变和博弈"情形并不具有帕累托改进的特性，基于自然秩序的利益往往会存在冲突，从而就很难实现自发合作。在很大程度上，囚徒困境就反映了这种情形：没有帕累托最优纳什均衡，却存在帕累托劣解纳什均衡。那么，在这种情形中，又如何促使人们选择合作而实现合作租金呢？在很大程度上，就要依赖一种收入再分配机制，这种机制设计实质上改变支付矩阵，从而将囚徒困境转换成了信任博弈。关于这一点，我们可以看两个经典的例子。

2. V.Damme 的性别博弈

在 V.Damme 于 1989 年提出的性别博弈中，博弈的第一阶段是局中人 1 单独选择，第二阶段是局中人 1 和 2 共同选择。那么，这一博弈的均衡结果如何呢？首先，按照现代主流经济学的经济人思维，性别博弈有两个纯策略纳什博弈均衡（A，L）（B，R）和混合策略纳什均衡（3/4，1/4）、（1/4，3/4），其支付得益分别为（9，3）（3，9）和（9/4，9/4），但是，主流博弈理论并不能预知现实生活中的具体结果。其次，基于"为己利他"行为机理的分析，在该博弈中，1 的收益结构分别是：9、4、3、9/4 和 0，如果 1 想得到 9 的收益，就必须确保 2 一定会选择 L 策略，这点在没有充分信息沟通的情况下是无法保证的；相反，如果 2 也追求自身的最大收益 9，那么最终的结果就是（0，0）。即使两者都采取随机的混合策略，那么，1 最终获得的收益也只有 9/4。显然，理性的个体应该清晰地预测到这一点，因此，1 会一开始就选择 L 策略而中止博弈，从而可以获得 4 这一次优收益。

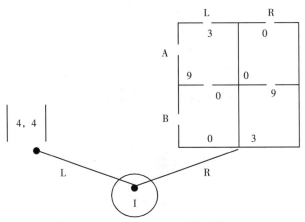

图 3-49　V.Damme 的性别博弈

问题是，这个博弈是个明显的变和博弈，（3，9）或（9，3）组合可实现共同利益为 12，这要大于（4，4）组合的共同利益 8，那么，人类是否就无法获得这种合作收益呢？显然不是。要实现更大的合作利益的关键就在于，参与者之间存在一些沟通和再分配机制。如果收益仅仅由自然博弈结构的初次分配决定，那么结果一般就只能是（4，4）；如果存在收益再分配机制，就有可能实现（9，3）或（3，9）的收益组合。至于再分配后两人的收益结构如何，则决定于两人的地位和相关的社会认知。也就是说，取决于泽尔腾提出的等量分配收益界限理论。基于这一思维，由于 I 拥有 4 这一保留效用，因此，再分配的结果必须使 I 获得超过 4 的收益。从另一个角度上讲，如果出现（9，3）或（3，9）的收益组合，就意味着，其中一方实施的利他主义行为。1978 年的诺贝尔经济学奖得主西蒙（Herbert A.Simon）认为，要使得这种利他主义行为具有普遍性，社会就应该对净收益剩余进行征税并用来贴补利他行为者。

3. 蜈蚣博弈及类似情形

以收入再分配的手段来促进最大化地实现合作剩余的更为典型的例子是蜈蚣博弈，在下述 McKelvey 和 Palfrey 提出的六阶段蜈蚣博弈以及其他类似情形中，客观的得益分配往往非常悬殊：①按照现代主流经济学的经济人思维，任何行动者都会在自己行动时结束博弈，从而会在第一回合就结束，从而获得（4，1）的均衡结果；②按照"为己利他"行为机理的分析，这种博弈情形缺乏产生共赢的"为己利他"行为机理之互惠基础。一方面，遵循"为己利他"行为机理而实行利他主义行为的一方可能会承受巨大的损失，从而就无法负担这种"牺牲"；另一方面，即使双方都遵循"为己利他"行为机理，最终的得益结构也是极不公平的。同时，如果"为己利他"行为机理遭到瓦解，双方恶性竞争的结果几乎就是最坏的纳什均衡结果。事实上，笔者所做的课堂实验表明，博弈的初期回合往往能够持续较长阶段，大都会在第10、11阶段结束，但随着博弈回合的推行，越接近整个博弈的尾声，博弈结束的时间越短，最后几乎就是在第1阶段就直接结束了。

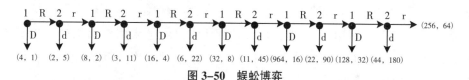

图 3-50　蜈蚣博弈

"为己利他"行为机理是在长期互动中形成的，它有赖于行为者之间的足够耐心。斯塔尔（Stahl）和鲁宾斯坦恩（Rubinstein）的讨价还价模型也表明：行为者的耐心越大，他在互动中获取的收益也就越大；民间定理则表明，如果行为互动者都有足够的耐心，就可以达成互惠合作的结果。但在上述情形中，耐心大的参与方并不一定会取得更大的收益，相反，抢先行动的一方的收益更大，结果，互动者之间就会出现不断升级的抢先行动，最终却导致了几乎最坏的结果。那么，在上述情形中，又如何促使行为者遵行"为己利他"行为机理，从而能够获得尽可能大的得益呢？这还是要借助于收益再分配的手段。大量的社会现象也表明，单纯凭借行动者的耐心往往难以达致合作的结果，只有建立明确的再分配机制，从而改变收益矩阵结果，才能有效地形成合作。

提升自我，优化效用

1. 缘起：犹太人如何分橙子

有一个在犹太人中广为流传的经典故事：有人把一个橙子给了两个孩子，这两个孩子便为了如何分这个橙子而争执起来，那个人就提出一个建议：由一个孩子负责切橙子，而另一个孩子先选橙子，这样，两个孩子各自取了一半橙子，高高兴兴回家了。第一个孩子回到家，就把果肉挖出扔掉，橙子皮留下来磨碎，混在面粉里烤蛋糕吃；另一个孩子把果肉放到榨汁机上打果汁喝，把皮剥掉扔进垃圾桶。

显然，尽管两个孩子各自拿到了看似公平的一半，可是他们的东西却没有物尽其用，没有得到最大的利益。这反映出，他们在事先没有声明各自的利益所在，从而导致了盲目追求形式上和立场上的公平，结果双方的利益并未在谈判中达到最大化。事实上，如果这两个孩子充分交流各自所需，一个孩子要皮做蛋糕，另一个孩子要果肉榨橙汁，就不会有任何冲突，整个橙子也就可以物尽其用了。

2. 差异化中的合作

上述例子反映出，要将零和博弈情境转化为非零和博弈情境，另一个途径就是改变博弈方的效用，如果博弈方的效用是有差异的，那么就具有某种互补性，从而也就容易达成合作。显然，要促进效用的差异化和互补性，根本途径就是提升效用水平，从物质效用向精神效用转化。究其原因，物质效用源自对稀缺物质的争夺，而精神效用则产生于双方之间的互动之中。

同时，从物质效用向精神效用转化又依赖于个体的社会性水平的提升：一般来说，行为主体的社会性越高，对人类社会的整体性联系之认识越深，所追求的效用也越依赖于他人的合作，从而越愿意遵循"为己利他"行为机理。《左传·襄公十五年》记载了这样一个故事："宋人或得玉，献诸子罕，子罕弗受。献玉者曰：'以示玉人，玉人以为宝也，故敢献之。'子罕曰：'我以不贪为宝，尔以玉为宝。若以与我，皆丧宝也，不若人有其宝。'"

个体的社会性又是从哪儿来的呢？跟哪些因素有关呢？一般来说，个体特性不是固定不变的，而是逐渐演化和丰富的。同时，人性的演化又源自从过去经验和教训中的不断学习，而这种学习又有两个来源：①源自自身的体认，产生自发性行动；②源自社会的社会的型塑，产生自觉性模仿。显然，影响前者的因素主要有：行为主体的直接经验，这往往是年龄的函数；行为主体的间接经验，这往往是教育水平的函数。影响后者的因素主要有：文化伦理产生的认同，这有助于滋生移情和通感效应；社会环境引导的预期，这有助于道德黄金律的确立。因此，我们就可以从年龄、教育、文化和社会环境等几方面对个体的行为选择展开分析。

一般来说，教育程度越高，社会性越强，就越愿意遵循"为己利他"行为机理。事实上，公共教育的根本任务就是提高人们对相互依赖性的认知，从而提高他们的社会性，并训练他们进行更好的社会合作。正因如此，高度社会化的公共岗位往往需要具有一定教育程度的人士才能担任。当然，在特定时期（如当前）的公共教育并不一定会提高人的社会性，而这恰恰反映出教育本身已经被扭曲和异化了，教育已不再是出于推动社会发展的目的，而是沦落成为个人谋取私利的手段，以致蜕化成为一种工具主义式的技能培训。同时，年龄越大、阅历越丰富，社会性越强，就越愿意遵循"为己利他"行为机理。事实上，在一个合作性较强的良性社会中，社会经验往往是年龄的增函数，如刚出生的婴孩就因缺乏社会经验而表现出十足的利己主义倾向。越追溯往古，源于直接经验的社会性也就越重要，以致古代社会中担任重要岗位的往往都是那些年长者。

3. 现实社会中的合作困境

当然，如果社会中的功利主义盛行，那么社会经验往往会起相反的作用，它不断强化个体的机会主义潜能，这也是"老奸巨猾"常常会出现的原因。

如图 3-51 所示的博弈矩阵，其纳什均衡是（D，d）。其思维机理是，基于个人理性原则，博弈方 A、B 都是一个只关心个人利益最大化而不关注其他人收益的人，从而为了获得 0.5（10.5 - 10）的微小利益而不惜让对方损失 20 [10-(-10)] 的巨大利益，但互动的结果却是谁也无法从交易中获得利益增进。其实，博弈双方只要稍微改变一下效用：损害别人而获得收益非义也，那么，他们就会更加主动从在对方角度考虑，更加关注交易中的长远利益，那么（R，r）均衡也就不难实现了。为此，儒家就特别强调"义以生利""见利思义"。

A		B	
		r	d
	R	10，10	–10，10.5
	D	10.5，–10	0，0

图 3-51 风险占优博弈

然而，中国人常说的"举手之劳，何足挂齿"在现代社会却越来越罕见，根据现代主流经济学的观点，如果你帮助别人而不要回报，那么你所做的工作作风的质量就值得怀疑了。现代主流经济学将理想经济人视为正常的和合理的，从而研究并鼓吹个人理性原则，但大量的博弈案例却表明，基于个体理性原则的逐利行为往往会导向社会福利的损失，个人理性和集体理性、近视理性和长远理性之间就存在明显冲突，这也正是囚徒困境所反映的。事实上，尽管现代主流经济学宣称作为其理论基石的经济人之重要特征就是理性，但由于其渊源是仅仅关注短期功利总量的行为功利主义，因此，它在为那些逐利行为辩护时所使用的理性仅仅体现为追求动物性本能的工具理性，而不是具有追求长期利益的社会理性或交往理性。相应地，每一博弈方基于主流博弈论中的"可理性化策略"往往会产生非合作的均衡结果，这就是囚徒困境。

当然，在现实生活中，我们可以看到大量与标准理论相悖的现象。例如，基于后向归纳思维逻辑，现代主流经济学构设了交替世代模型并得出了如下结论：如果假设社会知道在个人生命的最后阶段中没人会合作，则年老者的自私行为是隐含协定的一部分；相反，如果年轻人失去合作，则记录被破坏，所有人之后均进行短视的最优化，因而年轻人将倾向于合作。但在日常生活中的明显事实是，年老者的合作倾向似乎更强烈，至少总体上不比年轻人弱。事实上，这也为大量的行为实验所证实，如 List 所做的囚徒博弈实验就表明，年龄大的受试者就比年龄小的受试者的合作率更高。那么，如何解释这类现象呢？其实，这正反映出社会性对人类行为的影响，人们采取的行为并不完全是基于计算理性，行为本身也体现了其社会性程度，年老者与他人或社会的互动时间比年轻人更长，其受社会合作要求之熏陶的时间也更长，从而行为中内含了更浓厚的社会伦理之因素，因而一般来说也更倾向于合作。

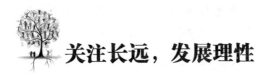

关注长远，发展理性

1. 缘起：苏格拉底的"麦穗理论"

古希腊哲学家苏格拉底曾说过一句很耐人寻味的话："无论如何都要结婚，因为如果你找了一个好老婆，你会幸福一辈子；如果你找了一个不好的老婆，你就可以成为哲学家。"那么，如何才能找到一位好伴侣呢？当苏格拉底的几个弟子求教于他时，苏格拉底提出了一个著名的"麦穗理论"。苏格拉底领他的几个弟子来到一块满是沉甸甸麦穗的麦地边，说："你们去麦地里摘一个最大的麦穗，但只能摘一次，只许进不许退，我在麦地的尽头等你们。"第一个弟子出发了，刚走不远就看见一支麦穗感觉不错，便摘了下来，但是，当他往后走时看到还有更好的麦穗却不能再摘了，因而很后悔地把麦穗交给老师。第二个弟子出发了，他边走边看，边看边忍，一直没有摘，等到最后才摘，但是，摘下后便很后悔，因为在他走过的地方有比这个更好的麦穗，而他却不能倒回去摘，也很后悔地把麦穗交给老师。第三个弟子出发了，他将麦地的路程划分为三等分，第一等分"看"，确立麦穗的大小标准，第二等分"验证"，看第一等分所确立的标准是否与第二等分相吻合；第三等分"摘"，即按验证的标准去摘"最大"的麦穗。于是，他选择了第三类中一支美丽的稻穗，满意地提交给了老师。

这个故事又说明了什么问题呢？它表明，人的理性是有差异的，也是有局限的。事实上，现代主流经济学将社会个体的理性视为同等的，而且是完全理性的，这在很大程度上是基于一种先验理性观，但在实际生活中，社会个体的理性来自于社会经验，并随着经验的积累而不断成长。正是由于人们的经验不仅有限而且存在差异，因此，社会个体也既不是同等理性的，更不是完全理性的。从本质上说，一个人提升自我、优化效用的过程也就是提高社会性和发展理性的过程。既然如此，究竟该如何理解人类理性呢？

2. 如何衡量不同人的理性

人类理性并不是基于行为功利主义的痛苦和快乐的比较，不是现代经济学偏重的对资源配置以及短期物质追求的方式；相反，它是一种着眼于社会长期和谐发展的能力，能够超越自我而追求长期的生命永恒性。事实上，人类与动物的重要区别就在于：人具有追求长期利益的理性，从而能够约束自己的短视行为；相反，如果个体在采取行动时只是权衡一次性互动的功利量，那么也就等同于动物的每一次争斗行为了。由此我们可以得出这样两点认知：①人类理性不等于对一次性行为作功利权衡的有限理性，而是体现在能够考虑尽可能多的行为进程；②一个人决策时所纳入考虑的进程越多，那么，其理性发挥也就越充分。正是基于行为进程的考虑或长远利益的实现这一视域，我们可以更好地区别有限理性和完全理性概念。第一，如果只关心单次或少量行为进程的功利量，那么就是有限理性的，而且，两个以上的有限理性联合在一起的时候，往往会陷入囚徒困境之中。试想，一个无法跳出囚徒困境的人类互动，又怎能称为完全理性呢？第二，行为者能够考虑到的行为进程越短暂，其理性的"有限"程度就越高，这种行为的联合也越容易陷入囚徒困境；相反，如果行为是完全理性的，那么就容易实现完全的帕累托改进，从而达到一般均衡状态。

基于长远利益之实现的视域，我们可以对大学课堂上常见的逃学行为作一分析。一次有关"银行体系与金融危机"的讲座结束后，商学院院长针对听讲者不足发出了这样的感叹：为什么那么多的国际学生愿意花一年上万英镑的学费千里迢迢地来英国求学，却又不愿意来听这些免费的讲座呢？要知道这些讲座对他们专业的学习和未来的就业都有很积极的作用。按照现代主流经济学的经济人分析思维，这些学生的行为是理性的，而且可以举出非常多的理由：他们海外求学的主要目的就是为了获得一个洋文凭以作为未来就业的"敲门砖",人生职业则是以后的事而不在目前的考虑之内;要准备近期的 Presentation 或考试,因而拓展视野的讲座只能舍弃;更偏好于谈情说爱,与异性的约会更为重要;等等。我们还是要进一步追问:这些行为果真是理性的吗?

事实上,正因为大多数人往往都只是着眼于一次性行为或短期行为的考量,尽管他们似乎每次都过着一种心满意足的生活,但最终却失去了提升人生的潜力。相反,少数人则很早就能够确立较长期的追求目标,并能够在每次行为选择中选择那些与其长远目标相符的行为,尽管在此过程中充满了紧张、困惑乃至煎熬,但最终却实现了自身的追求。显然,如果对这两种行为进行比较,那么就能说,后者是理性的,或者是更为理性的,而前者则是非理性的,或者说至多是有限理性的。究其原因,前者只能看到短期的收益,而后者的眼界更长远,最终实现的利益也比前者更大。美国一家心理学院就做了这样一项实验:给 30 个孩子每人一颗糖果,并对他们说:"现在我们要出去一会,要是在我回来之前谁的糖果还没有吃的话,我会再给他一颗糖果。"半个小时后第一个小朋友忍不住将糖果给吃了,接下来陆续有小朋友做了同样的事;等到研究者回来时只有极少数的小孩没有吃糖,于是这些小孩每人得到了一颗糖果。在随后的几十年内,心理学家一直观察着那些孩子的成长,结果发现,那些半途将糖果吃掉的小孩多数碌碌无为,而那些一直坚持到最后的小孩都做出了一番大事业。

因此,要更好地理解人类理性,应该基于行为进程的考虑或长远利益的实现这一视域。事实上,人类的需求和快乐不同于动物,实现了这种需求和快乐的人也就应该被视为具有更充分理性的人。为此,在对人类理性行为作判断时,就要避免局限于一次性或短期行为的功利考量,因为这种短视行为往往不利于长期目的的实现。同时,基于长远利益和行为进程之视域所理解的理性概念,可以对现实世界中的具体行为提供更好的解释和比较:大量的"捡了芝麻丢了西瓜"短视行为都不是理性的,或者是高度有限理性的。例如,那些不愿意参加讲座的国际学生尽管可以获得即期的收益最大化,如从 Presentation 或谈情说爱乃至游荡中获得了效用,但是,由于他们没有为未来打下更为坚实的基础而没有实现长期收益最大化(尽管他们很可能根本无法意识到这些长期收益的丧失),其行为是短视的,仅仅体现为有限理性。在很大程度上，长期利益的实现程度也体现了不同个体处理信息的能力：有的人只能考虑很短的几个环节，而另一些人则可以考虑得更长远；不同个体面对同一信息的处理能力不一样，反映出其理性程度的不一样。

3. 主流经济学的理性理解偏误

基于长远利益之实现这一视域所理解的理性，往往与社会流行的观点相一致，却与现代主流经济学的观点相冲突。譬如，按照这种视域的理性理解，婴儿是最缺乏理性的，因为婴儿还不具有考虑长期的能力，但是，现代主流经济学却将婴儿也视为理性的，因为婴儿也实现了自身的目的。在现代主流经济学看来，人们的行为之所以出现某种差异，并不是因为他们的理性程度上有差异，而是因为他们关注的是不同的目标，有些人之所以认为别人不能理性地思考，主要在于他们难以理解不同于自己文化背景的行为。例如，塔洛克（Gordon Tullock）就举例说："原始部落的男子吹螺号，并举行某种别样的仪式（几乎总是包括往外泼水）来求雨。他的行为与现代美国人在云中撒播碘化银造雨的行为一样理性。这个原始人不大可能会成功，但这不能怪他的精神支配能力。他不了解雨的真正形成机制，他的推理也不大可能导致有效的行动，但是，根据他初步的'了解'，他的思考过程与其文明同类的思考过程一样理性"；因此，"自己选择的做法与外人认为合理的做法之间的差距，很可能不是由行为人一方的非理性引起的，而是由行为人的根本目标与外部观察者的根本目标之间的简单错位或是差异引起。"

塔洛克的分析显然存在逻辑问题，原始部落的仪式和现代人的撒播碘化银的目的是一致的，都是求雨，但是，由于他们采取的方式不一样，导致目标实现的程度也有很大差异。这里，手段与目标之间的差距显然揭示出了行为者在理性程度上的差异，而这种理性差异又是由认知差异造成的。在很大程度上，正是人类有限的认知能力限制了他们的问题解决能力，而认知能力的差异则造成了不同人的问题解决能力的差异。随着人类社会的发展和科学技术的进步，人类的知识水平和认知能力也在不断提升，这带来人类理性程度的相应提高，但现代主流经济学却否定了人类理性的演化性和提升性。同时，即使一个人的知识水平和认知能力提升了，但他是否会将这种知识和认知用于具体的问题解决上也存在变数，因为知识运用的过程本身也需要成本的投入，需要暂时的牺牲。这就是人的意志力。人类的意志力是有限的且是有差异的，有限意志力使得人们的选择往往并不能符合其长远利益，有限意志力的差异则造成知识运用程度和理性程度的差异。

4. 理性 = 认知力 + 意志力

一个人的理性程度就与认知水平和意志力有关，即理性 = 认知力 + 意志力。同时，无论是从认知提高还是意志锤炼角度，人类理性的成长往往需要经历一个学习和实践的过程，而且，这一过程往往还很痛苦。在很大程度上，接受和享受痛苦本身也是人类理性成长中的一个重要特性，否则就会永远摆脱不了低层次的有限理性，只能处于次优的满足阶段。

柏拉图在《理想国》中就打了个比方：那些没有受过教育的人就像被囚禁在黑暗的洞穴中的囚犯，他只能看见监狱的墙壁上木偶戏的影子，他自然将这种影子当成真实的东西；"如果有人硬拉他走上一条陡峭崎岖的坡道，直到把他拉出洞穴见到了外面的阳光，不让他中途退回去，他会觉得这样被强迫着走很痛苦，并且感到恼火；当他来到阳光下时，他会觉得眼前金星乱蹦金蛇乱舞，以致无法看见任何一个现在被称为真实的事物"；但是，一旦他的眼睛逐渐适应了阳光，他的四肢适应了新的自由，他也就会逐渐享受起新发现的幸福来，并且，"如果他回想自己当初的穴居、那个时候的智力水平以及禁锢中的伙伴们时……他会庆幸自己的这一变迁，而替伙伴们遗憾"。柏拉图的洞穴人观在电影《疯狂原始人》得到了充分的呈现。

穆勒强调，人类具有不同于动物的需求和快乐，而这种需求和快乐的获得往往要经历一个痛苦的学习和认识阶段，而不是满足于每一次的感官快乐。他写道："没有哪个聪明的人愿意变成愚人，没有哪个受过教育的人愿意变成毫无知识的人，没有哪个具有感情和良心的人愿意变成自私和卑鄙的人，即使有人劝告他们：愚人、笨伯或无赖能得到更好的满足。"因此，理性的发展就源自善于学习和积极实践，从经验中不断总结规律。

当然，不仅人类如此，很多动物为了追求更为灿烂的生命，也往往会付出艰巨的努力。例如，据说老鹰是鸟类中寿命最长的：鸟类一般寿命只有十几岁，而老鹰的寿命可达 70 岁，伦敦动物园曾饲养过一只来自南美洲的安第斯神鹰，活到了 73 岁。不过，老鹰要想活得这么长的寿命，它在 40 岁时必须做出困难的抉择：要么等死，要么经过一个十分痛苦的蜕变。因为当老鹰活到40岁时，它的爪子便会开始老化，无法牢牢抓取猎物；喙也会变得又长又弯，几乎能够碰到胸膛，翅膀也会变得十分沉重，在飞翔时显得很吃力。因此，老鹰必须很努力地飞到山顶，在悬崖上筑巢并停留在那里不飞翔。其间，它首先用它的喙击打岩石，直到其完全脱落，然后静静地等待新的喙长出来；然后，用新长出的喙把爪子上老化的趾甲一根一根拔掉，鲜血一滴滴洒落；最后，新的趾甲长出来后，鹰再用新的趾甲把身上的羽毛一根一根拔掉。这样，等五个月以后新的羽毛长出来了，老鹰才可以重新开始飞翔，重新再度过30年的岁月。

策略转换的充分理由

1. 缘起：大智若愚的哈里逊

美国第九任总统威廉·哈里逊自小家境贫困，平时沉默寡言的他被家乡人视为是个傻孩子。有一次一个人故意开玩笑地戏弄哈里逊，拿出5美分、1美元的硬币让他挑选，哈里逊端详了半天后选择了5美分的硬币，这让在场所有的人都大笑不已，于是哈里逊是个傻孩子的消息不胫而走。此后，凡是遇到哈里逊的人便会故意拿出5美分和1美元的硬币来"验证"哈里逊的愚蠢。后来，一位好奇的老太太禁不住问道："孩子，难道你真的分不清哪种硬币更值钱吗，为什么每次都偏偏要选5美分的？"哈里逊笑着说："我当然知道1美元的硬币更值钱了，可如果我每次都拿1美元，那以后还有谁愿意拿出硬币来让我这个'傻子'挑呢？那样的话我连5美分都得不到了。"就这样哈里逊积少成多，攒了一笔数目相当可观的钱财。

看了这个故事，你有何感想呢？一个人如果太过精明，太过于追求每一次行为或选择的收益最大化，他反而不能获得最好的收益结果。相反，一个人如果放弃某些暂时的利益，反而可以获得更大的成员收益。这给博弈思维以及博弈论的改进带来启发：博弈方如果斤斤计较于每一次行为或策略选择反而不能获得更好的收益。

2. 纳什均衡的脆弱性

上面的例子表明，按照符合现代主流博弈思维的那种策略改换动机进行选择并不能带来最优的结果，反而造成囚徒困境的根源，这就要求我们对博弈思维重新加以审视和发展，这里就此作一剖析。

按照主流博弈论的思维，纳什均衡在理想博弈中以最优反应的形式解释自我支持。纳什均衡可以区分为两种含义：①客观纳什均衡，是以支付增长的形式表述的，即当且仅当单个行为人策略改变不会对该行为人产生支付增量；②主观纳什均衡，它是以行为人偏好的形式表述的一种动机防止的结局，即当且仅当给定结局中，没有行为人更偏好于他单方面改变策略所能达到的任何结局。在博弈分析中，理想化使得支付增加和动机相吻合，从而使得理想博弈中的客观纳什均衡与主观纳什均衡一致。

然而，传统纳什均衡的解释并不能在所有的博弈中都得到满足，如猜币博弈就是如此。虽然纳什、海萨尼等引入的随机化或者混合策略保证了有限博弈中纳什均衡的存在性，但是，那些没有混合策略的博弈以及某个行为人具有无限数目纯策略的博弈仍然存在缺少纳什均衡的问题。同时，一些事实上的均衡也并非是纳什意义上的均衡。

如图 3-52 所示的效用矩阵中，（R，r）是唯一的纳什均衡，如果博弈各方采用没有动机改换的策略，就会达致这一组均衡策略组合。但明显的事实是，另外的任何策略对双方来说都是优超的，因而（R，r）策略组合是没有吸引力的，直觉上它也不是一个解。

A		B		
		r	d	m
	R	0, 0	0, 0	0, 0
	D	0, 0	10, 5	5, 10
	M	0, 0	5, 10	10, 5

图 3-52 无吸引力的纳什均衡

那么，主流博弈理论和现实为何会出现这种断层呢？魏里希（Paul Weirich）认为，关键在于以最大化效用为标准的自我支持条件太高。事实上，纳什均衡仅是建立在动机防止之上，而动机防止性原则在一些博弈模型中的解释力是有缺陷的。究其原因，作为动机相对性的结果，可能会出现：博弈方 A 假如从策略 R 改换到策略 D，则他会得益，但反过来，如果他再从策略 D 改换到策略 R，也会得益。在这种情况下，从策略 R 改换到策略 D 的动机就可以被改换策略本身所破坏，因而这种改换策略的动机也就削弱了。这意味着，并不是所有的策略改换动机都有改换的充分理由，产生了改换动机的策略也并不一定是自我击败的。

3. 策略改换的充分理由

上面的分析表明，动机防止性不是理性决策的必要条件，而更为可取的自我支持含义应被视为：不存在改换策略的充分理由，而不必是不存在改换策略的动机。正如已经阐明的，并非任何改换策略的动机均是可实行改换的充分理由，一种动机可能是不充分的，如果予以追求可能反受其害，或者对它的追求会引发其他行为人的反应而破坏这一动机。这样，自我支持策略就应该是：没有开始被追求动机终止路径的策略。在这种新的自我支持的概念下，所有的博弈都必然存在一种联合自我支持策略组合的均衡。

我们可以看如图 3-53 所示的三人博弈模型：如果丙采取固定策略 A 的话，可以得到一个纳什均衡（R，r，A），但是，如果丙相信甲和乙将选择策略 R 和 r，此时丙就有动机将策略从 A 改换到 B。这就是主流博弈论的博弈思维。问题在于，如果丙选择策略 B 的话，甲和乙也将改换策略，此时的纳什均衡是（D，d，B）。显然，在这种情况下，丙就没有将策略从 B 改换到 A 的动机。因此，根据主流博弈思维，丙将策略从 A 改换到策略 B 的动机是充分的，但这种改换的结果却是更差。这表明，遵循改换的充分动机的结果并不总是有更高的收益。

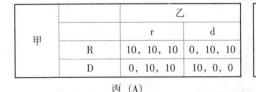

甲	乙		
		r	d
	R	10, 10, 10	0, 10, 10
	D	0, 10, 10	10, 0, 0

丙（A）

甲	乙		
		r	d
	R	10, 0, 20	0, 10, 0
	D	0, 10, 0	10, 10, 0

丙（B）

图 3-53　没有充分改换理由的三人博弈

上述对自我支持的新含义实际上就是，当一个人打算改变他的策略时，就必须考虑到他的行为是否会引起对方的策略转换，而最终得到的收益将如何变化。如在囚徒博弈中，从策略组合（不坦白，不坦白）出发，如果一方将改变策略而选择坦白时，他就要考虑到他的行为是否会引起对方也转向坦白，而最终导致更差的（坦白，坦白）均衡。如果基于这样的考虑，他就没有改换策略的充分理由，从而（不坦白，不坦白）组合也是博弈均衡。这也就是"为己利他"行为机理的思路：一个人在采取行动时，要考虑不使对方的处境恶化，否则对方必然也会改变策略，反而对自己不利。萨格登（Robert Sugden）也解释说，如果联合是脆弱的，行动者会想到，如果他们背叛了，其他人也会背叛，因此，这种考虑反而促使他们都不敢轻易背叛。

4. 策略改换的充分动机和充分理由

上面的分析揭示了策略转换的动机和策略转换的充分理由之间的差异：存在策略转换的动机，并不意味着就构成了策略转换的充分理由。事实上，纳什均衡策略所针对的主要是一次性行为，并且建立在一次性行为的最大功利上，策略的自我支持也主要是防止他人策略对自己造成的损害，如果存在他人可能的损害，那么这种策略就不是自我支持的。显然，这种思维具有两大缺陷：①它要求策略能够避免对方任何可能的伤害，以致这种标准的自我支持条件太高了；②它仅仅考虑一次性变动的结果，从而会导致策略选择具有强烈的短视性。凯莫勒（C.F.Camerer）就写道："一些均衡虽然看起来明显不现实，但它们在数学意义上却和已建立的均衡概念一致……诸如纳什均衡等概念实在过于数学化也过于脆弱，以致很难用它们选出比较可能的均衡来。这就需要对已建立的概念进行精炼以破译'不合理'的含义。"

事实上，在互动的人类社会中，一个人要想获得利益的最大化，并不仅是单个人的孤立决策之事，而是与相互影响的其他人密不可分。相应地，互动理性的达致并不能完全基于一次性行为的功利考虑，而是要考虑更长时期的利益总和。从行为功利原则出发，貌似每一次行为都合乎过程理性，但它往往并不能达到最佳的结果理性。在这种情形下，我们需要充分审视人类的理性。事实上，人类理性要求在互动中实现长期利益的最大化，因此，行为者就不能仅仅关注个人利益，也会关注他人或社会的利益，要诉诸于合作的方式。为此，人们在社会互动中普遍地遵守"为己利他"行为机理，而"为己利他"行为机理的扩展和凝结又形成了具有合作性的社会规范，这种社会规范反过来协调人们的互动行为，从而有利于社会合作的实现和深化，最终又有利于个人的长期利益。

主要参考文献

［1］艾克斯罗德：《对策中的制胜之道：合作的演化》，吴坚忠译，上海人民出版社 1996 年版。

［2］奥尔森：《集体行动的逻辑》，陈郁等译，上海三联书店、上海人民出版社 1995 年版。

［3］E.奥斯特罗姆：《公共事物的治理之道》，余逊达、陈旭东译，上海三联书店 2000 年版。

［4］宾默尔：《博弈论与社会契约（第 1 卷）：公平博弈》，王小卫、钱勇译，上海财经大学出版社 2003 年版。

［5］迪克西特、奈尔伯夫：《策略思维》，王尔山译，中国人民大学出版社 2002 年版。

［6］弗登博格、梯若尔：《博弈论》，黄涛等译，中国人民大学出版社 2002 年版。

［7］海萨尼：《海萨尼博弈论论文集》，郝朝艳等译，首都经济贸易大学出版社 2002 年版。

［8］卡尼曼：《思考，快与慢》，胡晓姣等译，中信出版社 2012 年版。

［9］凯莫勒：《行为博弈：对策略互动的实验研究》，贺京同等译，中国人民大学出版社 2006 年版。

［10］库珀：《协调博弈：互补性与宏观经济学》，张军等译，中国人民大学出版社 2001 年版。

［11］吉本斯：《博弈论基础》，高峰译，中国社会科学出版社 1999 年版。

［12］拉斯缪森：《博弈与信息：博弈论概论》，王晖等译，生活·读书·新知三联书店 2003 年版。

[13] 纳什：《纳什博弈论论文集》，张良桥等译，首都经济贸易大学出版社 2000 年版。

[14] 萨格登：《权利、合作与福利的经济学》，方钦译，上海财经大学出版社 2008 年版。

[15] 施锡铨：《博弈论》，上海财经大学出版社 2000 年版。

[16] 王春永：《博弈论的诡计》，中国发展出版社 2011 年版。

[17] 王则柯：《新编博弈论评话》，中信出版社 2003 年版。

[18] 魏里希：《均衡与理性》，黄涛译，经济科学出版社 2000 年版。

[19] 肖特：《社会制度的经济理论》，陆铭等译，上海财经大学出版社 2003 年版。

[20] 谢林：《冲突的战略》，赵华等译，华夏出版社 2006 年版。

[21] 谢林：《承诺的策略》，王永钦、薛峰译，上海世纪出版集团 2009 年版。

[22] 谢林：《微观动机和宏观行为》，谢静等译，中国人民大学出版社 2005 年版。

[23] 泽尔腾：《策略理性模型》，黄涛译，首都经济贸易大学出版社 2000 年版。

[24] 张维迎：《博弈论与信息经济学》，上海三联书店、上海人民出版社 1996 年版。

[25] 朱富强：《博弈论》，经济管理出版社 2013 年版。

[26] 朱富强：《经济学说史》，清华大学出版社 2013 年版。